复杂神经网络的建模与
动力学行为研究

罗晓曙　韦笃取　蒋品群　黄在堂　袁五届　著

科学出版社

北京

内 容 简 介

近 20 年来，复杂神经网络的建模与动力学行为研究已成为神经科学、信息科学、非线性动力学等多学科交叉领域具有较大挑战性的一个前沿性研究课题。因此，深入研究大规模神经网络的复杂动力学行为，探讨大规模神经网络对外界输入信号的兴奋特性、同步特性和复杂网络自身的稳定性等，对于探索人脑的记忆、学习与思维方式和信息的处理能力将会提供有价值的参考。本书是关于复杂神经网络的建模与动力学行为研究的一部专著，是作者多年来在这一研究领域所做研究工作的总结。全书系统地介绍了复杂生物神经网络的建模方法，深入研究了复杂生物神经网络的兴奋特性、随机共振、相干共振和同步特性，给出了作者一系列理论研究和数值模拟的成果，同时介绍了国内外在该研究领域的相关研究成果和进展。

本书可供信息科学与技术、智能科学与技术、系统科学及认知科学等领域的研究生及相关科研人员阅读和参考。

图书在版编目（CIP）数据

复杂神经网络的建模与动力学行为研究/罗晓曙等著. —北京:科学出版社，2019.11
　　ISBN 978-7-03-062944-9

　　Ⅰ.①复… Ⅱ.①罗… Ⅲ.①人工神经网络－系统建模－研究②人工神经网络－动力学－研究 Ⅳ.①TP183

中国版本图书馆 CIP 数据核字(2019)第 242377 号

责任编辑：陈　静　高慧元 / 责任校对：王萌萌
责任印制：吴兆东 / 封面设计：迷底书装

科学出版社 出版
北京东黄城根北街 16 号
邮政编码：100717
http://www.sciencep.com

北京凌奇印刷有限责任公司 印刷
科学出版社发行　各地新华书店经销

*

2019 年 11 月第 一 版　开本：720×1 000　1/16
2020 年 10 月第三次印刷　印张：13 1/4　插页：1
字数：252 000
定价：119.00 元
（如有印装质量问题，我社负责调换）

前　言

脑神经生理学的有关研究结果表明，人的大脑是由 $10^{11}\sim10^{12}$ 个神经元组成的，并具有极其复杂的连接拓扑结构，是迄今为止自然界中最复杂、功能最完善的动态信息处理系统。生物神经元是大脑处理信息的基本单元，每个神经元通过突触与其他 $10^{2}\sim10^{4}$ 个神经元相连，构成拓扑和功能上极其复杂的神经网络，是典型的复杂巨系统。每个神经元的功能虽然简单，但是，天文数量级的神经元之间非常复杂的连接方式不仅演化出了丰富多彩的意识与行为方式，也使人脑具有复杂的联想记忆、学习与抽象思维能力。同时，如此大量神经元与外部环境之间多种多样的感觉方式也蕴含了变化莫测的反应方式。总之，连接方式的多样化导致了行为方式的多样化。

人脑生物神经网络作为产生感觉、学习、记忆和思维等认知功能的器官系统，是多层次的超大型信息处理系统，也是目前发现的最复杂的非线性动力学系统。近年来，在大脑处理信息原理与机制研究方面取得了新的进展，如发表的《大脑处理信息量化模型和细节综合报告》等一系列论文，建立了有坚实解剖学基础、能联系各层面、量化描述大脑信息处理过程的模型和框架，分析了大脑能正确和高效处理信息的机制等。科学工作者通过长期的研究，发现了大脑皮层可以分为不同的区域，主要有精神功能区、视觉区、听觉区、机体感觉区、语言区等，分别负责不同的功能，例如，有的区专门负责运动控制，有的区专门负责听觉，有的区专门负责视觉等。大脑皮层的这种区域性功能结构，虽然有先天性的遗传因素，但各区域所具有的功能主要还是人后天通过对环境的适应和学习而获得的。脑神经网络的这种区域功能特性来自于其神经网络结构的可塑性，即神经元之间相互连接的突触随着动作电位脉冲激励方式与强度的变化而变化，其传递电位的作用可增加或减弱，即神经元之间的突触连接强度是可塑的，这是大脑具有学习、联想记忆和思维的生理学基础；另外，侧抑制也是神经系统信息处理的基本原则之一。因此，本书在建立复杂生物神经网络模型时充分考虑和借鉴了人脑真实生物神经网络的拓扑连接方式、神经元的兴奋特性及其信息处理机制与原理。

目前，随着人工智能技术的飞速发展，脑科学的研究方兴未艾。关于人脑的计算原理及其复杂性，关于学习、联想和记忆等方面的研究引起了科技工作者的广泛关注，成为一个非常热门和活跃的研究领域，有望取得重大突破。因此，研究复杂神经网络的建模及其动力学行为，可望为脑科学、人工智能、认知科学等领域的研究提供新思路和新方法。

本书主要阐述作者有关复杂神经网络的建模及其动力学行为研究的成果。全书共 8 章。第 1 章主要介绍生物神经元的组成与功能、生物神经网络及其功能、人工神经网络的研究进展、生物神经网络的研究方法、复杂网络的基本理论、复杂生物神经网络研究进展和生物神经元电神经生理学的数学模型——H-H 模型，为后续各章的理论研究和数值模拟提供基本理论知识与数值模拟工具。第 2 章主要介绍作者根据真实脑神经网络的拓扑结构和生理功能建立的多种复杂生物神经网络模型，并介绍对所建神经网络模型的放电活动与兴奋特性的研究成果。第 3 章介绍作者利用所建的复杂生物神经网络模型，改变网络拓扑结构的参数时出现的有关随机共振的研究结果。第 4 章主要利用作者所建的复杂生物神经网络模型，改变复杂神经网络的有关参数，研究其相干共振(一致共振)的现象。第 5 章主要介绍作者用所建的复杂生物神经网络模型，研究复杂生物神经网络的同步规律。第 6 章主要研究具有变时滞脉冲 Hopfield 神经网络模型平衡点的全局指数稳定性和二类不同的变时滞随机 Hopfield 神经网络模型平衡点的稳定性问题，获得了一些有理论价值的结果。第 7 章主要介绍作者在复杂动力网络的稳定性条件和混沌涌现研究方面的成果。首先提出了一个连续时间的复杂动力网络模型，给出了这类复杂动力网络渐近稳定的解析判据；然后对两种典型复杂动力网络的广义 Lyapunov 意义下的稳定性进行分析，根据耗散系统判据，得出了复杂动力网络处于 Lyapunov 意义下稳定时复杂动力网络中节点最大度 $k_{\max}$ 所满足的条件；同时研究了小世界复杂动力网络的混沌涌现问题，发现对于任意给定一个耦合强度 C 和足够大的节点数 N，小世界复杂动力网络可以通过调节概率 p 来使复杂动力网络获得混沌行为，为构造复杂混沌动力网络提供了理论依据。第 8 章主要介绍作者在复杂神经网络的混沌控制方面的研究成果，研究了随机连接概率 p 和神经网络耦合强度 C 对同步的影响，发现相同条件下，小世界连接的二维映射神经元(2DMN)网络能更好地捕获最大的时空秩序；同时研究了具有未知参数的空间夹紧 FitzHugh-Nagumo(SCFHN)神经元中混沌激发的无源自适应控制的设计和应用。

在本书的撰写过程中，作者历年指导的研究生郑鸿宇、周小荣和吴雷等结合硕士论文完成的研究工作，也丰富了本书的内容，在此向他们表示衷心的感谢。

最后感谢国家自然科学基金项目(项目编号：11875031，11562004，70571017)对本书研究工作的资助。

由于作者水平有限，本书难免存在不足之处，敬请读者批评指正。

作　者

2019 年 5 月

目　录

前言

第1章　复杂神经网络建模与动力学行为研究进展概述 ················ 1

1.1　概述 ·· 1

1.2　生物神经元与生物神经网络 ·· 2

　　1.2.1　生物神经元组成与功能简介 ··· 2

　　1.2.2　生物神经网络及其功能 ·· 3

1.3　人工神经网络研究进展概述 ·· 4

1.4　生物神经网络的研究内容与方法 ·· 6

　　1.4.1　研究内容 ··· 6

　　1.4.2　研究方法 ··· 7

1.5　复杂网络的基本概念与理论概述 ·· 10

　　1.5.1　复杂网络的基本概念 ··· 11

　　1.5.2　几种典型的复杂网络模型及统计特性简介 ······························· 12

1.6　复杂生物神经网络的建模与动力学行为研究进展 ····························· 17

　　1.6.1　生物神经元电神经生理学的数学模型 ······································ 18

　　1.6.2　复杂生物神经网络的研究进展 ·· 19

参考文献 ·· 20

第2章　复杂生物神经网络的放电活动与兴奋特性 ························ 24

2.1　概述 ·· 24

2.2　复杂空间夹紧 FitzHugh-Nagumo 神经网络的放电活动 ··················· 25

　　2.2.1　引言 ··· 25

　　2.2.2　复杂空间夹紧 FitzHugh-Nagumo 神经元网络模型 ·················· 26

　　2.2.3　数值模拟结果及分析 ··· 27

　　2.2.4　小结 ··· 30

2.3　随机远程连接激发复杂 IIindmarsh-Rosc 神经网络的活性 ·············· 30

　　2.3.1　引言 ··· 30

　　2.3.2　复杂 Hindmarsh-Rose 神经网络模型 ···································· 31

　　2.3.3　数值模拟结果及分析 ··· 32

2.3.4 小结 ·· 35
2.4 具有生长和衰老机制的生物神经网络的兴奋特性 ······················ 36
2.4.1 具有生长和衰老机制的生物神经网络模型 ······················ 36
2.4.2 神经元的生命力处于生长阶段模式的模拟结果 ·················· 38
2.4.3 神经元的生命力处于衰老阶段模式的模拟结果 ·················· 40
2.4.4 小结 ·· 42
2.5 具有侧抑制机制的加权小世界生物神经网络的兴奋特性 ··············· 42
2.5.1 模型描述 ··· 42
2.5.2 直流刺激下的兴奋特性 ··· 44
2.5.3 交流刺激下的兴奋特性 ··· 49
2.5.4 小结 ·· 54
2.6 变权小世界生物神经网络的兴奋及优化特性 ·························· 54
2.6.1 概述 ·· 54
2.6.2 模型描述及权值变化规则 ··· 55
2.6.3 兴奋和优化的统计特性 ··· 56
2.6.4 小结 ·· 59
2.7 复杂神经网络中的拓扑概率和连接强度诱导的放电活动 ·············· 60
2.7.1 复杂离散时间神经网络的建模 ···································· 60
2.7.2 数值模拟结果及分析 ··· 60
2.7.3 小结 ·· 65
2.8 全局耦合空间夹紧 FitzHugh-Nagumo 神经元网络放电活动 ·········· 65
2.8.1 全局耦合的空间夹紧 FitzHugh-Nagumo 神经元网络模型 ······· 65
2.8.2 数值模拟结果及分析 ··· 66
2.8.3 小结 ·· 69
参考文献 ··· 69

第 3 章 复杂生物神经网络的随机共振 ····································· 74
3.1 引言 ·· 74
3.2 小世界生物神经网络的随机共振 ······································ 75
3.2.1 研究模型 ··· 75
3.2.2 数值模拟结果及分析 ··· 76
3.2.3 小结 ·· 78
3.3 小世界生物神经网络的二次超谐波随机共振 ·························· 78
3.3.1 数值模拟结果及分析 ··· 79
3.3.2 小结 ·· 81

3.4 无标度生物神经网络的随机共振···81
　　3.4.1 研究模型···81
　　3.4.2 数值模拟结果及分析···82
　　3.4.3 小结···85
　　参考文献···86

第4章 复杂生物神经网络的相干共振···89
4.1 引言···89
4.2 具有侧抑制机制的全局耦合连接的生物神经网络的相干共振·······················90
　　4.2.1 研究模型···90
　　4.2.2 数值模拟结果及分析···91
　　4.2.3 小结···94
4.3 小世界生物神经网络的相干共振···94
　　4.3.1 研究模型和相干共振度量系数···95
　　4.3.2 数值模拟结果及分析···96
　　4.3.3 小结···98
4.4 具有不同拓扑结构的Hindmarsh-Rose神经网络中的相干共振·······················98
　　4.4.1 不同拓扑结构的Hindmarsh-Rose神经网络·····································98
　　4.4.2 数值模拟结果及分析···99
　　4.4.3 小结··102
　　参考文献··102

第5章 复杂生物神经网络的同步··105
5.1 引言··105
5.2 变权小世界生物神经网络的最优同步··106
　　5.2.1 模型描述及权值变化规则···107
　　5.2.2 数值模拟结果及分析···107
　　5.2.3 小结··110
5.3 外界刺激引起的小世界生物神经网络的同步··110
　　5.3.1 概述··110
　　5.3.2 数值模拟结果及分析···112
　　5.3.3 小结··116
5.4 NW小世界生物神经网络的同步性能···116
　　5.4.1 数值模拟结果及分析···116
　　5.4.2 小结··121
　　参考文献··121

第 6 章 变时滞、随机和脉冲 Hopfield 神经网络的指数稳定性 ·······125
  6.1 概述 ·······125
    6.1.1 人工神经网络的研究背景 ·······125
    6.1.2 随机与脉冲神经网络的研究进展概述 ·······126
  6.2 变时滞脉冲神经网络的指数稳定性分析 ·······127
    6.2.1 预备知识 ·······127
    6.2.2 Hopfield 神经网络的全局指数稳定性分析 ·······129
    6.2.3 BAM 神经网络的全局指数稳定性分析 ·······131
  6.3 具有马尔可夫链的变时滞随机区间神经网络指数稳定性分析 ·······136
    6.3.1 预备知识 ·······136
    6.3.2 均方指数稳定性分析 ·······138
  6.4 变时滞反应扩散高阶随机神经网络的指数稳定性分析 ·······145
    6.4.1 预备知识 ·······145
    6.4.2 均方指数稳定性分析 ·······148
  6.5 本章总结 ·······157
  参考文献 ·······158

第 7 章 复杂动力网络的稳定性条件和混沌涌现 ·······162
  7.1 引言 ·······162
  7.2 一个狭义 Lyapunov 渐近稳定的复杂动力网络模型 ·······162
    7.2.1 模型描述 ·······162
    7.2.2 稳定性分析 ·······163
    7.2.3 数值模拟结果及分析 ·······165
    7.2.4 小结 ·······165
  7.3 两种典型复杂动力网络的广义 Lyapunov 意义下的稳定性分析 ·······166
    7.3.1 复杂动力网络模型 ·······166
    7.3.2 复杂动力网络的稳定性条件 ·······166
    7.3.3 NW 小世界复杂动力网络的稳定性分析 ·······167
    7.3.4 无标度复杂动力网络的稳定性分析 ·······168
    7.3.5 数值模拟结果及分析 ·······170
    7.3.6 小结 ·······171
  7.4 小世界复杂动力网络的混沌涌现 ·······171
    7.4.1 引言 ·······171
    7.4.2 模型及理论分析 ·······172
    7.4.3 混沌涌现条件 ·······173

7.4.4　混沌涌现能力 ··173

7.4.5　小世界复杂动力网络的混沌涌现特性 ···························174

7.4.6　数值模拟结果及分析 ···176

7.4.7　小结 ···177

参考文献 ··178

第8章　复杂神经网络的混沌控制 ···181

8.1　混沌控制概述 ··181

8.2　小世界离散神经网络中时空混沌的有序化 ·····························183

8.2.1　引言 ···183

8.2.2　离散时间神经网络模型的构建 ···184

8.2.3　数值模拟结果及分析 ···184

8.2.4　小结 ···188

8.3　空间夹紧 FitzHugh-Nagumo 神经元混沌的无源自适应控制 ······188

8.3.1　空间夹紧 FitzHugh-Nagumo 神经元模型 ·························189

8.3.2　非线性系统无源性和无源控制方法的基本概念 ···················190

8.3.3　基于无源性的空间夹紧 FitzHugh-Nagumo 神经元混沌振荡自适应控制 ·······191

8.3.4　数值模拟结果及分析 ···192

8.3.5　Hindmarsh-Rose 神经元混沌的无源自适应控制 ················193

8.3.6　小结 ···197

参考文献 ··197

彩图

第1章　复杂神经网络建模与动力学
行为研究进展概述

1.1　概　　述

脑神经生理学的研究表明，人的大脑由 $10^{11}\sim10^{12}$ 个神经元组成，是迄今为止自然界中最复杂、功能最完善的动态信息处理系统。生物神经元是大脑处理信息的基本单元，每个神经元通过神经键(突触)与其他 $10^2\sim10^4$ 个神经元相连，构成拓扑上极其复杂的神经网络，是典型的复杂巨系统。生物神经网络作为产生感觉、学习、记忆和思维等认知功能的器官系统，是多层次的超大型信息网络，也是目前发现的最复杂的非线性动力学系统。复杂生物神经网络建模与动力学行为研究引起了广大科研工作者的广泛关注，并成为神经科学、信息学、非线性动力学等多学科交叉领域具有较大挑战性的一个前沿性研究课题。自 20 世纪 50 年代以来，许多学者对复杂生物神经网络建模与动力学行为进行了深入研究。然而目前国内外的这些研究工作，存在以下几个问题：第一，过去人们在建立生物神经网络动力学模型时，假想神经元之前的连接方式是规则或随机的；第二，在生物神经元网络稳定性研究方面主要是通过数值模拟体现，并没有完全给出网络存在稳定的判定条件；第三，对生物神经网络同步的研究集中在完全同步和相同步，而对于与神经系统生理功能密切联系的时空同步、脉冲同步、集群同步研究成果非常少见；第四，对生物神经元混沌放电、有害自发放电的调控研究尚属少见。然而人脑的一些疾病，如癫痫症、自闭症和帕金森病，可能与神经元网络的混沌放电、有害自发放电行为密切相关。另外，复杂动力网络是具有复杂拓扑结构和动力行为的大规模网络，而复杂网络理论则是基于网络结构和系统性能的关系，研究各种复杂系统之间的共性和处理它们的普适方法[1]。为了用合适的网络拓扑结构描述真实系统，相关研究人员先后提出了几种方案[2-6]：规则网络、随机网络(ER 模型)、小世界(small-world)网络和无标度网络。大量的研究成果表明：现实世界中存在的许多复杂网络系统，如生物神经网络、食物链网络、演员关系网、因特网(Internet)、科研合作网络、电力系统网络、社会关系网、无线通信网络、交通网络等，都具备复杂网络特征。近年来，复杂网络理论的应用已经渗透到众多学科中，主要包括：揭示刻画网络系统结构的统计性质，以及度量这些性质的合适方法；建立合适的网络模型以帮助人们理解这些统计性质的意义与产生机理；基于单个节点的特性和整个网络的结构性质分析与预测网络的行为；提出改善已有网络性能和设计新的网络的有效方法。尤其值得关注的是，复杂网络理论在复杂生物神经网络建模与动力学行为研究研究上得到广泛的研究并得出了许多有价值的结论。为此，本章将简要介绍生物神经元、神经网络建模与动力学行为、复杂网络的基本理论与方法。

1.2 生物神经元与生物神经网络

1.2.1 生物神经元组成与功能简介

神经元是大脑处理信息的基本单元，它的结构如图 1.1 所示。它主要由细胞体、树突、轴突和突触(又称神经键)组成。

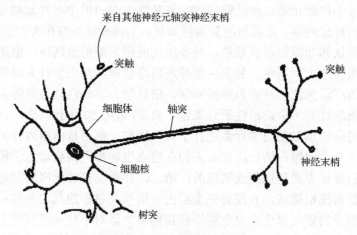

图 1.1 生物神经元示意图

细胞体是神经元新陈代谢的中心，也是接收与处理信息的基本单元。树突围绕细胞体形成树状结构，通过突触接收其他神经元输入的信号。轴突是细胞体向外延伸得最长、最粗的一条树枝纤维体，它是神经元的输出通道。神经元的输出信号通过此通道，从细胞体长距离地传达到神经系统的其他部分。突触是一个神经元的轴突与另一个神经元的树突之间的功能性接触点。在突触处，两个神经元并不相通，仅仅是彼此发生功能联系的界面。关于突触传递，已知的有电学传递和化学传递两种。

另外，突触传递信息的功能和特点可归纳为以下几个方面[7]。

(1)信息传递有时延，一般为 0.3～0.5ms。

(2)信息的综合有时间累加和空间累加。

(3)兴奋节律的改变。在一个反射活动中，如果同时记录背根传入神经和腹根传出神经的冲动频率，则可发现两者的频率并不相同。因为传出神经的兴奋除取决于传入冲动的节律外，还取决于传出神经元本身的功能状态。在多突触反射中则情况更复杂，冲动由传入神经进入中枢后，要经过中间神经元的传递，因此传出神经元发放的频率还取决于中间神经元的功能状态和联系方式。

(4)存在不应期。在两个相邻脉冲之间，神经元的阈值电位突然升高，阻止下一个脉冲的通过，这段时间称为不应期，为3~5ms。在此期间，对激励不响应，不能传递脉冲。

(5)单向传递。突触传递只能由突触前神经元沿轴突传给突触后神经元，不可逆向传递，这是因为只有突触前膜才能释放递质。因此兴奋只能由传入神经元经中间神经元，然后由传出神经元输出，使整个神经系统活动有规律进行。

(6)可塑性。突触传递信息的强度是可变的，即具有学习功能。可塑性是学习和记忆的基础。

(7)总和作用。突触前神经元传来一次冲动及其引起递质释放的量，一般不足以使突触后膜神经元产生动作电位。只有当一个突触前神经元末梢连续传来一系列冲动，或许多突触前神经元末梢同时传来一排脉冲，释放的化学递质积累到一定的量，才能激发突触后神经元产生动作电位。这种现象称为总和作用。抑制性突触后电位也可以进行总和。

(8)存在遗忘或疲劳效应。突触是反射弧中最易疲劳的环节，突触传递发生疲劳的原因可能与递质的耗竭有关，疲劳的出现是防止中枢过度兴奋的一种保护性抑制。

1.2.2 生物神经网络及其功能

生物神经网络是由很多神经元相互连接组成的，是一个极为庞大和错综复杂的系统。虽然每个神经元都十分简单，但是如此大量神经元之间非常复杂的连接却可以演化出丰富多彩的行为方式。同时，如此大量神经元与外部感受器之间的多种多样的连接方式也蕴含了变化莫测的反应方式。总之，连接方式的多样化导致了行为方式的多样化。

如前所述，脑神经生理学的研究表明，人的大脑由 10^{11}~10^{12} 个神经元组成，相当于整个银河系星体的总数，而其中每一个神经元又与其他 10^2~10^4 个神经元相连，全部大脑神经元经神经元之间的神经键(突触)结合，构成拓扑上极其复杂的神经网络。人脑具有层次结构，其中最复杂的部分是处于大脑最外层的大脑皮层。在人脑皮层中密布着由大量神经元构成的神经网络，这就使其具有高度的分析与综合能力。它是人脑思维活动的物质基础，也是脑神经系统的核心部分。人们通过长期的研究，进一步探明了大脑皮层是由许多不同的功能区构成的。例如，有的区专门负责运动控制，有的区专门负责听觉，有的区专门负责视觉等。在每个功能区中，又包含许多负责某一具体功能的神经元群。例如，在视觉神经区，存在着只对光线方向性产生反应的神经元。更进一步细分，某一层神经元仅对水平光线产生响应，而另一层神经元只对垂直光线产生反应。需要特别指出的是，大脑皮层的这种区域性结构，虽然是由人的遗传特性所决定的，具有先天性，但各区域所具有的功能大部分是人在后天通过对环境的适应和学习而得来的，神经元的这种特性称为自组织（self-organization）特性。自组织，即神经元的学习过程，完全是一种自我学习的过程，不存在外部导师的指导。研究表明神经元的这种自组织特性源自于神经网络结构的可塑性，即神经元之间相互连接的突触强度随着动作电位脉冲激励方式与强度的变化而变化，其传递电位的作用可增加或减弱，因此神经元之间的突触连接是可塑的[8]。

脑的定义有广义和狭义之分：狭义指的是中枢神经系统，广义则指整个神经系统。因此从广义上来理解，脑科学与神经生物学是同一概念。大脑是生物体内结构和功能最复杂的器官，也是极为精巧和完善的信息处理系统，它掌管着人类每天的语言、思维、感觉、情绪、运动等高级活动。脑活动的研究必须是多层次的，例如，脑的高级功能的研究也已经深入到了细胞和分子水平，尤其是对学习和记忆的研究在这方面表现尤为明显，这既需要行为方面的研究，又依赖于在记忆过程中分子事件的细致分析。脑科学发展有一个显著特点，即对脑的研究很大程度上依赖于技术的发展和完善。分子生物学方法、神经电生物学方法、神经系统成像方法以及复杂系统的非线性方法是目前脑科学研究的最新趋势。

1.3　人工神经网络研究进展概述

近代科学产生以来，人类在研究自然现象及其规律性时，一般把研究对象归结为一个数学模型，通过研究相应数学模型的性质和规律达到认识自然界规律性的目的。为了理解人脑的学习、记忆和思维的工作机制，近 80 年来，国内外科学家进行了大量研究，建立了一些数学模型，试图解释人脑神经的学习、记忆、思维的物理机制。例如，1943 年，心理学家 McCulloch 和数学家 Pitts 首先提出了神经元的数学模型[8]（简称为 MP 模型），这也是现代意义上人工神经网络研究的兴起。1949 年，神经生物学家 Hebb 提出了著名的 Hebb 学习规则[9]，即如果一条突触两侧的两个神经元同时被激活，那么突触的强度将会增大。Hebb 学习规则指出了神经元的学习和记忆可以通过改变神经元之间连接权值的强度来实现。1952 年，英国生物学家 Hodgkin 和 Huxley 建立了著名的枪乌贼巨轴突非线性动力学微分方程，即 Hodgkin-Huxley（H-H）方程[10]，这一方程可用来描述神经细胞膜中所发生的非线性现象如自激振荡、混沌及多重稳定性等，为人们探索神经元的兴奋性与抑制性提供了基本模型，具有重大的理论与应用价值。1954 年，生理学家 Eccles 提出了真实突触的分流模型[11]，这一模型通过突触的电生理实验得到证实，因而为人工神经网络模型模拟突触的功能提供了原型和生理学的依据。在随后的几十年时间里，众多科学家对神经网络的特性研究做了大量的研究工作，同时提出了许多不同的人工神经网络模型[12]。例如，1969 年，在人工神经网络系统研究中极负盛名的、最有影响的学者 Grossberg 等提出了自适应共振理论，Grossberg 多年潜心于研究用数学描述人的心理和认知活动，试图在这两个方面建立统一的数学理论，自适应共振理论就是这一理论的核心部分；1973 年，芬兰的 Kohonen 与 Ruohonen 合作发现线性联想记忆到存储，不是线性无关的向量寻找最优映射的联想记忆；1970 年和 1973 年，Fukushima 提出了神经认知网络理论，Fukushima 网络包括人工神经认知机和基于人工神经认知机的有选择注意力的识别两个模型；日本学者 Amari 则致力于神经网络有关数学理论的研究，1971~1974 年他发表了多篇关于随机连接的人工神经系统动力学的处理方法及其严格数学基础的论文，1973 年他与 Arbib 合作发表过竞争学习的论文；还有学者提出了连接机制(connectionism)和并行分布处理概念(parallel distributed processing)等。其中，Hopfield 在 1982 年提出了著名的 Hopfield 神经网络[13]，使神经网络的研究进入了一个崭新的发展阶段。

以 Hopfield 的工作为发端，国际上又形成了研究神经网络的高潮[12]。1984~1985年，青年学者 Sejnowski 与其合作者 Hinton、Ackley 提出了大规模并行网络(massively parallel network)学习机，并明确提出了隐单元(hidden unit)的概念。他们用统计物理学的概念和方法研究神经网络，提出了被称为玻尔兹曼(Boltzmann)机的神经网络。首次采用了多层网络的学习算法，并用模拟退火过程来模拟外界环境。1986 年，Rumelhart 等提出了误差反向传播(error back propagation，EBP)算法，成为至今为止影响很大的一种人工神经网络学习方法。EBP 算法从实践上证明了神经网络具有很强的运算能力。1987 年美国神经计算机专家 Hecht-Nielsen 提出了对向传播(counter-propagation，CP)神经网络，该网络具有分类灵活、算法简练等优点，可用于模式分类、函数逼近、统计分析和数据压缩等领域。1988 年美国加利福尼亚大学的 Chua 等提出了细胞神经网络(cellular neural network，CNN)模型，这种网络与Hopfield 神经网络不同之处在于它的连接方式是局域性的，而 Hopfield 神经网络是全互联的。它在图像处理方面得到了应用。目前已提出的人工神经网络模型多达数十种，在此就不一一列举了。

1992 年，我国开始启动攀登计划重大项目"认知科学中神经网络理论与应用基础研究"及其神经网络实现方法等一系列研究项目，我国许多学者也在这方面取得了令人瞩目的成绩[14-20]，具体如下。

(1)提出了具有独创性的视听觉神经网络计算模型及生物似然模型、多模式神经网络模型、模糊神经网络模型。研究了多种改进型模型，包括动态神经元模型若干修正形式的显性模型。在一定程度上体现了生物智能的特点。

(2)在神经网络基本理论方面，提出了多种优化的联想记忆、模式分类模型。建立了一种高速信号处理的神经网络体系结构，给出了模糊感知器的严格定义及相应的学习算法，定义了一种组合优化设计满意度的概念；提出了前馈神经网络对非线性函数的逼近能力、神经网络的收敛性、联想记忆容量、容错性定理；发现了细胞神经网络中新型的混沌吸引子，拓宽混沌神经网络动力学方程模型参数，给出了混沌同步和混沌控制的新方法；在神经网络智能系统理论方面，建立了一种抗噪声的神经网络语音压缩和识别系统，提出了神经网络用于图像复原的新方法，成功地将分形和神经网络理论运用于图像编码和识别；提出了有效的编码和识别方法和集成模糊逻辑推理结构性知识表达能力与神经网络强大学习能力于一体的异步传输模式(asynchronous transfer mode，ATM)网络的业务量管制体系。

(3)在神经网络的应用方面也取得了很大的进展，如在模式识别、语音和图像信号处理、系统辨识、组合优化和自动控制等领域得到了十分广泛的应用，部分成果已达到了国际先进水平。1994 年，廖晓昕关于细胞神经网络的数学理论与基础的提出[15]，推动了神经网络研究这个领域的新进展。同时，计算机和各种处理器的发展也突飞猛进，为神经网络的研究创造了有利的条件。

1.4　生物神经网络的研究内容与方法

1.4.1　研究内容

生物神经网络是一门交叉学科，是人类智能研究的重要组成部分，已成为脑科学、神经科学、认知科学、心理学、计算机科学、数学和物理学等共同关注的焦点。Spetherd 将生物神经学定义为"研究神经细胞分子的构造以及神经细胞，经由突触，构筑称为信息加工与中介行为的机能回路的方式"的科学[21]。

目前，生物神经网络有代表性的研究领域主要集中在以下两个方面。一是脑科学、神经元动力学的研究。人的大脑将信息编码成为神经元动作电位模式并对其随机处理，通过随机扰动神经元实现可靠的计算。二是基于感知与生物特征的信息处理。寻求基于生物特征的信息编码、存储和传输理论与方法，探寻基于非线性机制和生物特征的信息编码、复制和信息存储规则，信息压缩的非线性本质，具有十分重大的理论价值和工程应用前景，甚至有可能对信息科学带来革命性的贡献。

对周围环境变化能做出反应是细胞和细胞构成的生物组织的基本特性之一，在生物物理学中通常将细胞和生物组织的这一特性称为应激性(irritability)，并将能引起反应的动因称为刺激(stimulus)，对刺激的特定反应则被相应地称为兴奋(excitation)[22]。电刺激研究是以生物体兴奋机理的研究为基础的，现在我们公认生物神经系统用来处理和传达系统的信号本质是电学与化学的。生物神经系统中的基本功能单位是神经元，其基本生理功能之一就是处理和传输生物电信号。在执行这种功能时可以通过两种基本形式传输信号，一种是局部电位(包括兴奋性突触后电位、抑制性突触后电位、感受器电位、阈下膜电位振荡及其他形式刺激引起的神经元局部去极化或超极化等)；另一种是动作电位。局部电位与神经元的整合功能有关，使神经元综合多方面的输入促使或抑制动作电位的发生。动作电位是"全或无"(all or none)的、固定波形的(stereotyped)电信号。动作电位以基本不衰减的方式长距离传播，使神经元实现其生物电信息的长距离传播功能。目前，关于神经系统对外加电刺激响应的研究主要涉及如下两个方面：①预测动作电位发生的位置及激发动作电位所需外加刺激的阈值[23,24]；②研究对于不同波形、不同频率的外加刺激，神经元动作电位的响应[25-27]。而神经系统的电活动往往表现出非周期的、不规则的混沌形式，这种非周期的、不规则的电活动行为是如何发生的？有哪些特征？不同时间模式之间有什么联系？对这些关键问题需要进一步深入研究。对于人脑这个由大规模神经元构成的网络系统，已有研究工作表明，无论在神经细胞膜的微观层次还是在脑电图(electroencephalogram，EEG)的宏观层次，都显示出了存在确定性混沌[28,29]。这些工作表明人脑神经网络系统是一种大规模的高维的混沌动力系统。而关于大规模混沌神经网络的复杂动力学行为如斑图、混沌行波、时-空阵发、集结性和混沌巡回等方面的研究工作目前还未深入展开，有待于进一步地探讨。这些问题的解决对认识神经元电活动的时间规律与功能之间的关系，研究神经系统电活动信息编码方式至关重要。

1.4.2　研究方法

1. 理论研究方法

复杂神经网络是超高维非线性系统，因此本书的理论研究方法主要采用近 20 年发展起来的复杂网络理论与方法，特别利用复杂网络中的小世界网、无标度网络的构造方法来对复杂生物神经网络进行建模；利用非线性动力学中的分岔、混沌理论与方法，分析研究神经网络与神经元的动力学行为；利用李雅普诺夫(Lyapunov)稳定性理论分析我们构造的神经网络、复杂网络的稳定性；最后利用神经电生理学的理论解释我们构造的神经网络模型的数值模拟结果。

2. 数值模拟与统计方法

目前，神经元及其网络的非线性振荡在神经细胞膜，睡眠机制，视觉、感觉和嗅觉系统，脑放电和尖峰机制，脑电和神经电紊乱，脑的同步振荡和编码系统以及脑的高级感觉和认知功能等方面的研究已取得了很大的进展。在这些研究中，神经系统的建模和数值模拟方法成为研究神经网络的重要辅助手段。在本书中，作者利用数值模拟方法和统计方法研究复杂生物神经网络的一些特性，如兴奋、同步、随机共振、一致共振等。同时，考虑真实生物神经网络的演化规律，设计变化规则，构建了一些新的神经网络模型，并在此基础上讨论新模型的动力学特性，获得了一些有理论意义与应用价值的成果。下面简要介绍常微分方程数值解法中的一种重要方法，即龙格-库塔(Runge-Kutta，RK)数值计算方法[30]。

RK 方法是常微分方程初值问题数值解法中的重要方法。它起源于简单的欧拉(Euler)折线法，对于初值问题，其一般形式为

$$\begin{cases} \dfrac{dy}{dt} = f(t,y), & t \in [a,b] \\ y(t_0) = y_0 \end{cases} \tag{1.1}$$

数值解法就是求式(1.1)的解 $y(t)$ 在若干点 $a = t_0 < t_1 < t_2 < \cdots < t_N = b$ 处的近似值 $y_n(n=1,2,\cdots,N)$ 的方法，$y_n(n=1,2,\cdots,N)$ 称为式(1.1)的数值解，$h_n = t_{n+1} - t_n$ 称为由 t_n 到 t_{n+1} 的步长，一般略去下标记为 h。利用泰勒(Taylor)级数展开，得到

$$y(t_1) = y(t_0 + h)$$

$$y(t_1) = y(t_0) + hy'(t_0) + \frac{h^2}{2!}y^{(2)}(t_0) + \cdots + \frac{h^p}{p!}y^{(p)}(t_0) + o(h^{p+1})$$

略去高阶余项并用 y_1 表示 $y(t_1)$ 的近似值，可得

$$y_1 \approx y_0 + hf(t_0, y_0) \tag{1.2}$$

同样又可以由 y_1 得到 y_2。一般地，可得

$$y_{n+1} \approx y_n + hf(t_n, y_n), \qquad n = 0,1,\cdots,N-1 \tag{1.3}$$

这就是 Euler 折线法，从初始点 (t_0, y_0) 开始，获得 N 个点的值，就能得到式(1.1)的一个近似解。RK 方法也是通过 Taylor 级数展开而来的。同理若用 p 阶 Taylor 多项来表示近似函数，即

$$y_{n+1} = y(t_n) + hy'(t_n) + \frac{h^2}{2!}y^{(2)}(t_n) + \cdots + \frac{h^p}{p!}y^{(p)}(t_n) + o(h^{p+1}) \tag{1.4}$$

则局部截断误差应为 p 阶 Taylor 余项 $o(h^{p+1})$，显然 p 越大，方法的精度越高。由此得到启示：可以通过提高 Taylor 多项式的阶数来提高算法的阶数，以得到高精度的数值求解方法。但若直接对 $y(t)$ 用高次 Taylor 多项式近似，则因公式中出现 f 的各阶导数或者各阶偏导数(当变量 y 是向量时)，使计算量大而不实用。如果将 Euler 公式写成以下形式：

$$\begin{cases} y_{n+1} = y_n + hK_1 \\ K_1 = f(t_n, y_n) \end{cases} \tag{1.5}$$

那么用点 t_i 处的斜率近似值 K_1 与右端点 t_{i+1} 处的斜率 K_2 的算术平均值作为平均斜率 K^* 的近似值时，就可以得到二阶精度的改进 Euler 公式，如式 (1.6) 所示：

$$\begin{cases} y_{n+1} = y_n + h\left(\dfrac{1}{2}K_1 + \dfrac{1}{2}K_2\right) \\ K_1 = f(t_n, y_n) \\ K_2 = f(t_n + h, y_n + hK_1) \end{cases} \tag{1.6}$$

以此类推，如果在区间 $[t_i, t_{i+1}]$ 内多预估几个点上的斜率值 $K_1, K_2, \cdots, K_p$，并用它们的加权平均值作为平均斜率 K^* 的近似值，显然就能构造出具有很高精度的高阶计算公式。这样既避免了计算函数 $f(t, y)$ 的高阶导数或者偏导数（当变量 y 是向量时），又提高了计算方法的精度，这就是 RK 方法的基本思想。

一般地，RK 方法的近似计算公式为

$$\begin{cases} y_{n+1} = y_n + h\displaystyle\sum_{i=1}^{p} c_i K_i \\ K_1 = f(t_n, y_n) \\ K_i = f\left(t_n + a_i h, y_n + h\displaystyle\sum_{j=1}^{i-1} b_{ij} K_j\right), \quad i = 2, 3, \cdots, p \end{cases} \tag{1.7}$$

其中，a_i、b_{ij}、c_i 都是参数，确定它们的原则是使近似公式在 (t_n, y_n) 处的 Taylor 级数展开式与 $y(t)$ 在 t_n 处的 Taylor 级数展开式的前面几项尽可能多地重合，这样就使近似公式有尽可能高的计算精度。

经数学推导、求解，可以得到四阶 RK 方法的计算公式，即

$$\begin{cases} y_{n+1} = y_n + \dfrac{h}{6}(K_1 + 2K_2 + 2K_3 + K_4) \\ K_1 = f(t_n, y_n) \\ K_2 = f\left(t_n + \dfrac{h}{2}, y_n + \dfrac{h}{2}K_1\right) \\ K_3 = f\left(t_n + \dfrac{h}{2}, y_n + \dfrac{h}{2}K_2\right) \\ K_4 = f(t_n + h, y_n + hK_3) \end{cases} \tag{1.8}$$

其中，K_1 是时间段开始时的斜率；K_2 是时间段中点的斜率，通过 Euler 法采用斜率 K_1 来确定 y 在点 $t_n + h/2$ 的值；K_3 也是中点的斜率，但是这次采用斜率 K_2 确定 y 值；K_4 是时间段终点的斜率，其 y 值由 K_3 决定。

这样，下一个值 y_{n+1} 由现在的值 y_n 加上时间间隔 h 和一个估算的斜率的乘积所

决定。该斜率是前面斜率的加权平均。当四个斜率取平均时，中点的斜率有更大的权值。注意：式 (1.8) 对于标量或者向量函数 (y 可以是向量) 都适用。

现在，RK 方法的应用领域已经扩大到数值求解随机微分方程、泛函数微分方程和哈密顿系统等更复杂的问题中。随着计算机计算能力的飞速提高和数学家 (如 Kloeden 和 Platen) 的不懈努力，RK 方法展现出了它的重要性，能够解决的问题也变得越来越大、越来越复杂，数值求解微分方程的范围和精度也在不断地扩大与提高。本书正是应用了四阶 RK 方法在求解微分方程中的重要性，通过数值模拟的手段，同时应用非线性动力学理论和复杂网络理论，来达到认知复杂生物神经网络特性的目的。

除上述数值计算方法，在研究高维生物神经网络模型时统计方法也是非常有效的。本书将结合具体实例加以介绍。

1.5　复杂网络的基本概念与理论概述

随着社会的发展，人们发现自然界、社会生活、生物系统中大量的实际系统都可以通过由节点和边构成的网络来加以描述[31, 32]，其中，节点 (node) 表示该系统的基本单元，边 (edge) 表示基本单元之间的相互作用或关系，两个节点之间具有某种特定的关系则连一条边，反之则不连边。例如，神经系统可以看作由大量神经细胞通过神经纤维相互连接形成的网络；计算机网络可以看作自主工作的计算机通过通信介质如光缆、双绞线、同轴电缆等相互连接形成的网络；类似地还有电力网络、社会关系网络、交通网络等。

传统上对网络的研究一般采用数学上的图论方法。但经典图论所考虑的一般是规则图[33,34]。在 20 世纪 50 年代末 60 年代初，两位匈牙利数学家 Erdös 和 Rényi 建立了随机网络的基本模型[35,36]，他们用随机图来描述网络的拓扑结构，这为复杂网络的研究奠定了一个数学理论基础。直到最近 20 年，由于计算机数据处理和计算能力的飞速发展，科学家发现大量的真实网络既不是规则网络，也不是随机网络，而是具有与前两者皆不同的统计特征的网络，这样的一些网络被科学家称为复杂网络 (complex network)。1998 年，为了描述从规则网络到随机网络的转变，Watts 和 Strogatz (WS) 引入了小世界网络模型[2]；1999 年，为了描述许多真实网络的幂律形式的度分布，Barabási 和 Albert (BA) 建立了无标度网络模型[3,4]。这两项开创性的工作更是使得复杂网络理论得到了迅猛的发展。目前，复杂网络研究正从数理学科渗透到生命学科和工程学科等众多不同的领域。对复杂网络的定量与定性特征的科学理解已成为网络时代科学研究中一个极其重要的挑战性课题，甚至被称为"网络的新科学" (new science of network)[37-43]。

1.5.1　复杂网络的基本概念

复杂网络的结构具有异常独特的统计特性，下面将简要介绍复杂网络结构的一些统计特征量以及几种常见的复杂网络模型。

1. 网络

从统计物理学的角度来看，网络是一个包含了大量个体以及个体之间相互作用的系统。而从图论的角度来看，网络 $G(V,E)$ 就是一个由顶点（物理学中通常称为节点）集 V 和边集 E 构成的图，边集中的每一条边都有顶点集中的一对顶点与之对应，其中，顶点表示系统中的基本单元，边表示相互作用或关系。顶点数 $N=|V|$ 称为网络的大小、规模或阶，边数 $M=|E|$。例如，对于万维网（WWW），顶点表示网页，边表示超链接；对于 Internet，我们就可以用顶点来表示路由器或域，用边来表示连接它们的电缆线。如果所有边的顶点对是有顺序的，则网络称为有向网络，否则称为无向网络。如果给每条边都赋予相应的权值，那么该网络就称为加权网络，否则称为无权网络。在本书中，如果没有特殊指明，所称网络均为无权无向网络。

2. 平均距离

在一个网络中，两个节点 i 和 j 之间的距离 d_{ij} 定义为连接 i 和 j 的最短路径所包含的边的数目。网络中任意两个节点间的距离的最大值称为网络的直径 D。一个网络的平均距离（average distance）L 定义为网络中所有节点对之间的距离平均值，即

$$L = \frac{2}{N(N-1)} \sum_{i=1}^{N-1} \sum_{j=i+1}^{N} d_{ij} \tag{1.9}$$

3. 聚类系数

在朋友关系网络中，一个人的两个朋友很可能彼此之间也是朋友，这种属性称为网络的聚类特性。一般地，假设网络中的一个节点 i 有 k_i 条边将它和其他节点相连，则这 k_i 个节点就称为节点 i 的邻居。显然，在这 k_i 个节点之间最多可能有 $k_i(k_i-1)/2$ 条边。而这 k_i 个节点之间实际存在的边数 E_i 和总的可能的边数 $k_i(k_i-1)/2$ 之比就定义为节点 i 的聚类系数 C_i，即

$$C_i = \frac{2E_i}{k_i(k_i-1)} \tag{1.10}$$

整个网络的聚类系数 C 就是网络中所有节点的聚类系数的平均值，即

$$C = \frac{1}{N} \sum_{i=1}^{N} C_i \tag{1.11}$$

显然，$0 \leqslant C \leqslant 1$。$C = 0$ 当且仅当所有的节点均为孤立节点，即没有任何连接边；$C = 1$ 当且仅当网络是全局耦合的，即网络中任意两个节点都直接相连。

4. 度分布

一个顶点所连接的边的数目称为该点的度，第 i 个顶点的度通常用 k_i 来表示。由于一条边对度的贡献为 2，所以网络的平均度为

$$< k >= \frac{1}{N}\sum_i k_i = \frac{2M}{N} \tag{1.12}$$

其中，M 和 N 分别表示网络的边数和顶点数。度的弥散程度用度分布 $p(k)$ 来表示，就是指从网络中随机地选择一个点，它的度为 k 的概率为

$$p(k) = \frac{1}{N}\sum_{i=1}^{N}\delta(k - k_i) \tag{1.13}$$

有向网络中每个顶点都有一个出度和入度，分别表示出边和入边的数目。

1.5.2　几种典型的复杂网络模型及统计特性简介

1. 规则网络及主要统计特性

常见的规则网络有全局耦合网络、最近邻耦合网络和星形网络等[1]，如图 1.2 所示。

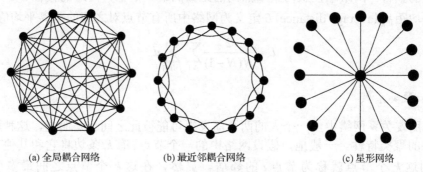

(a) 全局耦合网络　　　　　(b) 最近邻耦合网络　　　　　(c) 星形网络

图 1.2　几种规则网络

全局耦合网络 (globally coupled network)。在全局耦合网络模型中，任意两个点之间都有边直接相连 (图 1.2(a))。全局耦合网络具有最小的平均距离 $L_{gc} = 1$ 和最大的聚类系数 $C_{gc} = 1$，度分布为以 $N-1$ 为中心的 δ 函数。全局耦合网络最简单也最容易实现。

最近邻耦合网络 (nearest-neighbor coupled network)。它是经常被研究的一个网络模型，通常也被称为格子 (lattice)。在一个最近邻耦合网络中，每一个节点 i 与它左右各 $K/2$ (K 为偶数) 个近邻 $i\pm1, i\pm2, \cdots, i\pm K/2$ 相连 (图 1.2(b))。最近邻耦合网络

不具有小世界特征，是稀疏的规则网络。对较大的 K 值，最近邻耦合网络的聚类系数为

$$C_{\text{nc}} = \frac{3(K-2)}{4(K-1)} \approx \frac{3}{4} \tag{1.14}$$

因此，这样的网络是高度聚类的。然而，最近邻耦合网络不是一个小世界网络，相反，对固定的 K 值，该网络的平均距离为

$$L_{\text{nc}} \approx \frac{N}{2K} \rightarrow \infty, \qquad N \rightarrow \infty \tag{1.15}$$

度分布为以 K 为中心的 δ 函数。

星形网络（star coupled network）。在一个星形网络中，有一个中心节点，其他所有 $N-1$ 个点都只与中心节点相连，而它们彼此之间不连接（图 1.2(c)）。星形网络的平均距离为

$$L_{\text{star}} = 2 - \frac{2(N-1)}{N(N-1)} \rightarrow 2, \qquad N \rightarrow \infty \tag{1.16}$$

星形网络的聚类系数为

$$C_{\text{star}} = \frac{N-1}{N} \rightarrow 1, \qquad N \rightarrow \infty \tag{1.17}$$

星形网络是比较特殊的一类网络。这里假设如果一个节点只有一个邻居节点，那么该节点的聚类系数定义为 1。有些研究文献中则定义只有一个邻居节点的节点的聚类系数为 0。按照此定义，星形网络的聚类系数则为 0。

2. 随机图模型及主要统计特性

如前所述，ER 随机图理论是几十年前由 Erdös 和 Rényi 提出的[1,36]。假设网络有 N 个节点，我们以概率 p 来连接一对随机选定的节点。这样就生成了一个具有 N 个节点和大约 $pN(N-1)/2$ 条边的随机图，其演化图如图 1.3 所示。随机图理论研究的主要问题是确定随机图产生某种特定性质的概率值。研究发现 ER 随机图的许多重要的性质都是突然涌现的，也就是说，对于任一给定的概率 p，要么几乎每一个图都具有某个性质 Q（如连通性），要么几乎每一个图都不具有该性质。例如，如果概率 p 大于某个临界值 $p_c \sim (\ln N)/N$，那么几乎每一个随机图都是连通的。

ER 随机图的平均度是 $<k> = p(N-1) \approx pN$。设 L_{ER} 是 ER 随机图的平均距离。直观上，对于 ER 随机图中随机选取的一个点，网络中大约有 $<k>^{L_{\text{ER}}}$ 个其他的点与该点之间的距离等于或非常接近于 L_{ER}。因此 $N \sim <k>^{L_{\text{ER}}}$，即 $L_{\text{ER}} \sim \ln N/\ln<k>$。这种平均距离为网络规模的对数增长函数的特性就是典型的小世界特征。$\ln N$ 的值随 N 增长得很慢，使得即使是规模很大的网络也可以具有很小的平均距离。

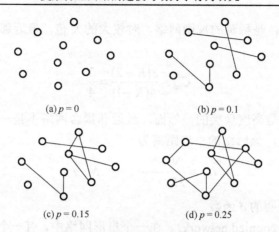

(a) $p=0$　　　　　　　　(b) $p=0.1$

(c) $p=0.15$　　　　　　(d) $p=0.25$

图 1.3　随机图模型生成示意图

(a)给定的 10 个孤立点；(b)～(d)分别以连接概率 $p=0.1$，$p=0.15$ 和 $p=0.25$ 生成的随机图

ER 随机图中两个节点之间无论是否具有共同的邻居节点，其连接概率均为 p。因此，ER 随机图的聚类系数是 $C=p=<k>/N \ll 1$，这意味着大规模的稀疏 ER 随机图没有聚类特性。而现实中的复杂网络一般都具有明显的聚类特性。也就是说，实际的复杂网络的聚类系数要比相同规模的 ER 随机图的聚类系数高得多。

固定 ER 随机图的平均度 $<k>$ 不变，则对于充分大的 N，由于每条边的出现与否都是独立的，ER 随机图的度分布可用泊松(Poisson)分布来表示：

$$P(k)=\binom{N}{k}p^k(1-p)^{N-k} \approx \frac{<k>^k \mathrm{e}^{-<k>}}{k!} \tag{1.18}$$

其中，对于固定的 k，当 N 趋于无穷大时，最后的近似等式是精确成立的。因此，ER 随机图也称为泊松随机图。

3. 小世界网络模型及主要统计特性

实际网络通常是既具有某种规则性，又具有一些随机性。例如，WWW 上的网页绝不是像 ER 随机图那样完全随机地连接在一起的。从复杂网络结构特征的度量角度来说，就是实际的网络具有小的平均距离和高聚类特性。作为从完全规则网络向完全随机图的过渡，Watts 和 Strogatz 于 1998 年引入了一个有趣的小世界网络模型，称为 WS 小世界网络模型。WS 小世界网络模型可以通过如下方法进行构建[2]。

(1)从规则图开始：考虑一个含有 N 个点的最近邻耦合网络，它们围成一个环，其中每个节点都与它左右相邻的各 $K/2$ 节点相连，K 是偶数。

(2)随机化重连：以概率 p 随机地重新连接网络中的每个边，即将边的一个端点保持不变，而另一个端点取为网络中随机选择的一个节点。其中规定，任意两个不同的节点之间至多只能有一条边并且每一个节点都不能有边与自身相连。

在该模型中，$p=0$ 对应于完全规则网络，$p=1$ 则对应于完全随机网络，通过调节 p 的值就可以控制从完全规则网络到完全随机网络的过渡，如图 1.4(a) 所示。图 1.5 显示了网络的聚类系数和平均距离随重连概率 p 的变化关系。但是，WS 小世界网络模型构造算法中的随机化过程有可能破坏网络的连通性。为了解决这个问题，Newman 和 Watts 对 WS 小世界网络模型进行了一点修改，提出了 NW 小世界网络模型[43,44]。在 NW 小世界网络模型中，不断开原有的连接边，而是以概率 p 在随机选定的一对网络节点间增加新的连接边。同样，也要保证节点没有自连接以及两个节点间没有重复连接。当 $p=0$ 时，NW 小世界网络就是原来的规则最近邻耦合网络；当 $p=1$ 时，网络变成规则的全局耦合网络，如图 1.4(b) 所示。研究发现，在 p 较小时，NW 小世界网络模型具有和 WS 小世界网络模型类似的特性。关于小世界网络的各种统计特性如聚类系数、平均距离、度分布等已有大量文献报道[1,44-47]，简介如下。

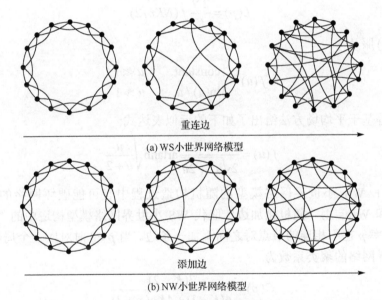

(a) WS小世界网络模型

(b) NW小世界网络模型

图 1.4　小世界网络模型

令 $C(p)$ 和 $L(p)$ 分别为以重连概率 p 得到的 WS 小世界网络模型的聚类系数和平均距离，则有

$$C(p) = \frac{3(K-1)}{2(2K-1)}(1-p)^3 \tag{1.19}$$

对于平均距离，目前还没有精确的表达式。Newman 等利用重整化群方法得到：

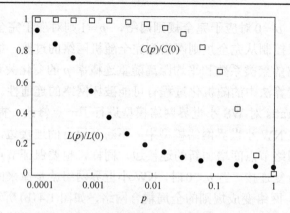

图 1.5　WS 小世界网络模型的聚类系数和平均距离随重连概率 p 的变化关系[2]

纵坐标分别表示聚类系数 C 和平均距离 L 随重连概率 p 变化的归一化值，无单位

$$L(p) = \frac{2N}{K} f(NKp/2) \tag{1.20}$$

其中，$f(\cdot)$ 服从

$$f(u) = \begin{cases} \text{constant}, & u \ll 1 \\ \ln(u)/u, & u \gg 1 \end{cases} \tag{1.21}$$

Newman 等基于平均场方法给出了如下的近似表达式：

$$f(u) = \frac{1}{2\sqrt{u^2 + 2u}} \operatorname{artanh} \sqrt{\frac{u}{u+2}} \tag{1.22}$$

　　由于在 WS 小世界网络模型的随机构造过程中有可能破坏网络的连通性，Newman 和 Watts 用"随机化加边"取代 WS 小世界网络模型构造中的"随机化重连"，以概率 p 在不相连的节点对之间添加一条边。当 $p=1$ 时对应于全局耦合网络。NW 小世界网络的聚类系数为

$$C(p) = \frac{3(K-2)}{4(K-1) + 4Kp(p+2)} \tag{1.23}$$

由式(1.19)、式(1.20)和式(1.23)可以发现，小世界网络模型的聚类系数和平均距离都是重连概率 p 的函数，当 p 比较小时，网络的聚类系数变化不大，但平均距离却迅速下降(图 1.5)，这种既具有较短平均距离又具有较大聚类系数的网络就称为小世界网络。

4. 无标度网络模型及主要统计特性

　　Barabási 和 Albert 认为，网络具有无标度特性的根本原因是[3,4]：增长(growth)特性，即网络的规模是不断扩大的；优先连接(preferential attachment)特性，即新的

节点更倾向于与那些具有较高连接度的"大"节点相连接。根据这两个原则，他们在 1999 年建立了一个无标度网络模型。该网络的生成过程是：从 m_0 个全连通的网络出发，每一步增加一个节点，同时从这个新增加的节点上伸出 m 条边，$m \leq m_0$，但这些边并不是随机地连接到已有节点上，而是以概率 $p_i = k_i \bigg/ \sum_{j=1}^{N} k_j$ 连接到节点 i 上。可以证明，以这样的机制生成的无标度网络，当节点数 $N \to \infty$ 时，其度分布的幂指数 $r \to 3$，平均距离 $L \propto \ln N$，聚类系数 $C \propto N^{-0.75}$。

下面对根据这四种网络模型生成的网络与真实网络的主要性质进行比较，如表 1.1 所示。从表 1.1 中可以看到，规则网络和随机网络既有共性，又具有自己独特的性质；WS 小世界网络和 BA 无标度网络各捕捉到了真实网络三个主要性质中的两个。后来，虽然科学家又建立了许多模型以更好地体现真实网络的所有特性，如适应度模型、局域世界演化网络模型等[1]，但由于 WS 小世界网络模型和 BA 无标度网络模型规则简洁并抓住了复杂网络的基本性质，到目前依然是使用最普遍的复杂网络模型。后来出现了一些改进模型。

表 1.1　根据四种网络模型生成的网络与真实网络性质的比较

	网络模型	平均距离	聚类系数	度分布
	真实网络	小	大	幂律分布
	规则网络	大	大	δ 函数
	随机网络	小	小	泊松分布
复杂网络	WS 小世界网络	小	大	泊松分布
	BA 无标度网络	小	小	幂律分布

1.6　复杂生物神经网络的建模与动力学行为研究进展

对大脑的研究正在经历从线性向非线性思维的转变[48]。如前所述，由于大脑神经网络是由很多神经元相互连接组成的，是一个极为庞大和错综复杂的系统，因此，仅仅对单个神经元模型进行充分研究，对于研究诸如脑的功能是完全不够的。当神经元工作时，它们不是孤立存在的，而是一个集体的效应结果。神经系统的所有功能，从心跳等自主神经活动的调节，到复杂的动物行为，如约会和运动等的控制，都反映了相互作用的神经元构成的网络的协同效应。复杂的相互作用，包括大量神经元之间的突触联系，对产生多数行为是必不可少的。在这样的连接网络中的细胞能相互之间传递电信号和化学信号。神经生物学家面临的一个主要挑战，就是认识神经网络从事的相互作用和信息处理的本质。

以放电生理过程为主的生物神经元，需要采用非线性动力学模型，其动力学演变过程往往是非常复杂的。1952 年，Hodgkin 和 Huxley 利用乌贼轴突的电压钳位实验数据建立了经典的 Hodgkin-Huxley(H-H)定量模型[10]，第一次从物理学的角度导出描述神经兴奋传递的数学模型，为生物神经元的电神经生理学的发展奠定了基础。该模型可用来描述神经细胞膜中所发生的非线性现象如自激振荡、混沌及多重稳定性等行为，为人们探索神经元的兴奋性提供了基本理论基础。下面简要介绍生物神经元电神经生理学的数学模型——改进的 Hodgkin-Huxley(MHH)模型。

1.6.1　生物神经元电神经生理学的数学模型

在 H-H 模型基础上[10]，加入突触噪声电流，得到 MHH 模型[49]，对第 i 个神经元，可得如下电路模型方程：

$$\begin{cases} C_m \dfrac{dV_i}{dt} = I_{i(\text{ion})} + I_{i(\text{syn})} + I_{i(\text{ext})} \\[2mm] \dfrac{dm_i}{dt} = \alpha_{m_i}(V_i)(1-m_i) - \beta_{m_i}(V_i)m_i \\[2mm] \dfrac{dh_i}{dt} = \alpha_{h_i}(V_i)(1-h_i) - \beta_{h_i}(V_i)h_i \\[2mm] \dfrac{dn_i}{dt} = \alpha_{n_i}(V_i)(1-n_i) - \beta_{n_i}(V_i)n_i \end{cases}, \qquad 1 \leqslant i \leqslant N \qquad (1.24)$$

其中，C_m 是膜电容；V_i 是第 i 个神经元的膜电位，对应着该神经细胞的发放电位；m_i 表示细胞膜内激活分子的比例，$1-m_i$ 表示细胞膜外激活分子的比例；h_i 表示细胞膜外未激活分子的比例，$1-h_i$ 表示细胞膜内未激活分子的比例；n_i 是一个无量纲变量，其值在 0～1 变化，表示细胞膜内几种离子之间的比例，$1-n_i$ 表示细胞外几种离子比例；参数 α_x、β_x（x 代表 m、h、n）是与温度、离子浓度和膜电位有关的量，并具有时间倒数的量纲，它们对时间的依赖关系是用比较理论和实验结果的方法得出的；$I_{i(\text{ion})}$、$I_{i(\text{syn})}$、$I_{i(\text{ext})}$ 分别是细胞内离子电流、突触的噪声电流和外加刺激电流。其中，细胞内离子电流 $I_{i(\text{ion})}$ 满足

$$I_{i(\text{ion})} = -g_{\text{Na}} m_i^3 h_i (V_i - V_{\text{Na}}) - g_{\text{K}} n_i^4 (V_i - V_{\text{K}}) - g_{\text{L}}(V_i - V_{\text{L}}) \qquad (1.25)$$

其中，参数 g_{Na}、g_{K} 和 g_{L} 分别是各离子通道的最大电导；V_{Na}、V_{K} 和 V_{L} 分别表示钠、钾离子电流和漏电流在实验条件下的平衡电位。

$I_{i(\text{syn})}$ 为突触的噪声电流，满足

$$\tau_c \dfrac{dI_{i(\text{syn})}}{dt} = -I_{i(\text{syn})} + \sqrt{2D}\xi_i \qquad (1.26)$$

其中，ξ_i 是满足均值为零，且 $<\xi_i(t)\xi_j(t')> = D\delta_{ij}\delta(t-t')$ 的高斯白噪声；D 为噪声功率，表示噪声的强度；τ_c 是时间关联度，本书取 $\tau_c = 2.0\text{ms}$。

另外，$I_{i(syn)}$ 有多种形式[49,50]；在式 (1.24) 中，其他各参量的取值分别如下：

$$\alpha_{m_i}(V_i) = \frac{0.1(V_i + 40)}{1 - \exp[-(V_i + 40)/10]}, \quad \beta_{h_i}(V_i) = \frac{1}{1 + \exp[-(V_i + 35)/10]}$$

$$\alpha_{n_i}(V_i) = \frac{0.01(V_i + 35)}{1 - \exp[-(V_i + 55)/10]}, \quad \beta_{m_i}(V_i) = 4\exp[-(V_i + 65)/18]$$

$$\alpha_{h_i}(V_i) = 0.07\exp[-(V_i + 65)/20], \quad \beta_{n_i}(V_i) = 0.125\exp[-(V_i + 65)/80]$$

$$C_m = 1\mu F/cm^2, \quad g_{Na} = 120mS/cm^2, \quad g_K = 36mS/cm^2$$

$$g_L = 0.3mS/cm^2, \quad V_{Na} = 50mV, \quad V_K = -77mV, \quad V_L = -54.4mV$$

1.6.2　复杂生物神经网络的研究进展

在某种意义上，生物神经网络可以看作一个不断组织和重塑其功能连接的动态复杂网络。神经解剖学研究表明，很多生物神经网络具有明显的聚类现象和相对短的路长[51,52]。Sporns 和 Zwi 用图论的手段分析了大量的灵长类动物大脑皮层的结构数据[52]，结果显示：所有被考察的数据同样都表现出小世界的性质，即大的连接聚集 (clustering of connections) 与小的平均距离。Lago-Fernández 等发现，具有小世界连接的神经网络模型具有快速响应与相干振荡特性[53]；类似地，关于小世界模型的同步共振问题在 Barahona 和 Pecora 的模型中也有所体现[54]。Strogatz 认为，小世界效应有可能体现了信息处理的最佳模式[55]。由这些理论模型研究可以看出，在大脑信息处理中，小世界效应显得非常重要。

正是基于以上从复杂网络角度对生物神经网络的认识，许多学者对复杂生物神经网络展开了大量的研究。目前，在这方面的研究工作主要集中在两个方面。一是根据现实世界中生物神经网络的演化规律设计变化规则，得到新的网络模型。例如，Li 和 Chen 提出了一个带有权重的小世界神经网络模型[56]，并讨论了该模型的稳定性；袁五届和罗晓曙提出了一种具有侧抑制机制的小世界生物神经网络模型[57,58]。二是研究复杂生物神经网络模型的一些动力学特性，如网络同步[59-61]、兴奋节律[57,58]、随机共振现象[62,63]、一致共振现象[64-67]等特性。其中也包括网络结构的影响，如当神经元之间的耦合强度太弱时不能同步[59,60]。Kwon 和 Moon 研究发现，重连概率 p 的增长使得网络同步增加，但用峰峰间隔直方图得到的相干因子作为概率 p 的函数来刻画网络的同步较困难[67]。Lago-Fernández 等认为，随机网络能快速反应，但无一致振荡；规则网络正相反；而小世界网络既能快速反应，又有一致振荡[53]。

由以上分析可知，通过探讨大规模复杂生物神经网络模型在不同的参数空间、不同的连接拓扑结构、不同的连接强度和不同外界刺激信号下的复杂动力学性质及信息传播特点，可模拟和解释真实脑神经网络中细胞在受外界刺激时产生的"刺激—兴奋—传导—效应"的过程及其特点和规律。对于探索人脑的记忆、学习方式和信息的处理能力将会提供有价值的参考，并有可能把复杂网络的理论与应用研究和人脑的自组织、自适应及信息的存储、联想记忆的机制联系起来。期待这些方面的研究取得实质性进展。

参 考 文 献

[1]　汪小帆, 李翔, 陈关荣. 复杂网络理论及其应用[M]. 北京: 清华大学出版社, 2006: 1.

[2]　Watts D J, Strogatz S H. Collective dynamics of "small-world" networks[J]. Nature, 1998, 393(6684): 440-442.

[3]　Barabási A L, Albert R. Emergence of scaling in random networks[J]. Science, 1999, 286: 509-512.

[4]　Barabási A L, Albert R, Jeong H. Mean-field theory for scale-free random networks[J]. Physica A, 1999, 272: 173-187.

[5]　Watts D J. The new science of networks[J]. Annual Review of Sociology, 2004, 30: 243-270.

[6]　袁五届. 复杂网络与复杂生物神经网络的建模及其动力学特性研究[D]. 桂林: 广西师范大学, 2007.

[7]　https://baike.baidu.com/item/突触传递/3901106?fr=aladdin[2019-03-26].

[8]　McCulloch W S, Pitts W. A logical calculus of the ideas immanent in nervous activity[J]. Bulletin of Mathematical Biophysics, 1943, 5: 115-133.

[9]　Hebb D O. The Organization of Behavior[M]. New York:Wiley, 1949.

[10]　Hodgkin A L, Huxley A F. A quantitative description of membrane current and its application to conduction and excitation in nerve[J]. Journal of Physiology, 1952, 117: 500-544.

[11]　Eccles J C. Cholinergic and inhibitory synapses in a pathway from motoraxon collaterals to motoneurones[J]. Journal of Physiology, 1954, 126: 524.

[12]　罗晓曙. 人工神经网络理论、模型、算法与应用[M]. 桂林: 广西师范大学出版社, 2005.

[13]　Hopfield J J. Neural network and physical systems with emergent collective computational abilities[J]. Proceedings of the National Academy of Science of the USA, 1982, 79(8): 2554-2558.

[14]　Wang L X. Fuzzy systems are universal approximators[C]. Proceedings of Conference on Fuzzy Systems, San Diego, 1992: 1163-1170.

[15]　廖晓昕. 细胞神经网络的数学理论(I)[J]. 中国科学(A辑),1994,24(9): 902-910.

[16]　焦李成. 神经网络的应用与实现[M]. 西安: 西安电子科技大学出版社, 1995.

[17]　林克椿. 生物物理学[M]. 武汉: 华中师范大学出版社, 1999: 73-77.

[18]　董军, 胡上序. 混沌神经网络研究进展与展望[J].信息与控制, 1997, 26(5): 360-368.

[19] 胡守仁, 余少波, 戴葵. 神经网络导论[M]. 长沙: 国防科技大学出版社, 1992.

[20] 姚国正, 汪云九. 神经网络的集合运算[J]. 信息与控制, 1989, 18(2): 31-40.

[21] 吕国蔚. 医学神经生物学[M]. 北京: 高等教育出版社, 2000.

[22] 徐科. 神经生物学纲要[M]. 北京: 科学出版社, 2000: 50-53.

[23] Ratty F. Analysis of models for external stimulation of axons[J]. IEEE Transactions on Biomedical Engineering, 1986, 33 (10): 974-977.

[24] Zierhofer C M. Analysis of a linear model for electrical stimulation of axons-critical remarks on the activating function concept[J]. IEEE Transactions on Biomedical Engineering, 2001, 48(2): 173-183.

[25] Thompson C J, Bardos D C, Yang Y S, et al. Nonlinear cable models for cells exposed to electric fields I. general theory and space-clamped solutions[J]. Chaos, Solitons and Fractals, 1999, (11): 1825-1842.

[26] Sato S, Doi S. Response characteristics of the BVP neuron model to periodic pulse inputs[J]. Mathematical Biosciences, 1992, 112:243-259.

[27] Genesio R, Nitti M, Torcini A. Analysis and simulation of waves in reaction-diffusion systems[C]. Proceedings of the 37th IEEE Conference on Decision and Control, Tampa, 1998: 2059-2064.

[28] Aihara K. Periodic and nonperiodic responses of a periodically forced Hodgkin-Huxley oscillator[J]. Journal of Theoretical Biology, 1984, 109(2):249.

[29] Babloyantz A, Salazar J M, Nicolis C. Evidence of chaotic dynamics of brain activity during the sleep cycle[J]. Physics Letters A, 1985, 111: 152.

[30] 丁丽娟. 数值计算方法[M]. 北京: 北京理工大学出版社, 1997: 204-214.

[31] Albert R, Barabási A L. Statistical mechanics of complex networks[J]. Review of Modern Physics, 2002, 74: 47-97.

[32] Dorogovtsev S N, Mendes J F F. Evolution of networks[J]. Advances in Physics, 2002, 51(4): 1079-1187.

[33] Bond J, Murt U S R. Graph Theory with Applications[M]. London: MacMillan Press Ltd, 1976.

[34] Xu J M. Topological Structure and Analysis of Interconnection Network[M]. London: Kluwer Academic Publishers, 2001.

[35] Erdös P, Rényi A. On random graphs[J]. Publications Mathematics, 1959, 6: 290-297.

[36] Erdös P, Rényi A. On the evolution of random graphs[J]. Publications of the Mathematical Institute of the Hungarian Academy of Sciences, 1960, 5: 6-17.

[37] 罗晓曙, 韦笃取. 复杂电机与电力系统非线性动力学行为与控制研究[M]. 北京: 科学出版社, 2015.

[38] Huang Z T, Luo X S, Yang Q G. Global asymptotic stability analysis of bidirectional associative

memory neural networks with distributed delays and impulse[J]. Chaos, Solitons and Fractals, 2007, 34: 878-885.

[39] Wei D Q, Luo X S, Zhang B. Analysis of cascading failure in complex power networks under the load local preferential redistribution rule[J]. Physica A, 2012, 391（8）: 2771-2777.

[40] Yuan W J, Zhou J F, Li Q, et al. Spontaneous scale-free structure in adaptive networks with synchronously dynamical linking[J]. Physical Review E, 2013, 88(2):022818.

[41] 郭世泽, 陆哲明.复杂网络理论基础[M]. 北京: 科学出版社, 2012.

[42] 赵明. 复杂网络上动力系统同步现象的研究[D]. 合肥: 中国科学技术大学, 2007.

[43] Newman M E J, Watts D J. Scaling and percolation in the small-world network model[J]. Physical Review E, 1999, 60(6): 7332-7342.

[44] Newman M E J. The structure and function of networks[J]. Computer Physics Communications, 2002, 147(1): 40-45.

[45] Barthélémy M, Amaral L A N. Small-world networks: Evidence for a crossover picture[J]. Physical Review Letters, 1999, 82(25): 5180.

[46] Newman M E J, Moore C, Watts D J. Mean-field solution of the small-world network model[J]. Physical Review Letters, 2000, 84(14): 3201-3204.

[47] 赵静, 赫荣乔, 李东风.神经科学与百年诺贝尔奖[J]. 生物物理学报, 2002,18:141-145.

[48] Shinomoto S, Sakai Y, Funahashi S. The Ornstein-Uhlenbeck precess does not reproduce spiking statistics of neurons in prefrontal cortex[J]. Neural Computation, 1999, 11(4): 935-951.

[49] Hasegawa H. Stochastic resonance of ensemble neurons for transient spike trains: Wavelet analysis[J]. Physical Review E, 2002, 66(2): 021902.

[50] White J G, Southgate E, Thompson J N, et al. The structure of the nervous system of the nematode caenorhabditis elegans[J]. Philosophical Transactions of the Royal Society B: Biological Sciences, 1986, 314(1165): 1-340.

[51] Achacoso T B, Yamamoto W S. AY's Neuroanatomy of C. Elegans for Computation[M]. Boca Raton: CRC Press, 1992.

[52] Sporns O, Zwi J D. The small world of the cerebral cortex[J]. Neuroinformatics, 2004, 2: 145-162.

[53] Lago-Fernández L F, Huerta R, Corbacho F, et al. Fast response and temporal coherent oscillations in small-world networks[J]. Physical Review Letters, 2000, 84: 2758-2761.

[54] Barahona M, Pecora L M. Synchronization in small-world systems[J]. Physical Review Letters, 2002, 89: 054101.

[55] Strogatz S H. Exploring complex networks[J]. Nature, 2001, 410(6825): 268-276.

[56] Li C, Chen G. Local stability and Hopfield bifurcation in small-world delayed networks[J]. Chaos, Solitons and Fractals, 2004, 20(2): 353-361.

[57] Yuan W J, Luo X S, Wang B H, et al. Excitation properties of the biological neurons with side-inhibition mechanism in small-world networks[J]. Chinese Physics Letters, 2006, 23（11）: 3115-3118.

[58] Yuan W J, Luo X S, Jiang P Q. Study under AC stimulation on excitement properties of weighted small-world biological neural networks with side-restrain mechanism[J]. Communications in Theoretical Physics, 2007, 47（2）: 369-373.

[59] Wang Y, Chik D T W. Coherence resonance and noise-induced synchronization in globally coupled Hodgkin-Huxley neurons[J]. Physical Review E, 2000, 61: 740-746.

[60] Yu Y, Wang W. Resonance-enhanced signal detection and transduction in the Hodgkin-Huxley neuronal systems[J]. Physical Review E, 2001, 63: 021907.

[61] Hasegawa H. Synchronization in small-world networks of spiking neurons: Diffusive versus Sigmoid coupling[J]. Physical Review E, 2005, 72: 056139.

[62] 周小荣, 罗晓曙, 蒋品群, 等.小世界神经网络的二次超谐波随机共振[J]. 物理学报, 2007, 56（10）: 5679-5683.

[63] Yuan W J, Luo X S, Yang R H. Stochastic resonance in neural systems with small-world connections[J]. Chinese Physics Letters, 2007, 24（3）: 835-838.

[64] Wang M S, Hou Z H. Synchronization and coherence resonance in chaotic neural networks[J]. Chinese Physics, 2006, 15: 2553-2557.

[65] Wang M S, Hou Z H. Optimal network size for Hodgkin-Huxley neurons[J]. Physics Letters A, 2005, 334（2/3）: 93-97.

[66] Hasegawa H. Dynamical mean-field approximation to small-world networks of spiking neurons: From local to global and/or from regular to random couplings[J]. Physical Review E, 2004, 70: 066107.

[67] Kwon O, Moon H. Coherence resonance in small-world networks of excitable cells[J]. Physics Letters A, 2002, 298: 319-324.

第 2 章　复杂生物神经网络的放电活动与兴奋特性

2.1　概　　述

神经细胞的特点之一就是能在轴突上形成膜电位差。这是因为膜的选择通透性和离子的不均匀分布形成膜外带正电荷、膜内带负电荷的结果。在电位差发生变化时产生神经脉冲，从而产生各种各样的神经电活动。

在神经细胞的外周液体中，含有高浓度的 Na^+，低浓度的 K^+，并有以 Cl^- 为主的阴离子。与此相反，细胞内部含有低浓度的 Na^+ 与高浓度的 K^+，除 Cl^- 以外，尚有部分有机阴离子。当神经细胞膜在静息状态时，K^+ 可以自由进出，但 Na^+ 不能通过，结果 K^+ 沿浓度梯度流出细胞膜外。K^+ 向外扩散的结果，使膜内相对留下了较多的阴离子，此时膜两侧便会出现电位差。当这种电位差达到一定程度时，就会阻止 K^+ 继续向外扩散，离子浓度与电场强度之间形成一种平衡状态，此时膜表面电位高于膜内，膜两边的电位差称静息电位。

当神经的某一部位接受刺激后，就会产生兴奋，兴奋使膜的通透性发生变化，外周体液中的 Na^+ 进入膜内，致使膜表面电位下降，膜内电位上升，膜内外电位差减小，甚至内外电位反过来，造成膜的去极化，形成脉冲形的动作电位。这种动作电位的强度，依进入膜内的 Na^+ 量而定，一般可超过静息电位 $15\sim29mV$。当冲动向轴突的邻近部位传导后，神经细胞膜又恢复原状，对 Na^+ 保持原先的不渗透性，而膜内的 Na^+ 则依靠离子泵作用向外渗透，直至膜内外极化状态再度建立，恢复静息电位为止，如图 2.1 所示[1]。

由于轴突内外的电解质是可导的，当 Na^+ 进入膜内时，即可形成回路，产生动作电流，膜内的电流从兴奋部位流向未兴奋部位，导致未兴奋部位的去极化，进而产生一定间隔的脉冲形神经冲动，这个过程在膜上反复连续地进行，就表现为动作电位在整个轴突上的传导，这也是动作电位一经引起，它的传导就不会发生衰减的原因。

将大量生物神经细胞以某种方式连接起来，研究其放电活动和兴奋特性，将有助于理解真实脑神经细胞的放电活动和兴奋特性，对脑科学研究有一定的理论意义和参考价值。本章主要介绍作者在此方面开展的研究工作及其结果。

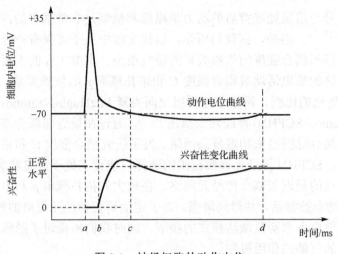

图 2.1　神经细胞的动作电位

a、b、c、d 表示不同时刻

2.2　复杂空间夹紧 FitzHugh-Nagumo 神经网络的放电活动

2.2.1　引言

许多生物的、物理的和化学的系统可以采用复杂网络来建模，其节点代表个体或组织，连边模拟节点之间的相互作用[2-4]。一个典型的例子是小世界网络，其特点是给定一部分所谓的远程连接或捷径连接系统的远距离节点，而近邻节点则以类似扩散的方式耦合[5]。近年来，大多数有关复杂网络的工作都集中在如何理解小世界连接对系统动态特性的影响上。例如，有研究表明，小世界连接的引入，可以使二维 Ising 模型的二阶相变转变成一阶相变[6]，也可以防止可兴奋 Gray-Scott 动态网络中时空混沌的崩溃[7]，还可以加强离散神经网络中的混沌同步[8]，等等。所有这些研究工作表明，随机远程连接的存在对系统动力学有着至关重要的影响。另外，近年来，复杂网络中耦合强度的重要性也受到了广泛的关注。例如，Dhamala 等[9]探讨了耦合强度对耦合 Hindmarsh-Rose (HR) 神经元同步的影响，Kwon 等[10]和 Li 等[11]分别展现了耦合 FitzHugh-Nagumo 神经元内部的随机共振和相干共振效应中耦合强度的重要性等。

由大量神经元组成的生物神经系统一直以来都是一个有趣而又重要的研究课题。这些神经元通过突触相互连接，一起形成一个非常复杂的网络。因此，有必要采用复杂网络理论来解释神经系统的动力学行为，而且在神经元之间随机添加一些捷径是合理和可行的[12-14]。另外，不全同神经元的耦合网络的活性，对于理解生物神经网络中信号与信息处理背后的动力学原理和机制是非常基本的，也是研究得最多的一种现象[15-17]。但是，据我们所知，以往文献中关于可兴奋神经网络放电活动对随机远程连接和耦合强度的依赖关系的研究很少。本节工作的主要目的是探讨复杂生物神经网络的放电活动对耦合强度 C 和拓扑概率 p 的依赖关系，其中拓扑概率 p 定义为随机捷径的比例。网络节点采用空间夹紧 FitzHugh-Nagumo（space-clamped FitzHugh-Nagumo，SCFHN）神经元来描述[18,19]。通过在最近邻耦合神经元网络中随机添加远程连接（或捷径）来构造复杂网络。为了研究耦合强度 C 和拓扑概率 p 对放电活动的影响，SCFHN 神经元参数范围的选择只能使其处于静息状态。研究发现，不存在放电活动的最近邻耦合神经元网络，在较大的拓扑概率 p 和中等的耦合强度 C 下，放电活动会被激活，并得到增强。为了定量研究神经元网络的放电活动程度，我们引入平均放电率来衡量激活模式的频率。同时我们还探讨了隐藏在拓扑概率和耦合强度背后的可能的作用机制。

2.2.2　复杂空间夹紧 FitzHugh-Nagumo 神经元网络模型

本节研究的复杂 SCFHN 神经元网络可以用式（2.1）的耦合二维常微分方程来描述[18,19]：

$$\frac{\mathrm{d}v_i}{\mathrm{d}t} = \gamma_i[-v_i(v_i-\alpha_i)(v_i-1)-w_i] + I_{0i} + C\sum_{j=1}^{N} a_{ij}(v_j-v_i)$$

$$\frac{\mathrm{d}w_i}{\mathrm{d}t} = v_i - \beta_i w_i, \quad i=1,2,\cdots,N$$

(2.1)

其中，v 是动作电位，即膜的电位差；w 是恢复变量，用来衡量细胞的兴奋状态；参数 α_i、β_i 和 γ_i 为正常数；参数 I_{0i} 表示作用于第 i 个神经元的外部电流的振幅。$C\sum_{j=1}^{N}a_{ij}(v_j-v_i)$ 是神经元之间的耦合项，其中 C 是耦合强度，矩阵 (a_{ij}) 表示网络的拓扑结构：如果神经元 i 和 j 之间存在连接，则 $a_{ij}=a_{ji}=1$；否则，$a_{ij}=a_{ji}=0$。同时，对所有 i，有 $a_{ii}=0$。网络的构造过程如下[20]：从一个节点数 $N=300$、近邻数 $m=6$ 的最近邻耦合神经元网络开始，然后在非近邻节点之间随机添加连边。极限情况下，所有神经元之间都互相耦合，网络的连边数为 $N(N-1)/2$。如果 M 表示随机添加的捷径数，那么可以用随机捷径的比例 $p=M/[N(N-1)/2]$ 来表示网络的拓扑概率。值得一提的是，对于给定的 p，可以构造出大量不同结构的网络。

单个 SCFHN 神经元的动力学对参数 α、β、γ 和 I_0 的依赖关系已经在文献[21]～[24]中得到了充分研究。这些文献的研究结果显示，随着参数的改变，单个 SCFHN 神经元会经历静息状态，表现出规则和/或不规则的振荡行为。据我们所知，神经元主要基于内部的放电时间间隔信息来编码。为了对单个 SCFHN 神经元的动力学行为有一个全面的认识，我们绘制了单个 SCFHN 神经元放电脉冲间隔 (inter-spike interval，ISI) 随参数 I_0 的分岔图，如图 2.2 所示。在这里，我们通过如下方法获得 ISI 的数值：对于每个 I_0，首先记录膜电位 v_i 达到非负最大值的时间，即 $v_i(t_n) > v_i(t_n^-) > 0$ 且 $v_i(t_n) > v_i(t_n^+) > 0$；然后计算 $\text{ISI} = t_{n+1} - t_n$，就可获得特定神经元的所有放电时间间隔信息。由图 2.2 可见，当 I_0 既不是太大也不是太小时，系统处于高频重复放电状态。为了研究拓扑概率和耦合强度对 SCFHN 神经元放电活动的影响，我们固定 $I_{0i} = 0$，并且分别在[8,11]、[0.1,0.5]和[0.1,0.5]相应区间上的均匀分布随机产生 γ_i、α_i 和 β_i，以致网络中的每个神经元都处于静息状态，而且具有非恒等的性质[24]。

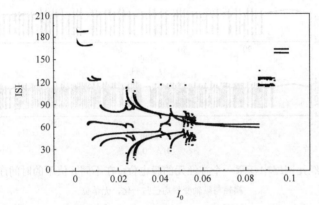

图 2.2　单个 SCFHN 神经元 ISI 随参数 I_0 的分岔结构 ($\gamma_i = 10$，$\alpha_i = 0.25$，$\beta_i = 0.25$)

2.2.3　数值模拟结果及分析

以下研究结果是通过改变 p 或者 C 来获得的。对每一个 p 值，将构造 40 个网络实现。在每个网络实现中，300 个神经元的初始状态将重新随机选择。我们采用时间步长 $h=0.01$ 的四阶 RK 方法对微分方程 (2.1) 进行数值积分。时间步长 $h=0.01$ 的精度对于数值实验来说是足够的，数值计算获得了下列结果[25]。

固定 $C=0.39$，对于不同的 p，在 SCFHN 神经元网络中任意选取一个神经元，其膜电位的时间序列如图 2.3 (a)～(d) 所示。由图 2.3 (a) 可见，当 $p=0$ 时，即最近邻耦合神经元网络中，神经元处于静息状态，没有任何激活模式。由图 2.3 (b) 可见，当 p 增大时，可观察到放电行为，即网络中有激活的神经元。由图 2.3 (c) 和 (d) 可见，当 p 进一步增大时，神经元的放电活动频率快速增加，同时，放电模式也从振荡波形转变成尖脉冲序列。

固定 $p=0.78$，对于不同的 C，在 SCFHN 神经元网络中任意选取一个神经元，其膜电位的时间序列如图 2.4 (a)～(d) 所示。由图 2.4 (a) 和 (d) 可见，当耦合强度 C

较小（C=0.001）或较大（C=0.69）时，几乎没有任何神经元处于激活模式。由图 2.4（b）和（c）可见，对于中等的耦合强度，神经元的放电活动会被诱导和加强。

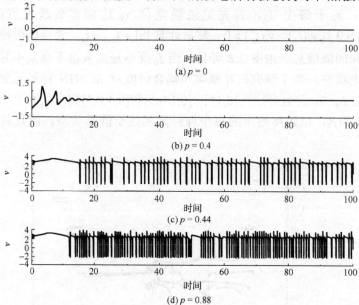

图 2.3　SCFHN 神经元网络中任意一个神经元的膜电位 v 在不同 p 值下的时间序列（固定 C=0.39）

横轴与纵轴变量均已归一化，无单位

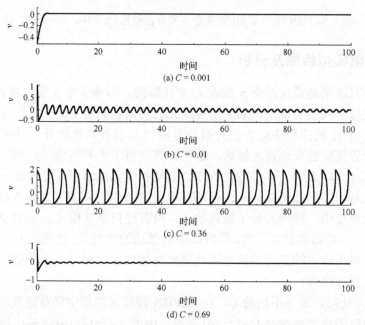

图 2.4　SCFHN 神经元网络中任意一个神经元的膜电位 v 在不同 C 值下的时间序列（固定 p=0.78）

为了定量研究神经网络中的放电活动程度，我们采用如下的平均放电率 $\bar{\eta}_{act}$ 来衡量放电活动频率：$\bar{\eta}_{act} = \left\{ \dfrac{1}{N\Delta t} \int_{t_i}^{t_f} n_{act} dt \right\}$。这里，$\{\cdot\}$ 表示对相同 p 值的 40 个不同网络实现平均；n_{act} 是任意时刻整个网络中放电神经元的总个数；$\Delta t = t_f - t_i$ 是时间间隔，t_i 和 t_f 分别是仿真的起始时间和终止时间。在本节中，我们定义 $t_i = 1000$，$t_f = 4000$。显然，放电频率越高，参数 $\bar{\eta}_{act}$ 越大。

固定 $C = 0.39$，$\bar{\eta}_{act}$ 对 p 的依赖关系如图 2.5 所示。当 p 较小时，$\bar{\eta}_{act}$ 接近 0，即神经网络中没有激活的神经元；当 p 增大到一个特定的数值，如 $p = 0.38$ 时，$\bar{\eta}_{act}$ 快速增大，并且当 p 足够大时，$\bar{\eta}_{act}$ 达到它的最大值而且基本不再变化。固定 $p = 0.78$，$\bar{\eta}_{act}$ 对耦合强度 C 的依赖关系如图 2.6 所示。在 $C = 0.447$ 处，存在一个尖峰，$\bar{\eta}_{act}$ 取最大值，对于较小或较大的耦合强度 C，放电活动频率 $\bar{\eta}_{act}$ 都会急剧下降。为了对神经网络的放电活动有一个全面的认识，我们绘制了平均放电率 $\bar{\eta}_{act}$ 的等高线曲线图，如图 2.7 所示。显然，在图的右边，存在一个平均放电率 $\bar{\eta}_{act}$ 最大值的高原区域，这一现象表明，对于大的拓扑概率和中等大小的耦合强度，放电活动会达到顶峰。

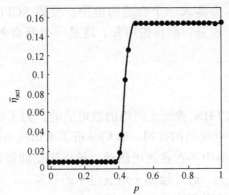

图 2.5　平均放电率 $\bar{\eta}_{act}$ 对 p 的依赖关系（$C = 0.39$）

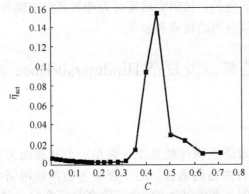

图 2.6　平均放电率 $\bar{\eta}_{act}$ 对 C 的依赖关系（$p = 0.78$）

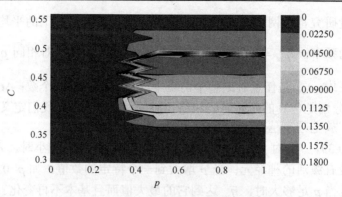

图 2.7　平均放电率 $\overline{\eta}_{\mathrm{act}}$ 的等高线（见彩图）

拓扑概率和耦合强度背后可能的作用机制，或许可以这样理解：当单个 SCFHN 神经元遭受外部电流 I_0 刺激时，如果 I_0 既不是太小，也不是太大，则数值模拟中会观察到持续的放电振荡。在本工作中，对于复杂 SCFHN 神经元网络中的每一个神经元个体，可以把来自其他神经元的总的突触输入当作外部刺激，对于 p 和 C 的最优组合，突触输入会落入一个合适的范围，使得 SCFHN 神经元网络中神经元的放电活动被激活和加强。据我们所知，这是一个新奇的神经元放电活动涌现机制。

2.2.4　小结

本节研究了复杂 SCFHN 神经元网络的放电活动。为了估计拓扑概率 p 和耦合强度 C 对神经元网络放电活动的作用，我们分析了平均放电率，即激活频率测度。发现规则连接的神经网络中不存在放电活动，放电活动能被较大的 p 和中等大小的耦合强度 C 所激发和加强。通过绘制平均放电率的等高线，显示了 p 和 C 的最佳组合。这些现象暗示了随机远程连接和耦合强度在 SCFHN 神经元网络的放电活动中扮演着一个非常重要的角色。该研究结果可为理解真实的耦合生物神经系统动力学背后的原理和机制提供有用的线索和参考。

2.3　随机远程连接激发复杂 Hindmarsh-Rose 神经网络的活性

2.3.1　引言

由大量神经元组成的生物神经系统一直是一个有趣而又重要的研究课题，其中不全同神经元的耦合网络的活性，对于理解生物神经网络中信号与信息处理背后的动力学原理和机制是非常基本的，也是研究得最多的一种现象[15,17,26,27]。但是，据我们所知，以往的文献中很少有关于神经网络活性对随机长程连接的依赖性的研究。本节工作的主要目的是探讨复杂生物神经网络的放电活动对拓扑概率 p，即随机捷径比例的依赖关系。网络节点采用 Hindmarsh-Rose(HR) 神经元来描述[28]。这个神经元模型，于 1985 年由 Hindmarsh 和 Rose 提出，来自于著名的 H-H 模型，因为它能够描述真实神经元系统中观察到的各种类型的神经活动，包括主尖峰、不规则尖峰、规则和不规则的阵发尖峰的产生等。复杂神经网络通过随机添加远程连接到最初的最近邻耦合神经网络构造。为了研究 p 对放电活动的影响，HR 神经元参数的选择只能使原始的最近邻耦合网络保持静息状态。结果发现，对于一个给定的耦合强度，存在一个临界概率 p^*，如果 $p<p^*$，则神经网络中将不存在放电神经元；如果 $p>p^*$，则神经网络中将出现放电神经元，进一步增大 p，神经网络的放电活动频率将会变高。我们还研究了耦合强度的影响，结果发现，当耦合强度增大时，临界概率 p^* 的值减小。

2.3.2 复杂 Hindmarsh-Rose 神经网络模型

HR 神经元模型首先是由 Hindmarsh 和 Rose 作为一个神经元放电行为的数学描述提出来的，它最初的引入是为了给出一个具有长峰峰时间间隔的真实神经元的阵发类型[28]。本节研究的 HR 神经网络由下列耦合三阶常微分方程描述：

$$\begin{cases} \dot{x}_i = y_i - ax_i^3 + bx_i^2 - z_i + I_{0i} + \dfrac{C}{N}\sum_{j=1}^{N} a_{ij}(x_i - x_j) \\ \dot{y}_i = c - dx_i^2 - y_i \\ \dot{z}_i = r[S(x_i - x_0) - z_i] \end{cases}, \quad i=1,2,\cdots,N \quad (2.2)$$

其中，x_i 是膜电位；y_i 与快速电流有关，如 Na^+ 或 K^+；z_i 与适应电流有关，如 Ga^{2+}。我们假设当膜电位 $x_i > 0$ 时，神经元是激活的。该模型表现出大量的与参数值有关的各种行为。如果固定参数为 $a=1.0$, $b=3.0$, $C=1.0$, $d=5.0$, $r=0.006$, $S=4.0$, $x_0=-1.56$，增大外部电流 I_{0i} 的值，则可以观察到不同的行为。$\dfrac{C}{N}\sum_{j=1}^{N} a_{ij}(x_i - x_j)$ 是复杂神经元网络的耦合项，其中 C 是耦合强度，矩阵 (a_{ij}) 表示网络的拓扑连接：如果神经元 i 和 j 之间存在连接，则 $a_{ij}=a_{ji}=1$；否则，$a_{ij}=a_{ji}=0$。同时，对所有 i，有 $a_{ii}=0$。

神经网络模式的实现过程如下[20]：从一个包含 $N = 600$ 个神经元的三维立方晶格开始，每个神经元连接到它的六个最近的邻居，然后在非近邻节点之间随机添加连边。极限情况下，所有神经元之间都互相耦合，网络的连边数为 $N(N-1)/2$。如果 M 是随机添加的远程连边数，则可以用随机远程连边的比例 $p=M/[N(N-1)/2]$ 来表示网络的拓扑概率。特别是，对于 $p = 0$，它就退化成原来的最近邻耦合网络；对于

$p = 1$，它就变成了一个全局耦合网络。值得注意的是，对于一个给定的 p，可以有很多神经网络的拓扑结构。

单个 HR 神经元的动力学行为取决于参数 I_0，HR 模型自被提出以来，被广泛研究。例如，参考文献[29]研究了 HR 神经元的放电模式对 I_0 的依赖；参考文献[30]通过快/慢动力学分析探讨了周期性放电模式，以及从周期性尖峰中识别周期性的阵发，等等。这些研究结果表明，随着参数 I_0 的改变，单个 HR 神经元将会经历静息状态，表现出周期性尖峰和/或混沌尖峰等行为。我们都知道，神经元主要基于内部的放电时间间隔信息来编码。为了对单个 HR 神经元的动力学行为有一个全面的认识，我们绘制了单个 HR 神经元 ISI 随参数 I_0 的分岔图(图 2.8)。在这里，我们通过如下方法获得 ISI 的数值[31]：对于每个 I_0 值，首先记录一系列膜电位 x_i 达到非负最大值的时刻，即通过 $x_i(t_n) > x_i(t_n^-) > 0$ 且 $x_i(t_n^+) > x_i(t_n) > 0$ 定义 t_n，然后计算 $\text{ISI} = t_{n+1} - t_n$，就可获得特定神经元的所有放电时间间隔信息。由图 2.8 可见，当 $I_0 < 1.0$ 时，神经元处于静息状态；当 $I_0 > 1.0$ 时，神经元将会被激活，并表现出复杂的行为；当 $I_0 = 1.0$ 时，将产生一个单周期放电模式，并在 $I_0 \in [1.0, 1.5]$ 内持续。当 $I_0 > 1.5$ 时，通过一系列的倍周期分岔，将会出现周期为 $2,3,4,\cdots$ 的周期性放电。在 $I_0 = 2.8$ 处有一个通向混沌的间歇性过渡。当 $I_0 > 3.4$ 时，ISI 序列将会经历逆倍周期分岔。从图 2.8 还可以看到，对于大的刺激 I_0，系统将处于高频重复放电状态。在本节中，为了研究神经网络的拓扑结构对 HR 神经元网络活性的影响，在区间[0.3,1.0]上随机生成符合均匀分布的 I_{0i}，这样，网络中的每个神经元都处于静息状态，并具有不全同的特性。

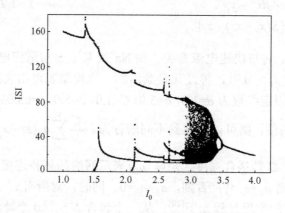

图 2.8　以 I_0 为参数的 ISI 分岔图

2.3.3　数值模拟结果及分析

此后讨论的结果是通过以步长 $\Delta p = 1\%$ 改变拓扑概率来获得的。对于每个 p 值，将会生成 100 个网络[32]。在每一个网络实现中，600 个神经元的动力学变量初始值是重新随机选择的。我们采用四阶 RK 方法对微分方程(2.2)进行了数值积分，时间步长 $\Delta T=0.05$ 的精度对于我们的数值实验来说是足够的。数值模拟结果如图 2.9 所示。

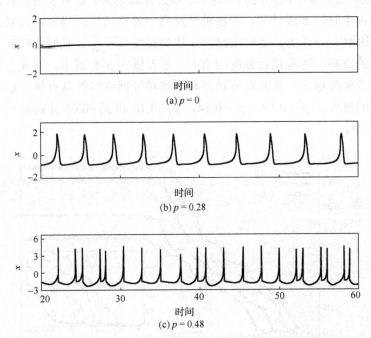

图 2.9　不同 p 值下，HR 神经网络中任意单个神经元膜电位的时间序列($C=0.6$)

当耦合强度为 $C=0.6$ 时，对于不同的 p 值，HR 神经网络中任意单个神经元的膜电位的时间序列如图 2.9(a)～(c)所示。对于 $p=0$，即在最近邻耦合网络中，神经元表现出没有任何激活模式的静息态，如图 2.9(a)所示；当 p 增大时，可以观察到尖峰行为，即出现了激活的神经元，如图 2.9(b)所示；进一步增加随机快捷连接，尖峰的幅度和频率也进一步增加，如图 2.9(c)所示。这些现象表明，拓扑概率可以诱导和增强神经网络的活性。为了定量研究神经元网络的活性程度，我们引入标准差和平均放电率分别衡量激活模式的强度和频率。

标准差定义为

$$\sigma = \frac{1}{N}\sum_{i=1}^{N}\sigma_i \tag{2.3}$$

$$\sigma_i = \sqrt{\frac{1}{\Delta t}\sum_{t=t_i}^{t_t}\left[x_i^2 - \langle x_i \rangle^2 \right]} \tag{2.4}$$

其中，$\Delta t = t_f - t_i$；$\langle x_i \rangle = \dfrac{1}{\Delta t} \sum\limits_{t=t_i}^{t_f} x_i$，$t_i$ 和 t_f 分别是仿真的起始时间和终止时间。

此处设定 $t_i = 2000$，$t_f = 5000$。一个高值的 σ_i 意味着围绕时间平均的大幅度的偏差。因此，很明显，神经网络的活性越强，参数 σ 就越大。σ 对 p 的依赖性如图 2.10 所示。当 p 很小时，σ 接近零，即在神经网络中没有活性；当 p 增大到某一特定值 p^* 时，σ 迅速增大，且当 p 足够大时，σ 达到最大值 σ_{max}。我们还研究了耦合强度对激活模式的影响。随着耦合强度的增大，临界概率 p^* 会减小，而 σ_{max} 会增大，这就说明，耦合强度越大，拓扑概率诱导和增强神经网络活性越有效。插图是临界概率附近部分的放大，$p_1^* = 0.19$，$p_2^* = 0.14$，$p_3^* = 0.10$ 和 $p_4^* = 0.05$ 分别对应于 $C = 0.1$，0.3，0.6 和 0.9。

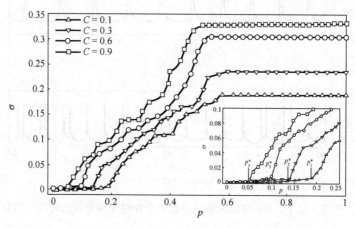

图 2.10　标准差与 p

另外，我们定义下面的平均放电率 $\bar{\eta}_{act}$ 作为放电活动频率的衡量标准：

$$\bar{\eta}_{act} = \frac{1}{\Delta t N} \sum_{t=t_i}^{t_f} \sum_{i=1}^{N} n_{act_i} \tag{2.5}$$

其中，t_i、t_f 和 Δt 的含义同上；n_{act_i} 定义为：如果神经网络中的第 i 个神经元是激活的，即 $x_i > 0$，则 $n_{act_i} = 1$，否则 $n_{act_i} = 0$；$\sum\limits_{i=1}^{N} n_{act_i}$ 是任意时刻整个网络中放电神经元的总数。显然，激活模式越频繁，参数 $\bar{\eta}_{act}$ 就越大。$\bar{\eta}_{act}$ 对 p 的依赖关系如图 2.11 所示。结果表明，当 p 较小时，神经网络的活性很小。一旦 p 超过某个阈值，活动频率会随着 p 的增大而单调增大。我们还研究了耦合强度的影响。结果发现，耦合强度 C 越大，活动频率也越迅速地随着 p 的增大而增大。插图是临界拓扑随机性附近部分图形的放大，p_1^*=0.18，p_2^*=0.14，p_3^*=0.12 和 p_4^*=0.10 分别对应于 C = 0.1，0.3，0.6 和 0.9。

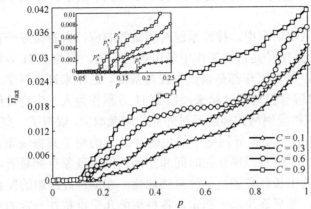

图 2.11 平均放电率 $\overline{\eta}_{act}$ 对 p 的依赖关系

为了检验系统大小的影响，还计算了其他三种典型系统大小 N=100, 300, 800 在 C=0.6 时的标准偏差 σ 和平均放电率 $\overline{\eta}_{act}$。发现对于不同的 N 值，神经元的放电模式有轻微的变化，而 σ 和 $\overline{\eta}_{act}$ 随 p 的演化规律几乎不变，这就意味着适当的系统大小的变化对放电活动有轻微的影响。也就是说，我们的结果对于系统大小的变化是健壮的。

拓扑概率作用背后可能的物理机制可以作如下理解。当单个 HR 神经元受到外部刺激电流 I_0 时，如果 I_0 足够大，就可观察到持续的放电模式。对于 HR 神经网络中的每一个神经元，来自其他神经元的突触的总输入电流可以被视为外部刺激的一部分。随着拓扑概率 p 的增大，总突触输入的值变大，导致神经网络中神经元的放电活动被诱导和增强。这种机制表明，拓扑概率在 HR 神经网络放电活动中起着至关重要的作用。这也表明，我们的结果与实际生物神经系统中的激活现象是基本一致的。

2.3.4 小结

本节研究了复杂 HR 神经网络的活性。首先，为了评估拓扑概率 p 对神经网络活动性的影响，我们分析了以下几个特征量：标准差作为活动强度的量度；平均放电率作为活动频率的量度。结果发现，当 p 较小时，神经网络中没有激活的神经元。随着 p 增大到一个临界值，激活的神经元就会出现。当 p 进一步增大时，神经网络的活性的强度变得更大，频率变得更高。这些现象意味着随机长程连接可以诱导和增强神经网络的活性。其次，对耦合强度的影响进行了研究，结果发现，强的耦合更容易诱导和提高神经网络的活性。

2.4　具有生长和衰老机制的生物神经网络的兴奋特性

在生物神经网络研究中，神经系统对刺激的响应，兴奋传导一直是研究的热点问题，其中 H-H 方程[33]是这类工作中最出色的代表，因为 H-H 方程具有十分丰富的动力学行为[34]，许多工作都是以该方程为基础。近年来许多科学工作者将复杂网络理论和 H-H 方程有机地结合起来，以 H-H 方程作为人工生物神经网络节点的动力学方程，来研究神经网络的神经元对外界的刺激响应，取得了一些有价值的成果，例如，文献[35]研究了小世界网络下的生物神经元的相干共振现象，发现在增加加边概率的情况下，生物神经网络在时间和空间的同步现象更加显著。

脑神经细胞的生长和衰老是一种自然规律。在脑神经细胞的发育生长阶段，其生命力是旺盛的，然后逐步趋于稳定，各种机能几乎维持在一定的水平上，一个脑神经细胞到了发育的后期，各种机能就处于衰退直至消亡了。如何用物理模型反映上述现象背后的一些特征规律是值得深入探讨的问题。文献[36]和[37]考虑了实际生物神经网络存在的侧抑制机制，但是在实际的生物神经细胞中还存在着生长和衰老的现象。本节的工作就是将两种机制联系起来，使之更加符合生物神经细胞的实际情况。为此我们引入神经元放电的生长和衰老机制，构造出新的人工生物神经网络模型，从统计学的角度来研究生物神经网络在引入该机制后所呈现出的特性[38]。

2.4.1　具有生长和衰老机制的生物神经网络模型

文献[36]建立了一个具有侧抑制机制的小世界生物神经网络模型，该模型数学表达式如下：

$$C_{\mathrm{m}} \frac{\mathrm{d}V_i}{\mathrm{d}t} = I_{i(\mathrm{ion})} + I_{i(\mathrm{syn})} + I_{i(\mathrm{ext})} + \frac{C}{N} \sum_{j=1}^{N} S_{ij} a_{ij} V_j \tag{2.6}$$

$$\frac{\mathrm{d}m_i}{\mathrm{d}t} = \alpha_{m_i}(V_i)(1-m_i) - \beta_{m_i}(V_i)m_i \tag{2.7}$$

$$\frac{\mathrm{d}h_i}{\mathrm{d}t} = \alpha_{h_i}(V_i)(1-h_i) - \beta_{h_i}(V_i)h_i \tag{2.8}$$

$$\frac{\mathrm{d}n_i}{\mathrm{d}t} = \alpha_{n_i}(V_i)(1-n_i) - \beta_{n_i}(V_i)n_i \tag{2.9}$$

$$S_{ij} = \frac{\sin\left[4\pi(i-j)/(N-1)\right]}{4\pi(i-j)/(N-1)} \tag{2.10}$$

其中，C_m 是膜电容；V_i 是第 i 个神经元的膜电位；$I_{i(\text{ion})}$、$I_{i(\text{syn})}$、$I_{i(\text{ext})}$ 分别是细胞内离子电流、突触的噪声电流和外加刺激电流。其中细胞内离子电流 $I_{i(\text{ion})}$ 满足

$$I_{i(\text{ion})} = -g_{\text{Na}} m_i^3 h_i (V_i - V_{\text{Na}}) - g_{\text{K}} n_i^4 (V_i - V_{\text{K}}) - g_{\text{L}} (V_i - V_{\text{L}}) \tag{2.11}$$

$I_{i(\text{syn})}$ 为突触的噪声电流，满足

$$\tau_c \frac{\mathrm{d}I_{i(\text{syn})}}{\mathrm{d}t} = -I_{i(\text{syn})} + \sqrt{2D}\xi_i \tag{2.12}$$

其中，ξ_i 是满足均值为零，且 $<\xi_i(t)\xi_j(t)> = D\delta_{ij}\delta(t - \tau_c)$ 的高斯白噪声；D 是功率，表示噪声的强度；τ_c 是时间关联度，这里我们取 $\tau_c = 2.0\text{ms}$。

侧抑制作用由式 (2.10) 来体现[36]。式 (2.7)～式 (2.11) 中的参数 $\alpha_{m_i}(V_i)$、$\beta_{h_i}(V_i)$、$\alpha_{n_i}(V_i)$、$\beta_{m_i}(V_i)$、$\alpha_{h_i}(V_i)$、$\beta_{n_i}(V_i)$、C_m、g_{Na}、g_{K}、g_{L}、V_{Na}、V_{K}、V_{L} 等的取值与 1.6.1 节的参数相同。

脑神经细胞的生长与衰老是普遍的自然现象[39]，为了反映脑神经细胞的生长与衰老的实际情况，我们对模型方程 (2.6)～方程 (2.9) 引入如下机制：假设在生物神经网络中同时存在着三种神经元：生命力处于相对稳定状态的神经元、生命力处于生长阶段的神经元和生命力处于衰老阶段的神经元。生命力处于相对稳定状态的神经元的放电幅度既不增大，也不减少，而生命力处于生长阶段的神经元的电压会增大，增大方式为

$$V_i(t + \Delta t) = V_i(t) + \alpha(40 - V_i)\sin[k(t - T)] \tag{2.13}$$

生命力处于衰老阶段的神经元的电压会衰减，衰减方式为

$$V_i(t + \Delta t) = V_i(t) - \beta(V_i + 65)\cos[k(t - T)] \tag{2.14}$$

其中，V_i 表示在 t 时刻神经网络中第 i 个节点的电压值；$V_i(t + \Delta t)$ 表示第 i 个节点生长后或衰老后的电压值；α 表示生长系数；β 表示衰老系数；T 表示延迟时间；k 表示周期控制系数。在以下的计算中，我们统计的总时间是 300ms，为了保证 $\sin[k(t - T)]$ 和 $\cos[k(t - T)]$ 在统计的时间内是严格递增或递减的，需要满足 $kt < \pi/2$，即 $k < 0.005$。在以下的计算中我们取 $k = 0.003$。

在下面的数值模拟中，用 V_{up} 表示具有生长性质的神经元，V_{down} 表示具有衰老性质的神经元。

在脑神经细胞的生命力处于生长阶段的模式中，生长发育的神经元个数要比衰老老化的神经元个数多，本节取 $V_{\text{up}}:V_{\text{down}} = 3:1$；在脑神经细胞生命力处于衰老阶段的模式中，衰老老化的神经元个数要比生长发育的神经元个数多，本节取 $V_{\text{up}}:V_{\text{down}} = 1:5$。

2.4.2　神经元的生命力处于生长阶段模式的模拟结果

在文献[36]和[37]中，分别给出了直流刺激和交流刺激下的统计响应，但是没有考虑交直流混合电流刺激的效应，我们采用如下直流和交流相结合的方式：

$$I = A\cos\omega t + B \tag{2.15}$$

作为刺激电流[40]。给定 A 和 B 的值，以 ω 为变化量考察其统计响应。用以下物理量来刻画生物神经网络的响应特性：网络平均发放电压 $V_{out}(t) = \dfrac{1}{N}\sum_{i=1}^{N} V_i(t)$ 作为输出电压信号；同时假设神经元兴奋的电压阈值为 5mV，即认为当神经元输出电压 $V_i(t) > 5\text{mV}$ 时，该神经元是兴奋的，否则认为是静息的；用 $n_{exc}(t)$ 表示整个网络中神经元兴奋的数目，该量可以刻画网络的兴奋程度。为了从宏观上观察兴奋强度和兴奋节律，定义如下两个平均量：

$$\bar{V}_{out} = \frac{1}{t_2 - t_1}\int_{t_1}^{t_2} V_{out}(t)\mathrm{d}t \ , \quad \bar{n}_{exc} = \frac{1}{t_2 - t_1}\int_{t_1}^{t_2} n_{exc}(t)\mathrm{d}t \tag{2.16}$$

在神经元的生命力处于生长阶段模式中，生命力具有生长机制、衰老机制和稳定状态的神经元的数目分别占整个神经网络神经元总数目的 30%、10% 和 60%。以下的数值模拟中，刺激电流取为 $I_{i(ext)} = 7 + 2\cos\omega t$，在式 (2.13) 和式 (2.14) 中，取 $\alpha = 0.5$，$\beta = 0.3$。为了验证结果的可靠性，在生物神经网络的响应稳定后才引入生长和衰老机制，即在 $t=300\text{ms}$ 后引入上述机制，而且统计是在新的稳定状态下进行的，即在 $t \in [400, 600]$ 这个区间来统计运算结果。

从图 2.12 可以很明显地看出，在神经元的生命力处于生长阶段模式下，即生物神经网络的输出电压 V_{out} 和兴奋度 n_{ext} 在引入生长方式机制（式(2.13)）后呈现上涨的趋势，神经网络的输出电压和兴奋度在一个更高的水平上振荡，反映了我们引入的机制在一定程度上可以刻画脑神经元处于生长期时所具有的特性。

从图 2.13 可以看出，神经网络在耦合强度恒定（$C=1$），但噪声强度不同的情况下，网络的平均输出电压 $\bar{V}_{out}$ 和平均兴奋度 $\bar{n}_{exc}$ 随着外界刺激频率增加呈现先生长后衰老，在 $\omega^* = 1.570$ 处达到最小值，然后又逐步增加，最后各分支趋于不同的恒定值的一个过程。在 $0 < \omega < \omega^*$ 时，噪声强度几乎不起什么作用，各曲线重合得较好，表明在此频率范围内，生物神经网络的平均输出电压和平均兴奋度只与刺激频率有关。在 $\omega = \omega^*$ 时，生物神经网络的平均输出电压和平均兴奋度达到最小值，表明神经网络在该频率附近出现对外界刺激的极度"迟钝"现象，这与人在学习或是听音乐的时候，往往对某些特定的刺激频率、音调，表现出昏昏欲睡、脑神经细胞兴奋度低

的现象很类似。当 $\omega > \omega^*$ 时，噪声强度对神经网络的平均输出电压和平均兴奋度影响明显，各分支先增大，然后都逐步趋于不同恒定值，此时神经网络的平均输出电压和平均兴奋度对外界刺激频率呈现饱和效应。同时我们发现噪声越大，网络的平均输出电压和平均兴奋度也越大，这表明噪声强度对该模式具有促进作用。

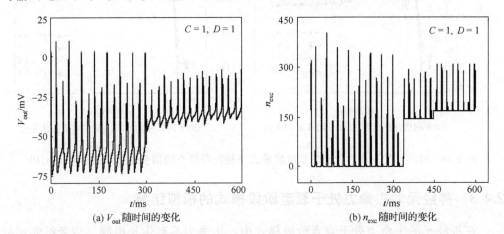

(a) V_{out} 随时间的变化　　　　　　　(b) n_{exc} 随时间的变化

图 2.12　神经元的生命力处于生长阶段模式下神经网络交直流混合电流刺激的结果

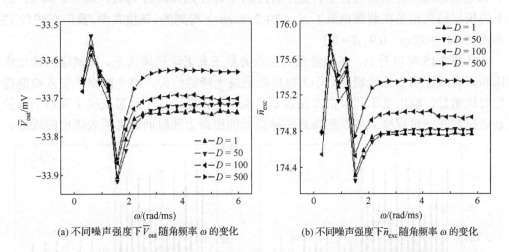

(a) 不同噪声强度下 $\overline{V}_{out}$ 随频率 ω 的变化　　　(b) 不同噪声强度下 $\overline{n}_{exc}$ 随角频率 ω 的变化

图 2.13　神经元的生命力处于生长阶段模式下神经网络不同噪声强度下的结果（$C=1$）

图 2.14 反映了不同耦合强度对神经网络的平均输出电压和平均兴奋度的影响，变化过程的规律与图 2.13 类似。不同耦合强度下神经网络的平均输出电压和平均兴奋度随着外界刺激频率增加各分支最终都趋于稳定。达到稳定状态后，耦合强度越大，网络的平均输出电压和平均兴奋度越大，这表明各神经元连接越密切，那么该机制就越具有带动整个神经网络呈现出更高层次的兴奋水平。

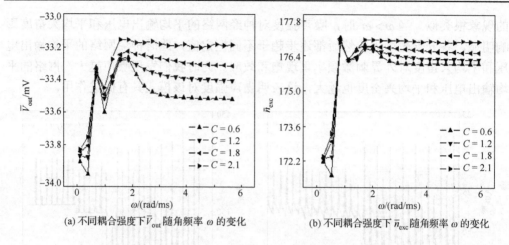

(a) 不同耦合强度下 $\bar{V}_{\text{out}}$ 随角频率 ω 的变化　　　(b) 不同耦合强度下 $\bar{n}_{\text{exc}}$ 随角频率 ω 的变化

图 2.14　　神经元的生命力处于生长阶段模式下神经网络不同耦合强度下的结果(D=10)

2.4.3　神经元的生命力处于衰老阶段模式的模拟结果

在神经元的生命力处于衰老阶段模式中，生命力具有生长机制、衰老机制和处于稳定状态的神经元数目分别占整个神经网络神经元数目的 10%、50% 和 40%。以下的模拟结果也是在刺激电流 $I_{i(\text{ext})} = 7 + 2\cos\omega t$ 下得到的。该模式中，我们在式(2.13)和式(2.14)中取 $\alpha = 0.9$，$\beta = 0.1$。

从图 2.15 可以看出，在神经元的生命力处于衰老阶段模式下，即网络的输出电压和兴奋度在引入衰老机制(式(2.14))后呈现下降的趋势，整个网络在引入机制前后对比明显，输出电压和兴奋度在较低的水平上振荡。这个结果反映了我们引入的衰老机制在一定程度上可以刻画真实神经元的生命力随时间衰老所表现出的现象。

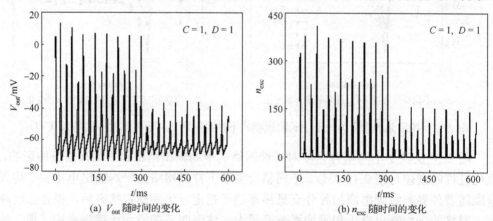

(a) V_{out} 随时间的变化　　　　　　　　　(b) n_{exc} 随时间的变化

图 2.15　　神经元的生命力处于衰老阶段模式下神经网络交直流混合电流刺激的结果

从图 2.16 所示结果可以看出,随着外界刺激频率的增加,网络的平均输出电压和平均兴奋度经过一个短暂的平缓生长阶段后一直单调衰老。不同噪声强度对网络的影响很小,曲线在大范围内几乎是重合的。这个结果说明,处于衰老阶段时神经网络的兴奋特性几乎不受外界干扰影响,内部的衰老机制成为主导因素。

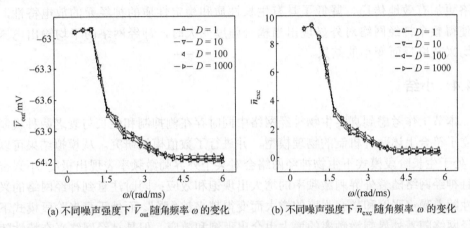

(a) 不同噪声强度下 $\overline{V}_{out}$ 随角频率 ω 的变化 　　(b) 不同噪声强度下 $\overline{n}_{exc}$ 随角频率 ω 的变化

图 2.16　神经元的生命力处于衰老阶段模式下神经网络不同噪声强度下的结果($C=1$)

从图 2.17 所示结果可以看出,随着外界刺激频率的增加,网络的平均输出电压和平均兴奋度也是经过一个短暂的平缓生长阶段后基本上单调衰老,最后在不同耦合强度下的各分支都逐步趋于不同恒定的值,神经网络的平均输出电压和平均兴奋度对刺激频率也具有饱和效应。这个结果表明,即使处于衰老时期的神经网络,只要神经元之间有联系,整个神经网络的兴奋功能就可以维持在一定的水平上的。这也说明了,人在老年的时候,只要经常刺激神经元(学习与锻炼),即使有部分神经

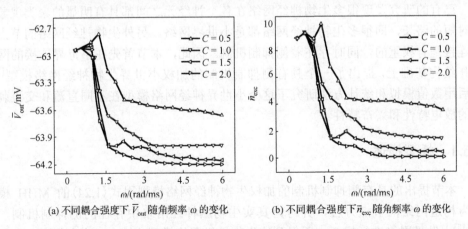

(a) 不同耦合强度下 $\overline{V}_{out}$ 随频率 ω 的变化 　　(b) 不同耦合强度下 $\overline{n}_{exc}$ 随频率 ω 的变化

图 2.17　神经元的生命力处于衰老阶段模式下神经网络不同耦合强度下的结果($D=10$)

元衰老甚至消亡，整个脑神经网络的功能并不会完全消亡。但是我们看到当耦合强度变大时，网络的平均输出电压和平均兴奋度反而变小了。对此我们初步认为，神经细胞之间联系程度越紧密，神经网络中占大多数的且具有衰老性质的神经元就会对网络中的其他神经元产生越大的影响，即该类神经元的衰老效应能够通过网络更加有效地传递，降低了具有生长性质和稳定性质的神经元的放电特性，最终使得整个神经网络对外显现出当耦合强度变大时，神经网络的平均输出电压和平均兴奋度反而变小的结果。

2.4.4 小结

本节工作考虑到真实生物神经网络中同时存在侧抑制和生长与衰老两种机制，建立了符合上述两种机制的物理模型，并进行了数值模拟研究。从模拟结果可以发现，处于生长阶段模式下生物神经网络会对某个外界刺激频率表现出极度"不兴奋"，并且神经网络随着外界刺激频率的增大出现饱和效应；同时注意到神经网络的兴奋特性随着噪声强度和耦合强度的增大而变得越来越"强"。而处于衰老阶段模式下的神经网络随着外界刺激频率的增大也会出现饱和效应，但是神经网络兴奋特性随着噪声强度和耦合强度的增大而变得越来越"弱"。这些结果和真实的生物神经网络中神经元生长与消亡所表现出的特性在一定程度上是基本相符的，因此本章工作对探索实际脑神经网络的兴奋特性具有一定的参考价值。

2.5 具有侧抑制机制的加权小世界生物神经网络的兴奋特性

已有的研究发现很多生物神经网络在各个神经元之间都具有明显的聚类现象和相对短的路长，即很多生物神经网络都是小世界网络。另外生物神经网络的节点间的连接是有权重的，同时存在着侧抑制机制。因此，本节首先在小世界连接的网络拓扑结构基础上，提出了一个具有侧抑制机制的加权小世界生物神经网络模型[36]，然后用数值模拟和统计方法研究了这个小世界神经网络模型在不同直流和交流刺激下的放电特性和兴奋特性。

2.5.1 模型描述

本节提出的具有侧抑制机制的加权生物神经网络模型用式(1.24)的 MHH 模型作为构造网络的节点方程，并考虑真实生物脑神经网络中存在的侧抑制机制，按 WS[5] 小世界网络进行耦合，所得到的生物神经网络模型由式(2.17)来刻画：

$$\begin{cases} C_m \dfrac{\mathrm{d}V_i}{\mathrm{d}t} = I_{i(\text{ion})} + I_{i(\text{syn})} + I_{i(\text{ext})} + \dfrac{C}{N}\sum_{j=1}^{N} W_{ij} a_{ij} V_j \\[2mm] \dfrac{\mathrm{d}m_i}{\mathrm{d}t} = \alpha_{m_i}(V_i)(1-m_i) - \beta_{m_i}(V_i)m_i \\[2mm] \dfrac{\mathrm{d}h_i}{\mathrm{d}t} = \alpha_{h_i}(V_i)(1-h_i) - \beta_{h_i}(V_i)h_i \\[2mm] \dfrac{\mathrm{d}n_i}{\mathrm{d}t} = \alpha_{n_i}(V_i)(1-n_i) - \beta_{n_i}(V_i)n_i \end{cases} \qquad , \qquad 1 \leqslant i \leqslant N \qquad (2.17)$$

其中

$$I_{i(\text{ion})} = -g_{\text{Na}} m_i^3 h_i (V_i - V_{\text{Na}}) - g_{\text{K}} n_i^4 (V_i - V_{\text{K}}) - g_{\text{L}}(V_i - V_{\text{L}}) \qquad (2.18)$$

$$\tau_c \frac{\mathrm{d}I_{i(\text{syn})}}{\mathrm{d}t} = -I_{i(\text{syn})} + \sqrt{2D}\xi_i \qquad (2.19)$$

$$W_{ij} = \frac{\sin\left[4\pi(i-j)/(N-1)\right]}{4\pi(i-j)/(N-1)} \qquad (2.20)$$

其中，N 为神经元的总数，这里取 $N=100$；其他参数的物理意义和取值参见 1.6.1 节。$\dfrac{C}{N}\sum_{j=1}^{N} W_{ij} a_{ij} V_j$ 为复杂神经网络中的耦合项，在这里采用 Wang 和 Chen 构造的复杂网络耦合模型的简化形式[41]。C 为耦合强度，W_{ij} 为突触权值的侧抑制函数，反映相邻神经元间的激发作用与距离较远神经元间的抑制作用，它的表达形式有很多[42]，在这里采用式 (2.20) 的形式。如图 2.18 中的"草帽"所示，随着两神经元间的距离增加，W_{ij} 逐渐变小，使激发强度减弱，当距离较远时为负值，其中的正值表示两神经元通过兴奋键相连，起到相互激发作用；负值表示两神经元通过抑制键相连，起到相互抑制的作用。a_{ij} 为复杂网络的耦合矩阵元素，形式如下：当 i 与 j 两神经元有连接时，$a_{ij}=1$，否则 $a_{ij}=0$，$a_{ii} = -\sum_{j=1; j\neq i}^{N} a_{ij}$，$N=100$。

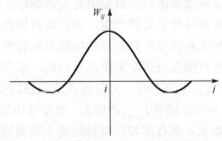

图 2.18　具有侧抑制机制的两神经元间的连接权值随它们间的距离分布

2.5.2　直流刺激下的兴奋特性

在不同强度的刺激和不同噪声、耦合强度下，该模型会有不同的兴奋强度和兴奋节律，在这里我们引入下面一些物理量来描述该网络的物理特性：整个神经网络的平均发放电压 $V_{\text{out}}(t) = \dfrac{1}{N}\sum_{i=1}^{N} V_i(t)$ 作为网络的信号输出电压，该电压反映神经元受刺激时网络整体的响应强度，其峰值可以随着时间的变化率反映兴奋的节律；假设神经元的兴奋阈值为 5mV，即当神经元发放电压 $V_i(t) > 5\text{mV}$ 时，认为该神经元是兴奋的，否则，认为是静息的；记整个网络的兴奋神经元个数为 $n_{\text{exc}}(t)$，该量可定性地反映网络整体的兴奋强度，其峰值也可以随着时间的变化率反映兴奋节律。为了综合描述兴奋强度和兴奋节律，引用两个对时间的统计平均量 $\overline{V}_{\text{out}}$ 和 $\overline{n}_{\text{exc}}$，这两个量可以用来反映某段时间内的平均兴奋度，如式(2.21)和式(2.22)所示：

$$\overline{V}_{\text{out}} = \frac{1}{t_2 - t_1} \int_{t_1}^{t_2} V_{\text{out}}(t)\,\mathrm{d}t \tag{2.21}$$

$$\overline{n}_{\text{exc}} = \frac{1}{t_2 - t_1} \int_{t_1}^{t_2} n_{\text{exc}}(t)\,\mathrm{d}t \tag{2.22}$$

为了反映刺激稳定后的兴奋情况，去掉暂态过程，从 t_1 时刻开始计算，在下面的计算与讨论中，我们均取 $t_1 = 400\text{ms}$，$t_2 = 600\text{ms}$。外界刺激可以是直流也可以是交流，下面就分别讨论该模型在外界直流和交流刺激下的兴奋特性。在下面的数值模拟中，式(2.17)与式(2.19)均采用步长为 0.01ms 的四阶 RK 方法进行计算。

1. 数值模拟结果的时域分析

图 2.19 所示的结果表明，在弱直流刺激下，神经元会出现疲劳效应，兴奋与静息交替产生，直至完全静息，最终达到稳定平衡，而使神经元处于"疲劳"状态，并且兴奋时网络信号输出电压 $V_i(t)$ 由强到弱，这与生物医学中的极兴奋法则相符，即刺激开始时的兴奋强度大。在直流刺激逐渐增大时，疲劳效应会消失，这表明有一个刺激阈值，在小于该刺激阈值时，只会引起短暂响应；当大于该刺激阈值时才会产生长时间响应，使兴奋与静息交替产生，并且兴奋期相对静息期来讲持续时间极短，这一点与真实脑神经系统受外界刺激的响应是相符的。进一步的分析表明，在不同的直流刺激下，兴奋强度与兴奋节律是不同的，从而神经网络的信号输出电压 V_{out} 与兴奋神经元个数 n_{exc} 也应不同，其值随直流刺激的变化如图 2.20～图 2.22 所示。由图 2.20(a)和(b)可知，随着 $I_{i(\text{ext})}$ 的增大，兴奋节律加快。由图 2.21 和图 2.22 表明，随着 $I_{i(\text{ext})}$ 的持续增大，兴奋度和兴奋神经元个数均增大，并且兴奋的每个峰值趋于一致，这表明了极兴奋法则减弱。进一步地分析图 2.20，可以看到 V_{out} 的节

律与 n_{exc} 的节律相同(为了更好地比较两者节律,在图中的 V_{out} 向上平移了 80 个单位),这表明,神经网络的信号输出量 V_{out} 与神经元的兴奋个数 n_{exc} 均可用来反映平均兴奋强度,其中 V_{out} 定量反映兴奋强度,而 n_{exc} 定性反映兴奋强度。

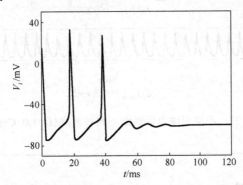

图 2.19　弱直流刺激的疲劳效应($I_{i(ext)}$ =6.2 μA/cm^2 , D=1.0, C=0.1)

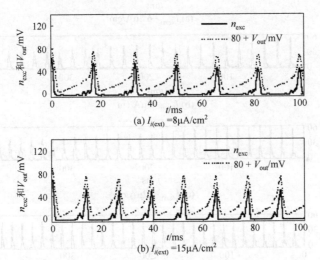

(a) $I_{i(ext)}$ =8μA/cm^2

(b) $I_{i(ext)}$ =15μA/cm^2

图 2.20　不同强度直流刺激下的兴奋特性(D=1.0, C=0.1)

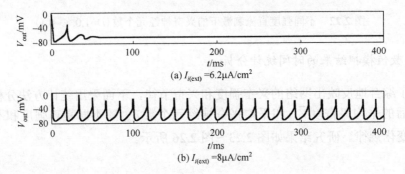

(a) $I_{i(ext)}$ =6.2μA/cm^2

(b) $I_{i(ext)}$ =8μA/cm^2

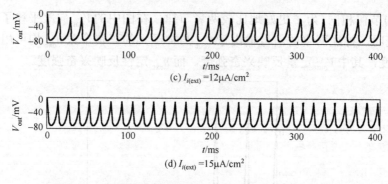

(c) $I_{i(\text{ext})}=12\mu\text{A/cm}^2$

(d) $I_{i(\text{ext})}=15\mu\text{A/cm}^2$

图 2.21　不同强度直流刺激下的兴奋度（$D=1.0$, $C=0.1$）

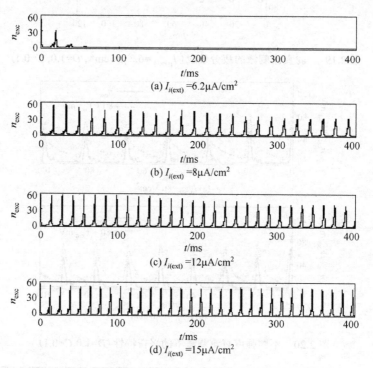

(a) $I_{i(\text{ext})}=6.2\mu\text{A/cm}^2$

(b) $I_{i(\text{ext})}=8\mu\text{A/cm}^2$

(c) $I_{i(\text{ext})}=12\mu\text{A/cm}^2$

(d) $I_{i(\text{ext})}=15\mu\text{A/cm}^2$

图 2.22　不同强度直流刺激下的兴奋神经元个数（$D=1.0$, $C=0.1$）

2. 数值模拟结果的时间统计分析

为了综合地反映出网络的兴奋强度和兴奋节律，下面采用统计方法分析网络响应稳定后的平均兴奋度 $\bar{V}_{\text{out}}$ 和平均兴奋神经元个数 $\bar{n}_{\text{exc}}$ 随不同噪声强度和不同耦合强度的变化规律。研究结果如图 2.23～图 2.26 所示。

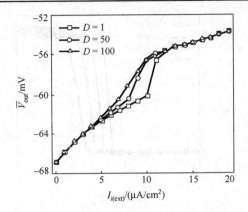

图 2.23　不同噪声强度下单位时间内的平均兴奋度随直流刺激的变化（C=0.5）

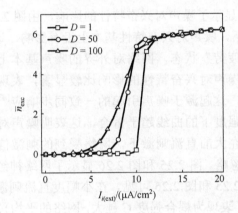

图 2.24　不同噪声强度下单位时间内平均兴奋神经元个数随直流刺激的变化（C=0.5）

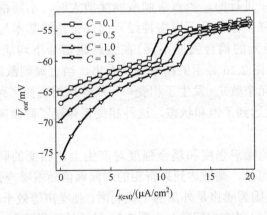

图 2.25　不同耦合强度下单位时间内的平均兴奋度随直流刺激的变化（D=1.0）

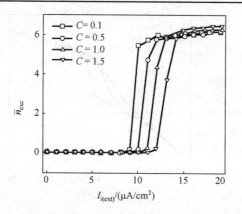

图 2.26　不同耦合强度下单位时间内平均兴奋神经元个数随直流刺激的变化($D=1.0$)

图 2.23 和图 2.24 显示了噪声对兴奋特性的影响，由图 2.23 和图 2.24 可见，在小于刺激阈值的条件下，噪声对兴奋特性基本上没有影响，这是因为，在小刺激信号下，神经元处于"疲劳"状态，网络对外界的噪声基本上没有响应；随着直流刺激超过刺激阈值，噪声对兴奋特性的影响比较显著，表现为噪声强度越大，网络的平均兴奋度越大，这起源于噪声引起的一致同步响应[43,44]；当直流刺激再继续增大时，不同噪声强度下的曲线趋于重合，这表明噪声对兴奋特性又基本上没有影响，这是因为，在大的直流刺激下，网络受到的刺激信号的信噪比比较大，从而噪声的影响可以忽略。图 2.25 和图 2.26 显示了网络神经元间的耦合强度对兴奋特性的影响。由图 2.25 和图 2.26 可见，在小幅度直流刺激下，耦合强度对兴奋特性的影响比较显著，表现为耦合强度 C 越大，网络的平均兴奋度越小，这是因为，在兴奋与静息交替产生中，静息期相对兴奋期时间较长，耦合的大部分时间是在神经元的静息状态中进行的。当直流刺激继续增大时，不同耦合强度下的曲线趋于重合，这表明在强刺激信号下网络神经元的兴奋特性基本与耦合强度无关，这与不同人脑（脑神经元的耦合强度不同）在强刺激信号下均能产生兴奋反应是一致的。由图 2.24 和图 2.26 显示的结果可以看出，当直流刺激增大到刺激阈值时，网络平均兴奋神经元个数 $\bar{n}_{exc}$ 发生了相变——从静息相跳变到兴奋相，并且，在兴奋相时，$\bar{n}_{exc}$ 基本上达到了饱和状态，这种相变正体现了刺激阈值的"兴奋开关"效应。

下面进一步讨论噪声强度和耦合强度对产生上述相变的刺激阈值的影响。由图 2.24 显示的结果可见，刺激达到兴奋相的刺激阈值随着噪声强度的增大而减小，即兴奋相超前，这是因为噪声是外加的干扰刺激，强噪声等效于增加了外刺激强度，从而使刺激阈值减小，兴奋相超前；由图 2.26 显示的结果可见，刺激达到兴奋相的刺激阈值随着耦合强度的增大而增大，即兴奋相滞后，这是因为网络神经元静息期相对兴奋期时间较长，强耦合时，静息期的作用比兴奋期的作用持续时间长，从而使刺激阈值增大，兴奋相滞后。

2.5.3 交流刺激下的兴奋特性

1. 数值模拟结果的时域分析

在一定的交流（$I_{i(\text{ext})} = A\sin\omega t$）刺激下各神经元会出现临床上所谓的不应期特性[45]，如图 2.27 所示。在一次兴奋到另一次兴奋的中间静息持续时间较长，正是这种不应期导致了整个神经网络的兴奋强度和电位发放节律的杂乱失调，如图 2.28（c）所示。从图 2.28 可以看到，V_{out} 的节律与 n_{exc} 的节律相同（为了更好地比较两者节律，在图中的 V_{out} 向上平移了 80 个单位），这表明，在交流刺激下，神经网络的信号输出量 V_{out} 与神经元的兴奋个数 n_{exc} 也都可以用来反映平均兴奋强度，其中 V_{out} 定量反映兴奋强度，而 n_{exc} 定性反映兴奋强度。另外，图 2.28 还显示在不同的 A、ω 刺激下兴奋强度和发放节律的不同，下面分别具体地讨论在不同噪声和不同耦合强度下时间统计的平均兴奋度和平均兴奋的神经元个数随 A、ω 的变化。

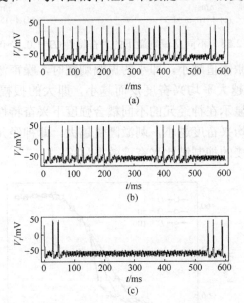

图 2.27　三个随机选择的神经元在交流刺激下的不应期（$A = 10$, $\omega = 1.3$, $D = 1.0$, $C = 0.1$）

2. 数值模拟结果的时间统计分析

图 2.29～图 2.32 显示交流刺激的振幅越大平均兴奋度越大。在不同噪声下兴奋特性随交流刺激的振幅变化如图 2.29 和图 2.30 所示，在小振幅刺激下，噪声越大

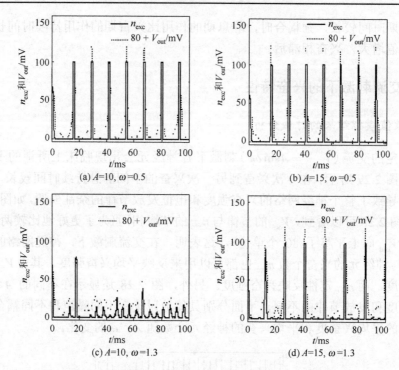

(a) $A=10$, $\omega=0.5$ (b) $A=15$, $\omega=0.5$

(c) $A=10$, $\omega=1.3$ (d) $A=15$, $\omega=1.3$

图 2.28   不同交流刺激下的兴奋特性 ($D=1.0$, $C=0.1$)

平均兴奋度越大，刺激阈值越小，即小的振幅刺激时，噪声激发兴奋；但是，在大的振幅刺激下，噪声越大平均兴奋度反而越小，即大的振幅刺激时，噪声抑制兴奋。图 2.31、图 2.32 显示在神经元的不同耦合强度下兴奋特性随交流刺激的振幅变化，耦合强度越大平均兴奋度越小，刺激阈值越大，即神经元间的耦合强度越大越抑制兴奋，它们间连接的抑制键比兴奋键效果显著。

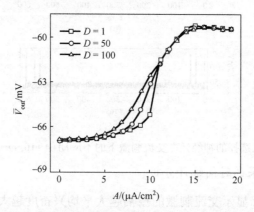

图 2.29   不同噪声强度下单位时间内的平均兴奋度
随交流刺激的振幅变化 ($\omega=1.3$, $C=0.5$)

图 2.30～图 2.32 给出了相关的仿真结果. 其中, 图中给出了不同状态下神经元, 噪声强度和耦合强度对神经网络放电活动, 以及兴奋度的影响. 图 2.31 表示不同耦合强度下神经网络的平均膜电位, 图中随着外电流刺激振幅的增大而逐渐增大. 图中给出, 当频率相同时, 神经元受到交流刺激的情况下, 神经元的"兴奋"放电. 对神经网络的"兴奋"放电放电活动具有明显的影响. 图中给出, 当耦合强度增大之后, 神经网络的膜电位.

图 2.31 和图 2.32 给出了不同耦合强度下神经网络平均膜电位和平均兴奋度随着外电流刺激的变化. 图中当耦合强度大于某一临界值时, 随着交流刺激振幅的增加, 平均膜电位增大, 图中也出现了类似的结果, 神经网络的放电活动随交流刺激的增大而增加. 它们也说明了当耦合强度达到某一临界值之后, 神经网络受交流刺激振幅的影响.

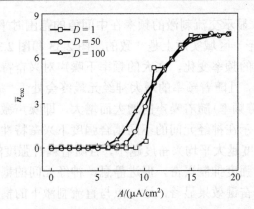

图 2.30　不同噪声强度下单位时间内的平均兴奋神经元
个数随交流刺激的振幅变化(ω=1.3, C=0.5)

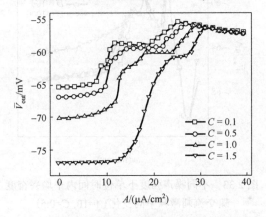

图 2.31　不同耦合强度下单位时间内的平均兴奋度
随交流刺激的振幅变化(ω=1.3, D=1.0)

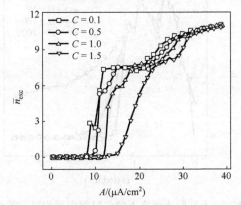

图 2.32　不同耦合强度下单位时间内平均兴奋神经元
个数随交流刺激的振幅变化(ω=1.3, D=1.0)

　　图 2.33～图 2.36 显示交流刺激的频率在中间值的范围时平均兴奋度大，这一点与文献[46]中的"舌形"区域实质上是一致的。图 2.33 和图 2.34 显示在不同噪声下兴奋特性随交流刺激的频率变化，在大的频率下噪声对兴奋特性影响较显著，噪声越大平均兴奋度越大，且随着频率的增大神经元最终会处于"疲劳"状态，达到"疲劳"状态的频率（疲劳频率）随着噪声的增大而增大，即噪声激发兴奋而抑制静息；图 2.35 和图 2.36 显示在神经元间的不同耦合强度下兴奋特性随交流刺激的频率变化，图中显示耦合强度越大平均兴奋度越小，且随着耦合强度的增加，达到"疲劳"的频率越小，即耦合强度抑制兴奋，促进静息，神经元间的耦合强度越大，它们之间连接的抑制键比兴奋键效果显著，这一点与直流刺激下的耦合特性相同。

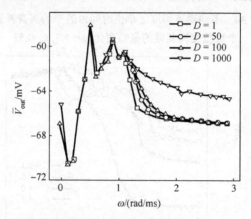

图 2.33　不同噪声强度下单位时间内平均兴奋度
随交流刺激频率的变化（$A=10, C=0.5$）

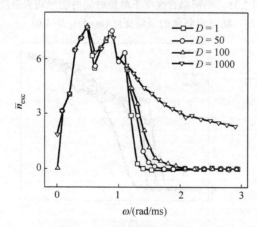

图 2.34　不同噪声强度下单位时间内平均兴奋神经元
个数随交流刺激频率的变化（$A=10, C=0.5$）

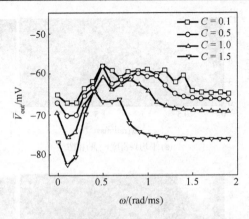

图 2.35　不同耦合强度下单位时间内的平均兴奋度
随交流刺激的频率变化 (A=10, D=1.0)

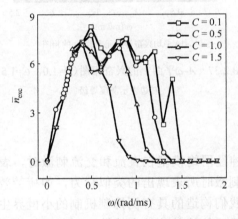

图 2.36　不同耦合强度下单位时间内的平均兴奋神经元
个数随交流刺激的频率变化 (A=10, D=1.0)

　　上面分别讨论了 A 和 ω 的单独变化对网络兴奋的影响，下面看一下 A 和 ω 的共同变化对这种网络兴奋的影响。为了清楚地显示在不同的 A 和 ω 的参量值下网络的平均兴奋强度，我们分别作了 $\bar{V}_{out}$ 和 $\bar{n}_{exc}$ 在 A-ω 平面上的兴奋相图，如图 2.37 所示，我们用亮度表征网络的兴奋度，从图中我们可以很清楚地看到一个"舌形"区域，这个区域对应着网络的高兴奋态，这与文献[46]研究随机共振时的"舌形"区域很相似，这里我们猜测它们之间可能存在着一定的联系。另外，对比图 2.37(a) 与 (b)，可以看到 $\bar{V}_{out}$ 和 $\bar{n}_{exc}$ 在 A-ω 的参量平面上有相似位置的"舌形"区域，这进一步表明 $\bar{V}_{out}$ 和 $\bar{n}_{exc}$ 均可以用来反映平均兴奋强度，其中 $\bar{V}_{out}$ 定量反映兴奋强度，而 $\bar{n}_{exc}$ 定性反映兴奋强度。

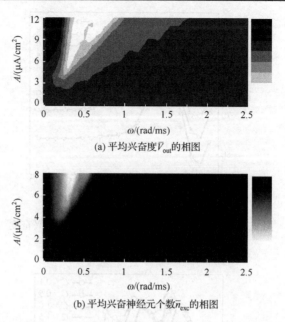

(a) 平均兴奋度 $\bar{I}_{out}$ 的相图

(b) 平均兴奋神经元个数 $\bar{n}_{exc}$ 的相图

图 2.37　$A\text{-}\omega$ 平面上的兴奋相图 ($D=1.0$，$C=1.5$)

右边表示灰度等级

2.5.4　小结

本节构造的生物神经网络模型在直流和交流刺激时，表现出了许多与真实脑神经系统在受到外界刺激时所表现出的类似行为，如疲劳效应、刺激不应期和极兴奋法则等。这表明我们构造的具有侧抑制机制的小世界生物神经网络模型能够模拟出真实生物脑神经系统的某些放电特性，因此，该模型的研究结果对脑神经电生理学、认知科学的研究具有较好的参考价值。但是我们的模型相对脑的功能来讲还是非常简单的，这个模型只是模拟了神经系统中的这种简单的兴奋特性，还需要构造更复杂、更能接近真实脑神经系统的复杂网络模型进行进一步深入研究。

2.6　变权小世界生物神经网络的兴奋及优化特性

2.6.1　概述

如前所述，生物神经网络除了连接方式具有小世界特性和存在侧抑制特性外，其权重是会发生变化的。突触连接权值的活动对于神经系统信息处理和存储是非常重要的[47,48]。实际生物神经网络中神经元间的连接强度是不相同的，并且生物神经元之间的连接强度在细胞的发育生长和学习、记忆等活动中是随时间变化的，即突触传递信息的强度是可变的，具有学习功能。因此，研究小世界生物神经网络连接权值的动态变化与神经元发放电之间的变化关系，对于探讨神经元的放电节律更具有理论意义和实用价值。

已有许多基于突触权值变化的模型用来解释神经元的突触变化特性[49]。Hebb于 1949 年最先提出来的 Hebb 学习规则[50]是最著名的，也被证明是一种正确的权值变化规则，但是由于生物系统中的生理参数变化不可能无限制递增或递减，反映在人工生物神经网络中，则表示其权值的变化量不能无限增大或减小。随后文献[51]提出了对 Hebb 学习规则的一种改进方法，即 Oja's 学习规则。本节我们借助于 Oja's 学习规则，首先构造了一个 H-H 动态权值变化的小世界生物神经网络模型，然后研究了该模型神经元的兴奋特性、权值变化特点和不同的学习系数对神经网络中神经元的兴奋统计特性的影响，并试图从理论上来解释我们所观察到的一些现象。通过研究发现，生物神经网络连接权值的学习系数 η 对神经网络的兴奋特性具有优化作用。

2.6.2　模型描述及权值变化规则

人们对生物神经网络的研究大都是通过神经元的电活动来描述的，其中 H-H 方程是一种最接近动作电位发放的生物神经元放电模型，该模型能够量化描述神经元细胞膜上电压与电流的变化过程。本节采用该方程作为小世界生物神经网络节点的动力学模型，并考虑到真实生物脑神经网络中存在的动态变权特性，按 WS[5]小世界网络进行耦合，得到变权的生物神经网络模型由式(2.23)来刻画：

$$
\begin{cases}
C_{\mathrm{m}} \dfrac{\mathrm{d}V_i}{\mathrm{d}t} = -g_{\mathrm{Na}} m_i^3 h_i (V_i - V_{\mathrm{Na}}) - g_{\mathrm{K}} n_i^4 (V_i - V_{\mathrm{K}}) - g_{\mathrm{L}}(V_i - V_{\mathrm{L}}) + I_{i(\mathrm{ext})} + \dfrac{C}{N} \sum_{j=1}^{N} W_{ij} a_{ij} V_j \\[2mm]
\dfrac{\mathrm{d}m_i}{\mathrm{d}t} = \alpha_{m_i}(V_i)(1 - m_i) - \beta_{m_i}(V_i) m_i \\[2mm]
\dfrac{\mathrm{d}h_i}{\mathrm{d}t} = \alpha_{h_i}(V_i)(1 - h_i) - \beta_{h_i}(V_i) h_i \\[2mm]
\dfrac{\mathrm{d}n_i}{\mathrm{d}t} = \alpha_{n_i}(V_i)(1 - n_i) - \beta_{n_i}(V_i) n_i \\[2mm]
\nabla W_{ij} = b \arctan[V_i(V_j - V_i W_{ij})]
\end{cases}
$$

$$(2.23)$$

其中，$1 \leqslant i \leqslant N$，$N$ 表示神经元的总数，取 $N=400$，其他参数的物理意义和取值参见 1.6.1 节。$I_{i(\mathrm{ext})}$ 为输入到神经元的总的外部电流，它可分为两部分，即 $I_{\mathrm{ext}} = I_{\mathrm{s}} + I_{\mathrm{p}}$，$I_{\mathrm{s}}$ 为输入到神经元中的直流电流，可以认为它是一个常数[52]，这里取 $I_{\mathrm{s}} = 7.2 \mu\mathrm{A/ms}^2$；$I_{\mathrm{p}}$ 可以是周期的或非周期的电流信号，也可以是脉冲信号，本节选择 I_{p} 为正弦电流

$I_{\mathrm{p}} = \sin \omega t$ ， ω 为刺激频率，取 $\omega = 0.6\mathrm{rad/ms}$ 。 $\dfrac{C}{N}\displaystyle\sum_{j=1}^{N} W_{ij} a_{ij} V_j$ 为复杂神经网络中的耦合项，其中，C 为耦合强度，这里取 $C=1.0$，W_{ij} 为神经元间连接权值。

目前对生物神经网络连接权的研究中，通常 W_{ij} 被定义为不同的常量。如果连接权为固定的，则 W_{ij} 仅仅为一个时间常量。但是，如前所述，实际生物神经元之间的连接强度是不断动态改变的，因此在式(2.23)中引入权值 W_{ij} 的变化方程，如式(2.26)所示。该方程是通过把 Oja's 学习规则(式(2.25))进行非线性化得到的。

在经典的 Hebb 学习规则[50]中，连接权值按下述规律变化：当两个神经元都兴奋的时候，连接两个神经元之间的连接权值就增强。也就是说，连接权值是在原来的基础上增加一项按照与两个神经元的兴奋度成一定比例的增量，如式(2.24)所示：

$$\begin{cases} W_{ij}(t) = W_{ij}(t-1) + \nabla W_{ij} \\ \nabla W_{ij} = \eta V_i V_j \end{cases} \tag{2.24}$$

其中，η 为学习系数；∇W_{ij} 为从节点 i 到节点 j 的权值变化量。文献[53]分析了 Hebb 学习规则应用于生物神经网络中的不足之处并加以了改进，如式(2.25)的学习规则即 Oja's 学习规则[51]。Oja's 学习规则作为 Hebb 学习规则的一种改进算法，它在单个神经元的权值变化中具有很好的收敛性[54]，但是在规模比较大的生物神经网络中，Oja's 学习规则还是容易使网络解产生发散，因此，本节把 Oja's 学习规则(式(2.25))进行非线性化：

$$\nabla W_{ij} = \eta V_i (V_j - V_i W_{ij}) \tag{2.25}$$

得

$$\nabla W_{ij} = \eta f[V_i(V_j - V_i W_{ij})] \tag{2.26}$$

其中，$f(\cdot)$ 为具有限幅作用的非线性函数；η 为一个正的权值学习系数。这里我们定义 $f(x) = \arctan(x)$ 。

在下面的内容中，将采用式(2.26)权值变化规则，用数值模拟方法来研究小世界生物神经网络模型(2.23)在权值变化时的放电节律和兴奋特性，采用定步长四阶 RK 方法对模型(2.23)进行计算，其中时间步长为 0.01ms。

2.6.3 兴奋和优化的统计特性

定义节点 i 的连接强度为 $S_i(t) = \displaystyle\sum_{j=1}^{N} W_{ij}(t)$ ，它为与节点 i 相连接的所有其他神经元的权值的代数和。图 2.38 为神经网络模型(2.23)中任意两个神经元的输出电压 V_i 、 V_j ，连接权 W_{ij} 、W_{ji} ，以及连接强度 S_i 、S_j 随时间的变化。由图可以看出，当两个神经元同时处于静息状态时，神经元的连接强度 S_i、S_j 和连接两个神经元之间的权值 W_{ij}、W_{ji} 都基本不发生变化；当神经元 i 处于兴奋，而神经元 j 处于静息状态时，连接 i、j 之间的连接权 W_{ij} 会增强，而 i、j 之间的反向连接权 W_{ji} 却会相应地减弱。同样，当神经元 j 处于兴奋，而神经元 i 处于静息状态时，连接 j、i 之间的连接权 W_{ji} 会增强，而 j、i 之间的反向连接权 W_{ij} 却会减弱。即当有离子电流从一个神经元通过它们的连接通道，传导到另一个神经元时，从该神经元到另一个神经元之间的连接权值就会增强，这一结果与实际生物神经细胞的兴奋传递过程中突触的变化特性是相似的，也与 Oja's 学习规则的含义是相符合的。对于单神经元，在受到同样的外部交、直流混合刺激时，其神经元的输出电压 V_i 如图 2.39 所示。由图 2.38（a）与图 2.39 可知，变权神经网络中神经元的放电节律同样会产生兴奋与静息交替出现的状态。

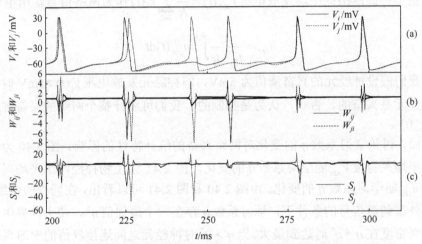

图 2.38　任意两个神经元的放电节律、连接权值及连接强度随时间的
变化图（$\eta = 0.1$，当两个神经元之间有连接时）

（a）为神经元 i、j 的膜电压 V_i、V_j；（b）为神经元 i、j 之间的连接权值
W_{ij} 及反向连接权值 W_{ji}；（c）为节点 i、j 的连接强度 S_i、S_j

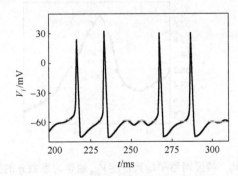

图 2.39　单个生物神经元的放电图（外加刺激 $I_{\text{ext}} = (7.2 + \sin 0.6t)\mu\text{A/ms}^2$）

　　在不同学习系数 η 下，本节模型会有不同的兴奋强度和兴奋节律。为了研究学习系数 η 的变化对小世界生物神经网络兴奋强度和兴奋节律的影响，引入两个对时间的平均量 $\bar{V}_{\text{out}}$ 和 $\bar{n}_{\text{exc}}$，其表达式分别如式 (2.27)、式 (2.28) 所示。这两个量可以反映神经网络的平均兴奋强度，两值越大，表明 t_1 到 t_2 的时间段内生物神经网络的平均兴奋度越大。为了保证结果的可靠性，应使神经网络刺激后的输出达到稳定后进行时间平均，即 t_1 取刺激持续一段时间后的值，在下面的计算与讨论中，我们均取 t_1=200ms，t_2=400ms。

$$\bar{V}_{\text{out}} = \frac{1}{t_2 - t_1} \int_{t_1}^{t_2} V_{\text{out}}(t)\mathrm{d}t \tag{2.27}$$

其中，整个神经网络的平均发放电压 $V_{\text{out}}(t) = \dfrac{1}{N}\sum_{i=1}^{N} V_i(t)$ 作为网络信号输出电压。

$$\bar{n}_{\text{exc}} = \frac{1}{t_2 - t_1} \int_{t_1}^{t_2} n_{\text{exc}}(t)\mathrm{d}t \tag{2.28}$$

这里，我们假设神经元的兴奋阈值为 5mV，即神经元发放电压 $V_i(t)$ >5mV 时，则认为该神经元是兴奋的，否则，认为是抑制的。我们可统计整个网络的兴奋神经元个数为 $n_{\text{exc}}(t)$。

　　下面，讨论学习系数 η 的变化对网络兴奋的统计特性的影响。图 2.40 为生物神经网络平均兴奋度 $\bar{V}_{\text{out}}$ 随学习系数 η 的变化，图 2.41 为生物神经网络平均兴奋神经元个数 $\bar{n}_{\text{exc}}$ 随学习系数 η 的变化。由图 2.40 和图 2.41 可以看出，在同样的网络结构、参数及外部刺激信号的条件下，学习系数 η 存在一个最优值 η^*，使小世界生物神经网络的兴奋度在 $\eta = \eta^*$ 时达到最大。当 $\eta > \eta^*$ 时神经元之间连接权值的学习系数对神经网络的发放电会产生抑制作用。另外，我们还可以看出，学习系数 $\eta = \eta^*$ 时网络的兴奋度比 η =0 时要大得多。这说明生物神经网络连接权值的学习系数对网络的兴奋度具有优化作用。

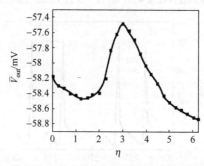

图 2.40　神经网络平均兴奋度 $\bar{V}_{\text{out}}$ 随学习系数 η 的变化

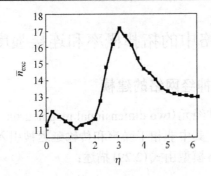

图 2.41　神经网络平均兴奋神经元个数 $\bar{n}_{exc}$ 随学习系数 η 的变化

　　下面对学习系数达到最佳值时生物神经网络的兴奋度最大的现象给出定性的解释。由式 (2.26) 可知，最优学习系数实际上反映的是存在最佳的权值调整量，使神经网络逐渐达到最大兴奋状态。这种现象可解释如下。

　　Kohonen 认为人的大脑有如下特点[55]：大脑神经元的有关参数在神经网络受外部输入刺激而识别事物的过程中产生变化，表现为神经网络中神经元的连接强度发生变化。随着神经元连接强度变化的增大，网络中神经元的兴奋活动也会逐渐增加。但根据文献[56]的研究结果可知，当大脑中兴奋神经元的兴奋活动增加时，其胶质细胞可以通过某种功能抑制神经元的活动，防止神经元的过度兴奋。这一现象说明在实际的神经系统中，神经元的连接强度的变化存在最佳值，使神经系统达到最大兴奋状态。在本节的生物网络模型中发现存在最优学习系数，即存在最佳权值改变量，使网络模型 (2.23) 达到最大兴奋状态，这一现象与上述真实生物神经网络的兴奋特性是吻合的。

2.6.4　小结

　　本节考虑了真实生物神经网络的神经元之间具有小世界连接和神经元间的连接强度随时间变化的特点，提出了一个动态变权小世界生物神经网络模型，研究了该模型与 H-H 方程耦合的神经元兴奋特性和连接权值变化的特点以及不同的学习系数对神经元的兴奋统计特性及优化的影响[57]。我们讨论了学习系数 η 的变化对生物神经网络平均兴奋度 $\bar{V}_{out}$ 及平均兴奋神经元个数 $\bar{n}_{exc}$ 的影响，发现在不同的学习系数下，生物神经网络具有不同的兴奋度。最有意义的结果是，权值的学习系数存在一个最优值，对生物神经网络的兴奋特性具有优化作用。我们的研究结果初步表明，该模型能够反映真实生物神经网络的某些特性，对深入研究人脑的认知过程有一定的参考价值。

2.7　复杂神经网络中的拓扑概率和连接强度诱导的放电活动

2.7.1　复杂离散时间神经网络的建模

本节利用二维映射神经元 (two dimensional map neuron, 2DMN)[58-60] 来构建复杂离散时间神经网络模型, 其中非相干噪声和传输延迟被引入每个原始神经元, 构造的复杂离散时间神经网络模型由式 (2.29) 描述:

$$\begin{cases} x_{i,n+1} = \dfrac{\alpha_i}{1+x_{i,n}^2} + y_{i,n} + \dfrac{C}{M}\sum_{j=1}^{M} a_{ij}x_{j,n-\tau} + \sqrt{D}\xi_{ij,n} \\ y_{i,n+1} = y_{i,n} - \sigma_i x_{i,n} - \beta_i \end{cases} \tag{2.29}$$

其中, $i = 1, 2, \cdots, M$ 和 $n = 0, 1, \cdots, N$ 分别表示单元格和离散时间; $x_{i,n}$ 和 $y_{i,n}$ 分别是第 i 个神经元的快速和慢速动力学变量; $y_{i,n}$ 的慢时间演化是由于参数 σ_i 的值很小; 参数 α_i 定义了单个映射的快速变量 $x_{i,n}$ 的动态; τ 是传输延迟时间; $\xi_{ij,n}$ 是高斯白噪声, 具有统计特性 $\langle \xi_{ij,n} \rangle = 0$ 和 $\langle \xi_{ij,n}, \xi_{kl,n'} \rangle = \delta_{n-n'}\delta_{ik}\delta_{jl}$; D 是噪声强度; $\dfrac{C}{M}\sum_{j=1}^{M} a_{ij}x_{j,n}$ 是连接复杂神经元的项, C 是耦合强度, 如果神经元 i 和 j 之间存在连接, 则 $a_{ij} = a_{ji} = 1$, 否则 $a_{ij} = a_{ji} = 0$。此外, 对于所有 i, $a_{ii} = 0$。网络连接采用 NW 小世界网络连接方式实现[61]。从具有 $N = 500$ 个神经元和 $k = 6$ 最近邻的环形网格开始, 然后以概率 p 在非最近顶点之间随机添加连接。对于 $p = 0$, 它退化到最初的最近邻耦合网络; 对于 $p = 1$, 它变成全局耦合网络。对于给定的 p, 存在许多网络实现。

在相关参考文献中[58-60], 已经完全研究了参数 α_i 变化时 2DMN 的个体动力学行为。相关研究结果表明, 随着参数 α_i 的变化, 个体 2DMN 表现出静息状态、周期性或混乱的尖峰行为。在本节中, 为了研究网络拓扑概率和连接强度对 2DMN 行为的影响, 我们随机生成 $\alpha_i \in [0.8, 1.4]$, 并设置 $\beta_i = \sigma_i = 0.002$, 使得网络中的每个神经元都处在静息状态并且具有不相同的属性。

2.7.2　数值模拟结果及分析

下面给出的式 (2.29) 的数值模拟结果是通过改变拓扑概率 p 和耦合强度 C 得到的。系统的初始条件为在 $x_{i,0} \in [-3.0, 3.0]$ 和 $y_{i,0} \in [-4.0, -1.0]$ 之间随机取值。图 2.42 (a) ~ (d) 显示了固定的 $C = 2.5$, $\tau = 0$ 和 $D = 0$ 时, 对于不同的 p 值, 由 2DMN 组成的复杂离散时间网络中任意一个神经元的快速变量 $x_{i,n}$ 的时间序列。当 $p = 0$ 时, 即在最近邻耦合网络中, 神经元显示静息状态, 没有任何放电活动模式, 如图 2.42 (a) 所示。随着 p 值的增加, 可以观察到放电行为, 即具有活性的神经元出现在网络中，如图 2.42(b)所示。随着 p 的值进一步增加，放电活动的频率迅速增加，这可以在图 2.42(c)中看到。然而，当 p 增加到 0.6 时，在神经元的放电行为消失，如图 2.42(d)所示。

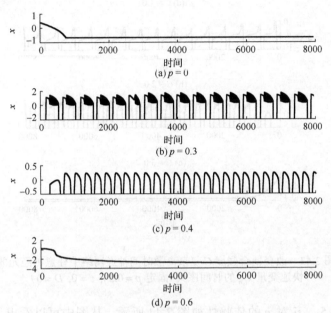

图 2.42 复杂离散时间神经网络任意神经元的快速变量 $x_{i,n}$ 的
时间序列（固定 $C = 2.5$，$\tau = 0$，$D = 0$，拓扑概率 p 取不同的值）

图中变量已经归一化，无单位

图 2.43(a)～(d)显示了改变耦合强度 C 的值，由 2DMN 构成的复杂离散时间神经网络中任意神经元的快速变量 $x_{i,n}$ 的时间序列，其中固定 $p = 0.34$，$\tau = 0$ 且 $D = 0$。可以看到当耦合强度较小（$C = 1.0$）或更高（$C = 3.5$）时，复杂散时间神经网络中神经元几乎没有任何放电活动模式，如图 2.43(a)和(d)所示。对于中等耦合强度，可以在神经元中诱导和增强放电活动，更多细节显示在图 2.43(b)和(c)中。

为了定量研究我们构造的复杂离散时间神经网络的放电活动程度，使用以下平均放电率 $\bar{\eta}$ 作为放电行为模式频率的度量：

$$\bar{\eta} = \left\{ \frac{1}{M\Delta n} \sum_{t=n_1}^{n_2} \eta_t \right\}$$

其中，{} 表示在相同连接概率 p 的条件下，对超过 100 种不同的网络实现平均；η_t 是任何时刻整个复杂离散时间神经网络中放电神经元的数量；$\Delta n = n_2 - n_1$ 是时间间隔；n_1 和 n_2 分别是模拟的初始时间和终止时间。在本节中，我们设置 $n_1 = 3000$ 和 $n_2 = 8000$，很明显，放电频率越高，平均放电率 $\bar{\eta}$ 就越大。

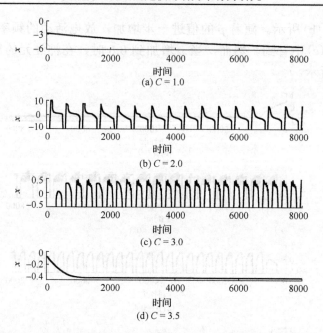

图 2.43　改变耦合强度 C 复杂离散时间神经网络中任意神经元的
快速变量 $x_{i,n}$ 的时间序列（固定 $p = 0.34$，$\tau = 0$，$D = 0$）

　　固定 $C = 2.5$，$\bar{\eta}$ 对 p 的依赖性如图 2.44 所示。从图中可以看出，当 p 很小时，$\bar{\eta}$ 接近零，即复杂离散时间神经网络中没有活跃的神经元。当 p 增加到特定值，即 $p = 0.2$ 时，$\bar{\eta}$ 迅速增加，并且当 p 逐渐增加到 $p = 0.41$ 时达到其最大值。然而，当 p 进一步增加时，$\bar{\eta}$ 迅速降低。图 2.45 显示了 $\bar{\eta}$ 对耦合强度 C 的依赖性，其中固定的 $p = 0.34$。从图中可以看出在 $C = 3.05$ 处存在突变峰，此时参数 $\bar{\eta}$ 达到最大值。对于较小或较大的耦合强度 C 的值，平均放电率急剧下降。为了进行更全面的研究，我们在相对较宽的参数范围内同时扫描拓扑概率 p 和耦合强度 C 两个参数，研究平均放电率 $\bar{\eta}$ 的变化，结果如图 2.46 所示。

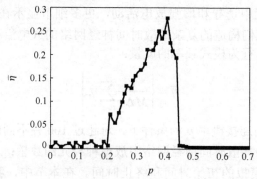

图 2.44　$C = 2.5$，$\tau = 0$ 和 $D = 0$ 时放电活动的频率 $\bar{\eta}$ 与拓扑概率 p 的关系曲线

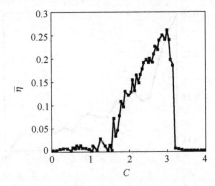

图 2.45　放电活动频率 $\bar{\eta}$ 与耦合强度 C 的关系（$p = 0.34,\ \tau = 0,\ D = 0$）

显然，在图 2.46 的中心区域存在一些"最佳岛"，在"最佳岛"中平均放电率 $\bar{\eta}$ 在参数平面中的值是最大的。这揭示了最大放电频率发生时拓扑概率和连接强度存在最优的组合。

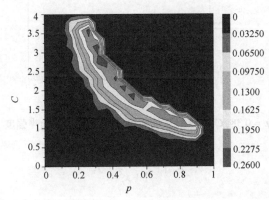

图 2.46　拓扑概率 p 和耦合强度 C 的平均放电率 $\bar{\eta}$ 的等高线图（见彩图）

为了研究噪声和延迟对复杂离散时间神经元网络放电活动的影响，我们还计算了不同噪声强度和延迟时间长度的平均放电速率 $\bar{\eta}$。设置参数 $p = 0.38$ 和 $C = 2.7$，此时复杂离散时间神经网络的激发活动是最大的（图 2.46），$\bar{\eta}$ 对 τ 和 D 的关系特性曲线分别示于图 2.47 和图 2.48。从图 2.47 中可以看出，平均放电活动强度 $\bar{\eta}$ 随着 τ 的增加而减小，这表明长的传输延迟削弱了放电活动的强度。从图 2.48 中可以发现，对于不同的 D 值，平均放电活动强度 $\bar{\eta}$ 略有变化，这表明噪声强度的变化对放电活动产生轻微影响，也就是说，p 和 C 诱导的放电活动是可以抵抗噪声强度的变化的。

拓扑概率和耦合强度的影响背后的可能机制可以解释如下。神经元的个体动力学由以下差分方程描述：

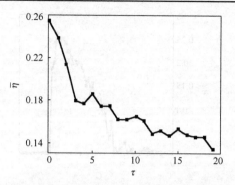

图 2.47　$p = 0.38$，$C = 2.7$ 和 $D = 0$ 时平均放电活动频率 $\bar{\eta}$ 与传输延迟时间 τ 的关系

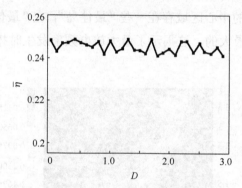

图 2.48　$p = 0.38$，$C = 2.7$ 时平均放电活动频率 $\bar{\eta}$ 与噪声强度 D 的关系

$$x_{n+1} = \frac{\alpha}{1 + x_n^2} + y_n \tag{2.30}$$

$$y_{n+1} = y_n - \sigma x_n - \beta \tag{2.31}$$

如前人的研究所示[58,59]，y_n 变化缓慢，假设 y_n 是参数 $\gamma = y_n$，x_n 的动力学可以被认为独立于映射式(2.31)。因此，可以从以下一维映射的分析中理解神经元的快速动力学行为：

$$x_{n+1} = \frac{\alpha}{1 + x_n^2} + \gamma \tag{2.32}$$

图 2.49 绘制了 ISI 与参数 γ 的分岔图。从图中可以看出，如果 γ 既不太小也不太大，则快速映射处于高频重复的放电状态。在这项研究工作中，对于复杂神经网络中的每个单独的神经元，来自其他神经元的总突触输入被视为参数 γ。利用 p 和 C 的最佳组合，突触输入的值落入中间范围，从而诱导和增强神经网络中神经元的激发活动。

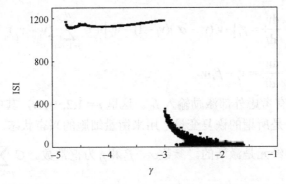

图 2.49　ISI 与快速映射中参数 γ 的分岔结构

2.7.3　小结

本节研究了具有 NW 连接的由 2DMN 构成的复杂离散时间神经网络的放电活动[62]。为了评估拓扑概率和耦合强度对神经网络放电活动的影响，我们采用平均放电率 $\bar{r}$ 作为有效频率的度量。研究发现，当连接强度值过小或过大时，无论拓扑概率值是多少，神经网络中都没有活跃的神经元。对于给定的适当的拓扑概率，存在中间范围的耦合强度，使得复杂离散时间神经网络放电活动被激发和增强。另外，对于给定的适当耦合强度，存在拓扑概率的中间值，使得耦合神经元的放电活动达到其最大值。此外，还研究了噪声和传输延迟对该神经网络放电活动的影响。据我们所知，这是一种在离散时间神经元中出现放电活动的新机制。研究结果可望为理解真实神经生物系统中集体动力学背后的原理机制提供了有用的启示。

2.8　全局耦合空间夹紧 FitzHugh-Nagumo 神经元网络放电活动

在 2.2 节中，我们已经研究了小世界耦合方式的复杂空间夹紧 FitzHugh-Nagumo (SCFHN) 神经元网络模型的兴奋特性[25]。本节主要目的是研究全局耦合 SCFHN 神经元网络模型的激发活动如何依赖于耦合强度和系统大小。为了研究耦合强度 C 和系统尺寸 N 对激发活性的影响，所选择的单神经元参数区域只能维持静息状态。研究发现，在全局耦合 SCFHN 神经元网络中，C 和 N 的最佳组合触发并增强了激发活性。为了定量研究神经元网络的放电活动程度，我们引入了标准差来测量激活模式的强度。

2.8.1　全局耦合的空间夹紧 FitzHugh-Nagumo 神经元网络模型

全局耦合的 SCFHN 神经元网络模型如下[18,19]：

$$\frac{\mathrm{d}v_i}{\mathrm{d}t} = \gamma_i \left[-v_i(v_i - \alpha_i)(v_i - 1) - w_i \right] + C \sum_{j=1; j \neq i}^{N} (v_i - v_j)$$

$$\frac{\mathrm{d}w_i}{\mathrm{d}t} = v_i - \beta_i w_i$$

(2.33)

式(2.33)中没有考虑外部激励输入 I_{0i}。这里 $i = 1, 2, \cdots, N$，其中 v 是动作电位，即膜的电位差。w 是所谓的恢复变量，用来衡量细胞的兴奋状态。在这里，我们假设，当 $v>0$ 时，神经元是激活的。参数 α_i、β_i 和 γ_i 为正常数。$C \sum_{j=1; j \neq i}^{N} (v_i - v_j)$ 是复杂神经元的耦合项，其中 C 是耦合强度。由 α、β 和 γ 参数决定的 SCFHN 神经元的个体动力学行为已经在参考文献[21]～[24]中得到充分研究。这些研究结果表明，随着参数的改变，单个 SCFHN 神经元经历了静息、规则和/或不规则的振荡行为。为了研究全局耦合模式下 SCFHN 神经元网络中耦合强度和系统大小对神经元放电活性的影响，我们随机产生 $\gamma_i=[8,11]$，$\alpha_i \in [0.1, 0.5]$ 和 $\beta_i \in [0.1, 0.5]$，使得全局耦合模式下 SCFHN 神经元网络中的每个神经元都是静息的，并且具有不相同的性质。

2.8.2 数值模拟结果及分析

通过改变耦合强度 C 和系统尺寸 N，我们用四阶 RK 方法将微分方程(2.33)进行数值积分，时间步长 $h=0.01$，得到了以下结果。

图 2.50 显示了固定 $N=250$ 的不同 C 的全局耦合 SCFHN 神经元网络中任意神经元膜电位的时间序列。我们可以看到当耦合强度较低（$C=0.001$）或较高（$C=0.60$）时，神经元中几乎没有任何放电行为。对于中间耦合强度水平，神经元中的激发活性可以被诱导和增强，更多细节如图 2.50(b)和(c)所示。图 2.51(a)～(d)显示了全局耦合 SCFHN 神经元网络中任意神经元膜电位的时间序列。固定 $C=0.32$，当 $N=20$ 时，网络中神经元显示无任何活动激发模式，如图 2.51(a)所示；当 N 增加到 $N=145$ 时，可以观察到放电行为，即活动神经元出现在网络中，如图 2.51(b)所示；进一步增加 N，激发活性的强度迅速增加，如图 2.51(c)所示；而当 N 增加到 $N=450$ 时，激发行为在神经网络中消失，如图 2.51(d)所示。

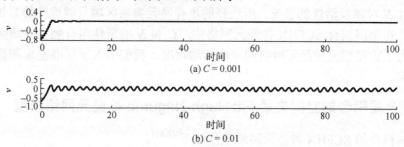

(a) $C = 0.001$

(b) $C = 0.01$

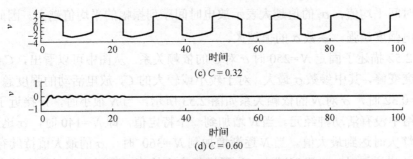

(c) $C = 0.32$

(d) $C = 0.60$

图 2.50　固定 $N=250$ 时，不同耦合强度 C 的全局耦合 SCFHN
神经元网络中任意神经元 v 的时间序列

图中变量已经归一化，无单位

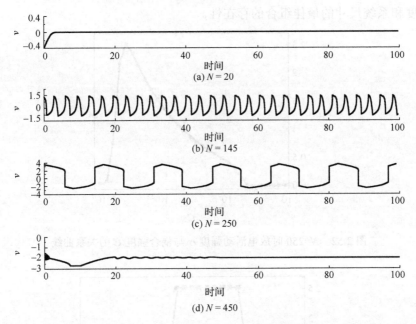

(a) $N = 20$

(b) $N = 145$

(c) $N = 250$

(d) $N = 450$

图 2.51　固定 $C=0.32$ 的不同系统尺寸 N 的全局耦合 SCFHN 神经元网络中任意神经元 v 的时间序列

为了定量研究神经网络的激活度，引入标准差来测量激活模式的强度。标准偏差定义为

$$\sigma = \langle \sigma_i \rangle \tag{2.34}$$

$$\sigma_i = \sqrt{\frac{1}{\Delta t} \sum_{t=t_i}^{t_f} \left[v_i^2 - \langle v_i \rangle^2 \right]} \tag{2.35}$$

其中，$\langle \cdot \rangle$ 表示网络中所有神经元的平均值；$\Delta t = t_f - t_i$ 是时间间隔；$\langle v_i \rangle = \dfrac{1}{\Delta t} \sum_{t=t_i}^{t_f}$ 是 Δt

区间的时间平均值；σ_i 的值越大表示放电时间序列振幅的平均值越大。因此，很明显，放电强度越强，参数 σ 的值越大。

图 2.52 描述了固定 $N=250$ 时 σ 对 C 的依赖关系。从图中可以看出，$C=0.32$ 时有一个突变峰，其中参数 σ 最大。对于较小或较大的 C，放电活动的强度急剧下降。固定 $C=0.32$ 时，σ 对 N 的依赖关系如图 2.53 所示，当 N 很小时，σ 接近于零，即神经网络中没有活动神经元。当 N 增加到一个特定值，即 $N=140$ 时，σ 迅速增加，当 N 足够大时达到最大值。当 N 逐渐增加到 $N=360$ 时，σ 的最大值持续存在，而当 N 进一步增加时，σ 迅速减小。为了进行全面检查，可以在相对较宽的参数范围内同时扫描耦合强度 C 和系统尺寸 N 两个参数，结果如图 2.54 所示。很明显，图 2.54 的中心区域存在一个"最佳岛"，其中参数 σ 在参数平面上最大。这揭示了耦合强度和系统尺寸的最佳组合的存在性。

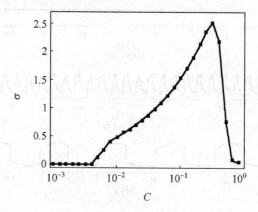

图 2.52　$N=250$ 时放电活动强度 σ 与耦合强度 C 的关系曲线

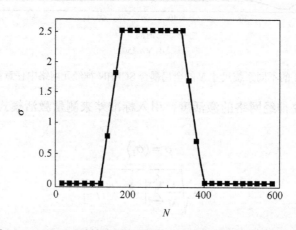

图 2.53　$C=0.32$ 时放电活动强度 σ 与系统尺寸 N 的关系曲线

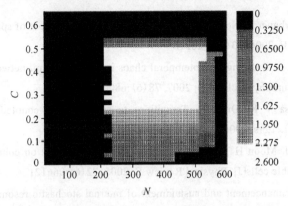

图 2.54　标准偏差 σ 随 N 和 C 的函数的等值线图

2.8.3　小结

本节研究了全局耦合 SCFHN 神经元网络模型激发活性[63]。为了评估耦合强度和系统尺寸对神经网络活动的影响，我们采用了活动强度的标准差 σ 作为测量量度。研究发现，当系统规模值太小或太大时，无论耦合强度值是多少，网络中都没有活动神经元。在一定的耦合强度下，系统规模存在一个中间范围，从而激发和增强了全局耦合 SCFHN 神经元网络的激发活性。另外，对于给定的合适的系统尺寸水平，耦合强度存在一个中间值，耦合神经元的激发活动达到最大值。通过绘制 σ 的等高灰度曲线，得到了 SCFHN 神经元网络处于最大激发活动时的 C 和 N 的最佳组合值。

参 考 文 献

[1] 生物神经元[神经网络 1][EB/OL]. https://www.cnblogs.com/freyr/p/4516941.html[2019-02-07].

[2] Newman M E J. Models of the small world[J]. Journal of Statistical Physics, 2000, 101 (3/4): 819-841.

[3] Dorogovtsev S N, Mendes J F F. Evolution of Networks: From Biological Nets to the Internet and WWW[M]. Oxford: Oxford University Press, 2003.

[4] Boccaletti S, Latora V, Moreno Y, et al. Complex networks: Structure and dynamics[J]. Physics Reports, 2006, 424 (4/5): 175-308.

[5] Watts D J, Strogatz S H. Collective dynamics of "small-world" networks[J]. Nature, 1998, 393 (6684): 440-442.

[6] Sánchez A, López J, Rodríguez M. Nonequilibrium phase transitions in directed small-world networks[J]. Physical Review Letters, 2002, 88 (4): 048701.

[7] Yonker S, Wackerbauer R. Nonlocal coupling can prevent the collapse of spatiotemporal chaos[J]. Physical Review E, 2006, 73(2):026218.

[8] Wei D Q, Luo X S. Ordering spatiotemporal chaos in discrete neural networks with small-world connections[J]. Europhysics Letters, 2007, 78(6):68004.

[9] Dhamala M, Jirsa V K, Ding M. Transitions to synchrony in coupled bursting neurons[J]. Physical Review Letters, 2004, 93(22):537-547.

[10] Kwon O, Jo H H, Moon H T. Effect of spatially correlated noise on coherence resonance in a network of excitable cells[J]. Physical Review E, 2005, 72(6):066121.

[11] Li Q S, Liu Y. Enhancement and sustainment of internal stochastic resonance in unidirectional coupled neural system[J]. Physical Review E, 2006, 73(1):016218.

[12] Shefi O. Morphological characterization of in vitro neuronal networks[J]. Physical Review E, 2002, 66(1):021905.

[13] Stam C J. Functional connectivity patterns of human magnetoencephalographic recordings: A "small-world" network?[J]. Neuroscience Letters, 2004, 355(1):25-28.

[14] Bettencourt L M A. Functional structure of cortical neuronal networks grown in vitro[J]. Physical Review E, 2007, 75:021915.

[15] Roxin A, Riecke H, Solla S A. Self-sustained activity in a small-world network of excitable neurons[J]. Physical Review Letters, 2004, 92(19):198101.

[16] Shimokawa T, Shinomoto S. Inhibitory neurons can facilitate rhythmic activity in a neural network[J]. Physical Review E, 2006, 73(6):066221.

[17] Nowotny T, Rabinovich M I. Dynamical origin of independent spiking and bursting activity in neural microcircuits[J]. Physical Review Letters, 2007, 98(12):128106.

[18] FitzHugh R. Impulses and physiological states in theoretical models of nerve membrane[J]. Biophysical Journal, 1961, 1(6): 445-466.

[19] Nagumo J S, Arimoto S, Yoshizawa S. An active pulse transmission line simulating a nerve axon[J]. Proceedings of the IRE, 1962, 50(10):2061-2070.

[20] Qi F, Hou Z H, Xin H W. Ordering chaos by random shortcuts[J]. Physical Review Letters, 2003, 91(6):064102.

[21] Tonnelier A. The McKean's caricature of the FitzHugh-Nagumo model I:The space-clamped system[J]. SIAM Journal on Applied Mathematics, 2002, 63(2):459-484.

[22] Gao Y H. Chaos and bifurcation in the space-clamped FitzHugh-Nagumo system[J]. Chaos, Solitons and Fractals, 2004, 21(4):943-956.

[23] Chou M. Computer-aided experiments on the Hopf bifurcation of the FitzHugh-Nagumo nerve model[J]. Computers and Mathematics with Applications, 1995, 29(10):19-33.

[24] Chou M H, Lin Y T. Exotic dynamic behavior of the forced FitzHugh-Nagumo equations[J].

Computers and Mathematics with Applications, 1996, 32(10):109-124.

[25] Wei D Q, Luo X S, Zou Y L. Firing activity of complex space-clamped FitzHugh-Nagumo neural networks[J]. European Physical Journal B, 2008, 63(2):279-282.

[26] Blesić S, Milošević S, Stratimirović D J, et al. Detecting long-range correlations in time series of neuronal discharges[J].Physica A,2003,330 (3/4):391-399.

[27] Hasegawa　H. Synchronizations in small-world networks of spiking neurons: Diffusive versus Sigmoid couplings[J]. Physical Review E, 2005, 72(5):056139.

[28] Hindmarsh J L, Rose R M. A model of neuronal bursting using three coupled first order differential equations[J]. Proceedings of the Royal Society B: Biological Sciences, 1984, 221(1222):87-102.

[29] Wang W, Wang Y, Wang Z D. Firing and signal transduction associated with an intrinsic oscillation in neuronal systems[J]. Physical Review E, 1998, 57(3):R2527-R2530.

[30] Lu Q, Gu H, Yang Z, et al. Dynamics of firing patterns, synchronization and resonances in neuronal electrical activities: Experiments and analysis[J]. Acta Mechanica Sinica, 2008, 24(6):593-628.

[31] Wang W, Perez G, Cardeira H A. Dynamical behaviour of the firings in a coupled neuronal system[J]. Physical Review E, 1993, 47(4):2893-2898.

[32] Wei D Q, Luo X S, Qin Y H. Random long-range connections induce activity of complex Hindmarsh-Rose neural networks[J]. Physica A, 2008, 387(8/9):2155-2160.

[33] Hodgkin A L, Huxley A F. A quantitative description of membrane current and its application to conduction and excitation in nerve[J]. The Journal of Physiology, 1952, 117(4):500-544.

[34] Yu Y, Lee T S. Adaptation of the transfer function of the Hodgkin-Huxley(HH) neuronal model[J]. Neurocomputing, 2003, (52/53/54):441-445.

[35] Kwon O, Moon H T. Coherence resonance in small-world networks of excitable cells[J]. Physics Letters A, 2002, 298(5/6):319-324.

[36] Yuan W J, Luo X S, Wang B H, et al. Excitation properties of the biological neurons with side-inhibition mechanism in small-world networks[J]. Chinese Physics Letters, 2006, 23(11):3115-3118.

[37] Yuan W J, Luo X S, Jiang P Q. Study under AC stimulation on excitement properties of weighted small-world biological neural networks with side-restrain mechanism[J]. Communications in Theoretical Physics, 2007, 47(2):369-373.

[38] 吴雷, 罗晓曙, 郑宏宇. 具有生长和衰老机制的生物神经网络的兴奋特性研究[J]. 中国生物医学工程学报,2008,27(6):30-35.

[39] Bear M F, Connors B W, Paradiso M A.神经科学[M]. 王建军, 译. 北京: 高等教育出版社,2004.

[40] 阮炯, 顾凡及, 蔡志杰. 神经动力学模型方法和应用[M]. 北京：科学出版社, 2002.

[41] Wang X F, Chen G R. Synchronization in scale-free dynamical networks: Robustness and fragility[J]. IEEE Transactions on Circuits and Systems I: Fundamental Theory and Applications, 2002, 49(1):54-62.

[42] 罗晓曙. 人工神经网络理论·模型·算法与应用[M]. 桂林: 广西师范大学出版社, 2005: 106.

[43] Wang Y, Chik D T W, Wang Z D. Coherence resonance and noise-induced synchronization in globally coupled Hodgkin-Huxley neurons[J]. Physical Review E, 2000, 61(1):740-746.

[44] Bazsó F, Zalányi L, Csárdi G. Channel noise in Hodgkin-Huxley model neurons[J]. Physics Letters A, 2003, 311(1):13-20.

[45] Wang M S, Hou Z H, Xin H W. Optimal network size for Hodgkin-Huxley neurons[J]. Physics Letters A, 2005, 334: 93-97.

[46] Lee S G, Kim S. Parameter dependence of stochastic resonance in the stochastic Hodgkin-Huxley neuron[J]. Physical Review E, 1999, 60(1):826-830.

[47] Abraham W C, Bear M F. Metaplasticity: The plasticity of synaptic plasticity[J]. Trends in Neurosciences, 1996, 19(4):126-130.

[48] Abraham W C, Tate W P. Metaplasticity: A new vista across the field of synaptic plasticity[J]. Progress in Neurobiology, 1997, 52(4):303-323.

[49] Abbott L F. Decoding neuronal firing and modelling neural networks[J]. Quarterly Reviews of Biophysics, 1994, 27(3): 291-331.

[50] Hebb D O. The Organization of Behavior[M]. New York:Wiley,1949.

[51] Oja E. Simplified neuron model as a principal component analyzer[J]. Journal of Mathematical Biology, 1982, 15(3):267-273.

[52] Yu Y G, Wang W, Wang J F. Resonance-enhanced signal detection and transduction in the Hodgkin-Huxley neuronal systems[J]. Physical Review E, 2001,63: 021907.

[53] Munakata Y, Pfaffly J. Hebbian learning and development[J]. Developmental Science, 2004, 7(2):141-148.

[54] Li C G, Liao X F, Yu J B. Generating chaos by Oja's rule[J]. Neurocomputing, 2003, 55: 731-738.

[55] Kohonen 模型[EB/OL]. http://www.360doc.com/content/12/0617/23/10225823_218794198.shtml [2016-09-05].

[56] Shen W H, Wu B, Zhang Z J, et al. Activity-induced rapid synaptic maturation mediated by presynaptic Cdc42 signaling[J]. Neuron, 2006, 50: 401-414.

[57] 郑宏宇, 罗晓曙. 变权小世界生物神经网络的兴奋及优化特性[J].物理学报, 2008,57(6): 3380-3384.

[58] Rulkov N F. Regularization of synchronized chaotic bursts[J]. Physical Review Letters, 2000, 86(1):183.

[59] Rulkov N F. Modeling of spiking-bursting neural behavior using two-dimensional map[J]. Physical Review E, 2002, 65(4):041922.

[60] Song Y, Zhao T J, Liu J W, et al. Impact of Gaussian white noise on a two-dimensional neural map[J]. Acta Physica Sinica, 2006, 55(8):4020-4025.

[61] Newman M E J, Watts D J. Scaling and percolation in the small-world network model[J]. Physical Review E, 1999, 60(6):7332-7342.

[62] Wei D Q, Zhang B, Luo X S.Topological probability and connection strength induced activity in complex neural networks[J]. Chinese Physics B, 2010, 19(10):100513.

[63] Wei D Q, Luo X S, Zhou Y L. Couple strength and system size induce firing activities of globally coupled neural networks[J]. Communications in Theoretical Physics,2008, (7):267-270.

第3章　复杂生物神经网络的随机共振

3.1　引　言

随机共振(stochastic resonance，SR)的概念是由 Benzi 等在 1981 年研究古气象冰川问题时首次提出来的[1]，并将之解释为动态非线性系统在周期力和高斯白噪声驱动下的协同现象。随机共振是一种涉及多个自然科学领域的新理论和新方法，自被提出以来已引起越来越多不同学科领域研究者的兴趣，与此相关的研究已经渗透到生物学、神经科学、生物医学、经济学等许多学科领域。这些研究表明，在某些特定情况下，噪声本身也是一种信号和能量，在许多非线性系统中，随机力(噪声)对于非线性系统的输出起到了积极的建设性作用，噪声的增加不仅没有降低反而会提高微弱信号的检测性能，实现了从噪声能量向信号能量的转化，使输出信号的信噪比在噪声强度为中间某值时达到最大。随机共振现象说明了噪声也可以是有用的成分，而并非总是起弱化有用信号的作用，合适强度的噪声对于提高系统弱信号的信噪比有积极作用。这个结论拓展了人们对于噪声特性的认识，促使人们对噪声的作用进行重新认识和深入研究。围绕这些问题，许多科研工作者从不同的方面对随机共振展开了研究工作。

神经系统具有非线性阈值特性，它往往需要在噪声环境中感受外界各种刺激，这意味着在神经系统中有可能发生随机共振现象，从而利用环境噪声来提高对外界微弱信号的检测能力。近 20 年来，一些典型的实验和理论结果发现在神经系统中确实存在随机共振现象[2-5]。对于神经系统中随机共振的研究已经引起了人们极大的兴趣，发表了大量各种不同类型的随机共振理论及实验研究成果[2-20]。这些神经系统的随机共振理论研究大都集中在单个神经元和多神经元的耦合模型上，其中神经元的放电模型分别采用了 Integrate-and-Fire(IF)模型[6-10]、FitzHugh-Nagumo(FN)模型[2, 3, 11-14]和 H-H 模型[15-20]等。尽管这些模型可以在一定程度上刻画神经系统的随机共振现象，但是它们都没有考虑真实神经系统中存在的小世界连接特性[21-28]。为此，本章构造了多个小世界连接的 H-H 神经网络模型，并研究了所建模型的随机共振现象[29]。

一般用信噪比(signal-to-noise ratio，SNR)作为刻画系统随机共振的指标，它可以定量反映非线性系统从噪声中检测微弱信号的能力，其定义为[15]

$$SNR = 10\log_{10}\left[\frac{S(\omega_s)}{N(\omega_s)}\right] \tag{3.1}$$

其中，$S(\omega_s)$、$N(\omega_s)$ 分别代表在功率谱密度中对应输入信号频率 (ω_s) 位置上的峰值和背景噪声的平均功率。实际计算时，先对若干次计算得到的功率谱密度进行累加平均，然后计算信噪比。

同理，二次超谐波信噪比的计算公式为

$$SNR = 10\log_{10}\left[\frac{S(2\omega_s)}{N(2\omega_s)}\right] \tag{3.2}$$

其中，$S(2\omega_s)$、$N(2\omega_s)$ 分别代表在功率谱密度中对应输入信号二倍频率 $(2\omega_s)$ 位置上的峰值和背景噪声的平均强度。本章采用四阶 RK 方法求解非线性随机微分方程，计算步长为 0.01ms，信噪比采用式 (3.1) 和式 (3.2) 计算。

3.2　小世界生物神经网络的随机共振

3.2.1　研究模型

本节采用 WS[21] 小世界网络模型对 MHH[30] 神经元进行耦合，耦合的动力学神经网络可描述如下：

$$\begin{cases} C_m \dfrac{\mathrm{d}V_i}{\mathrm{d}t} = I_{i(\mathrm{ion})} + I_{i(\mathrm{syn})} + I_{i(\mathrm{ext})} + \dfrac{C}{N}\sum_{j=1}^{N} a_{ij}V_j \\[2mm] \dfrac{\mathrm{d}m_i}{\mathrm{d}t} = \alpha_{m_i}(V_i)(1-m_i) - \beta_{m_i}(V_i)m_i \\[2mm] \dfrac{\mathrm{d}h_i}{\mathrm{d}t} = \alpha_{h_i}(V_i)(1-h_i) - \beta_{h_i}(V_i)h_i \\[2mm] \dfrac{\mathrm{d}n_i}{\mathrm{d}t} = \alpha_{n_i}(V_i)(1-n_i) - \beta_{n_i}(V_i)n_i \end{cases} \quad ,\quad 1 \leqslant i \leqslant N \tag{3.3}$$

其中

$$I_{i(\mathrm{ion})} = -g_{\mathrm{Na}}m_i^3 h_i(V_i - V_{\mathrm{Na}}) - g_{\mathrm{K}}n_i^4(V_i - V_{\mathrm{K}}) - g_{\mathrm{L}}(V_i - V_{\mathrm{L}}) \tag{3.4}$$

$$\tau_c \frac{\mathrm{d}I_{i(\mathrm{syn})}}{\mathrm{d}t} = -I_{i(\mathrm{syn})} + \sqrt{2D}\,\xi_i \tag{3.5}$$

$$I_{i(\mathrm{ext})} = A\sin(\omega_s t) \tag{3.6}$$

其中，各参数量的物理意义及其参数的取值见 1.6.1 节。本模型没有考虑神经元的连接权重。

3.2.2　数值模拟结果及分析

为了研究式 (3.3)～式 (3.6) 的整体行为，采用第 2 章相同的方法，用整个神经网络的平均发放电压 $V_{out}(t) = \dfrac{1}{N}\sum\limits_{i=1}^{N} V_i(t)$ 作为神经网络的信号输出电压，该电压在一定的交流和噪声刺激下的输出值如图 3.1 (a) 所示，图 3.1 (b) 为其相应的功率谱 $P(\omega)$。图中显示功率谱的所有主峰刚好在刺激电流的一系列倍频处，这与可产生随机共振的噪声双稳态模型中的功率谱很相似[17]。下面我们就来研究这种神经系统的随机共振现象。

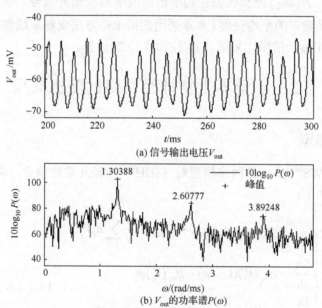

(a) 信号输出电压 V_{out}

(b) V_{out} 的功率谱 $P(\omega)$

图 3.1　$V_{out}(t)$ 在一定的交流和噪声刺激下的输出值及其功率谱

$A = 10\mu A/cm^2$，$\omega_s = 1.3rad/ms$，$D = 50$，$p = 0.05$，$N = 100$ 和 $C = 0.1$

为了研究随机共振现象，SNR 采用式 (3.1) 进行计算，式中 ω_s 为刺激信号的频率；$S(\omega_s)$ 为频率在 ω_s 处的信号功率峰值；$N(\omega_s)$ 为频率在 ω_s 附近处的背景噪声的平均功率，其值可通过式 (3.7) 计算：

$$N(\omega_s) = \frac{1}{\omega_s}\left[\int_{\frac{1}{2}\omega_s}^{\frac{3}{2}\omega_s} P(\omega)\mathrm{d}\omega - S(\omega_s)\right] \tag{3.7}$$

如图 3.2 (a) 所示，不同的耦合强度 C 有不同的信噪比曲线，这些曲线是通过平均 10 次得到的。从图中可以看到，当网络的耦合强度 C 超过某一个临界值 C^* 时，随机共振消失。例如，在图 3.2 (a) 的参数条件下，这个临界值介于 0.11 与 0.12 之间。

为了分析其原因，我们发现无噪声时的信噪比在临界耦合强度 C^* 处发生相变，如图 3.2(b) 所示，当 $C < C^*$ 时，信噪比有个小的波动，当 C 增加到 C^* 处，信噪比急剧增大，并随着 C 的进一步增加，信噪比立即达到饱和。从上面的分析可以看到，在神经网络上产生随机共振必须满足一定的条件，即 $C < C^*$，这一点正像文献[15]在研究单神经元随机共振时所要求的振幅 $A < A^*$ 的条件那样。进一步研究发现，这个临界值 C^* 强烈地依靠网络的规模 N，如图 3.3 所示，随着 N 的增加，C^* 几乎呈线性增加。为了研究网络的小世界效应，我们对比了随机网络上的 C^* 变化，结果发现，小世界网络上的 C^* 要比随机网络上的 C^* 小，也就是说小世界网络上的随机共振条件要比随机网络上的随机共振条件苛刻些。

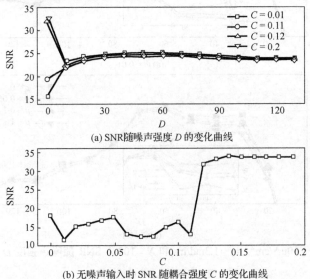

(a) SNR 随噪声强度 D 的变化曲线

(b) 无噪声输入时 SNR 随耦合强度 C 的变化曲线

图 3.2　在 $A = 10\mu A/cm^2$, $\omega_s = 1.3rad/ms$, $p = 0.05$ 和 $N = 100$ 的参数条件下信噪比的变化曲线

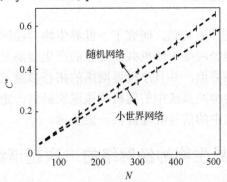

图 3.3　在 $A = 10\mu A/cm^2$, $\omega_s = 1.3rad/ms$ 和 $N = 100$ 的参数条件下，小世界网络（$p = 0.05$）和随机网络（$p = 1.0$）上的 C^* 随网络规模 N 的变化曲线

曲线是相应的线性拟合线

在图 3.4 中，我们对比了在 WS 小世界网络不同重连概率 p 下的随机共振现象，可以看出 p 越小随机共振的强度越大。另外，对比图 3.4(a) 与 (b) 还可以发现，随着耦合强度 C 的增加，网络拓扑结构的影响变得显著，并且产生随机共振的噪声强度范围加宽，但是随机共振的强度却减小。

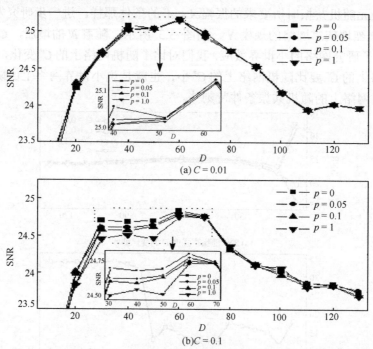

图 3.4　在 $A = 10\mu A/cm^2$, $\omega_s = 1.3rad/ms$ 和 $N = 100$ 下 SNR 随噪声强度 D 的变化曲线

图中的插图是相应的放大图

3.2.3　小结

本节以 MHH 模型[30]为基础，研究了小世界生物神经网络的随机共振现象，结果发现，小世界生物神经网络中随机共振现象的产生要满足一定的耦合条件，即耦合强度必须小于某个临界值，并且小世界网络的拓扑参量对随机共振也有一定的影响。这为我们理解真实神经系统中的随机共振现象提供一定的理论基础，可望为研究神经响应及神经系统中的信号处理提供一定参考。

3.3　小世界生物神经网络的二次超谐波随机共振

众所周知，谐波分析一直是信号处理的基本方法之一，噪声中谐波的检测则是信号处理领域经常遇到的一类问题。如果外在周期力的角频率为 ω_s，则输出信号在角频率 $\omega = \omega_s$ 处的共振称为主共振，而发生在 $\omega = k\omega_s (k = 2, 3, \cdots)$ 处的共振称为超谐波共振[31]。本节采用 3.2 节的小世界生物神经网络模型与参数（式（3.3）～式（3.6）），研究发生在 $\omega = 2\omega_s$ 处的二次超谐波随机共振，因为二次超谐波输出信号的幅度比其他超谐波的幅度要大得多，因此其影响也比其他超谐波要大。

3.3.1　数值模拟结果及分析

在重连概率 p 取不同值的条件下，输出 SNR 随噪声强度 D 变化的关系如图 3.5 所示。从图 3.5 中可以看到，在不同强度的噪声下，神经元的输出信噪比有一个最大值，这种存在优化噪声强度的情况便是典型的随机共振现象。从图 3.5 中还可看出优化噪声强度有较宽的范围（14<D<28），在此范围内信噪比几乎不变；而且 p 的变化对信噪比影响不大。

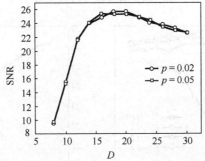

图 3.5　重连概率 p 取不同值时，输出 SNR 随噪声强度 D 变化的曲线

$A=7.0\mu A/cm^2$, $\omega_s=1.30rad/ms$, $C=0.1$, $N=100$, $K=6$

图 3.6 是输出信号的功率谱 $P(\omega)$（取对数）与输出角频率 ω 的关系曲线。图 3.6（a）的 D 在优化噪声范围外取值（$D=8$），图 3.6（b）的 D 在优化噪声范围内取值（$D=20$）。比较图 3.6（a）和（b）可知，噪声强度 D 取值不合适时，超谐波信号被淹没在噪声中，几乎看不出任何超谐波信息（图 3.6（a））；而 D 取合适值时，超谐波信号显著增强，其尖峰出现在 $\omega = k\omega_s$（$k=2,3,\cdots$）处，表明合适的噪声强度可以帮助神经系统检测微弱超谐波信号（图 3.6（b））。

图 3.7 研究的是耦合强度 C 取不同值时，输出信噪比随噪声强度 D 变化的关系。由图 3.7（a）可见，随着耦合强度 C 的增大，输出信噪比曲线下降。图 3.7（b）则是最佳信噪比 R_s（输出信噪比的最大值）随耦合强度 C 变化的曲线，可看出最佳信噪比随耦合强度单调下降。这说明随着耦合强度的增大，神经系统检测微弱超谐波信号的能力下降。

图 3.8 是在不同的噪声强度下输出信噪比随输入信号振幅变化的曲线。从图中显示结果可以看出，对于 H-H 小世界生物神经网络，并不是信号越强，信噪比越大，而是输入信号的振幅 A 存在一个最优值 A_0，此时网络信噪比最大，说明了在最优振幅 A_0 处系统对信号的检测能强。

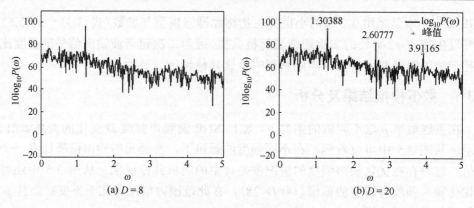

图 3.6　输出信号的功率谱

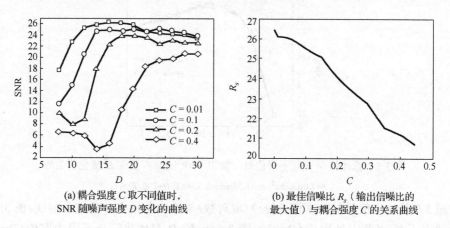

(a) 耦合强度 C 取不同值时，　　　　　　　(b) 最佳信噪比 R_s （输出信噪比的
SNR 随噪声强度 D 变化的曲线　　　　　　　　最大值）与耦合强度 C 的关系曲线

图 3.7　噪声和耦合强度的影响

$A=7.0\mu\text{A/cm}^2$, $p=0.05$, $\omega_s=1.30\text{rad/ms}$

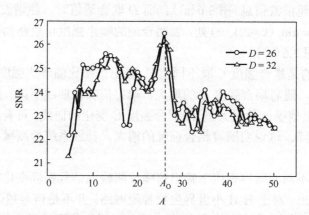

图 3.8　噪声强度 D 不同时，SNR 随输入信号振幅 A 变化的曲线

$\omega_s=1.30\text{rad/ms}$, $p=0.05$, $C=0.1$

上述数值模拟结果表明，小世界生物神经网络模型在一定强度的外部周期信号和噪声激励下，出现了显著的二次超谐波随机共振现象。下面对该现象出现的物理机制给出简要的分析。

根据随机共振理论[1]，产生随机共振的模型都包含三个必备要素：具有双稳态的非线性系统、输入周期信号和噪声。通过对单个 H-H 方程无外加激励信号时的定态解考察可知，在一定参数条件下，该方程可以有多个稳态。那么以单个 H-H 方程为节点的动力学方程，构造成复杂的小世界网络，则该网络成为超高维的非线性动力学系统，因此，网络在无外加激励信号时的稳态解数目必然大于单个 H-H 方程无外加激励信号时的稳态解数目。在一定参数条件下，该网络的方程可以存在多个稳态，在此条件下，只要外部输入适当的信号和噪声，小世界生物神经网络就包含了产生随机共振的三个必备要素，可以出现随机共振现象。

3.3.2　小结

本节以改进的 H-H 模型[30]为基础的小世界神经网络为研究对象，研究了它的二次超谐波共振现象，数值模拟结果表明：①当连接概率 p、输入信号的频率 ω_s、振幅 A 均不变时，随着耦合强度 C 的增大，输出信噪比曲线下降，最佳二次超谐波信噪比也随之下降。这说明随着耦合强度的增大，神经系统检测微弱超谐波信号的能力下降；②当噪声强度 D 一定（p、C、ω_s 也不变）时，对于 H-H 小世界神经网络，并不是信号越强，信噪比越大，而是输入信号的振幅 A 存在一个最优值 A_0，此时网络信噪比最大，说明了在最优振幅 A_0 处系统对信号的检测能力最强。这些研究结果进一步丰富了生物神经网络中存在的随机共振现象。

3.4　无标度生物神经网络的随机共振

前面分析了小世界生物神经网络的随机共振现象，本节根据无标度复杂网络理论[32]构建一个具有无标度性质的人工生物神经网络模型，仍然利用信噪比的测评方法研究该网络模型的随机共振现象。

3.4.1　研究模型

本节以 H-H 方程[33]作为无标度神经网络模型节点的动力学方程，无标度的生物神经网络模型可用下列方程描述：

$$C_\mathrm{m} \frac{\mathrm{d}V_i}{\mathrm{d}t} = I_{i(\mathrm{ion})} + I_{i(\mathrm{ext})} + \frac{C}{N} \sum_{j=1}^{N} S_{ij} V_j \qquad (3.8)$$

$$\frac{\mathrm{d}m_i}{\mathrm{d}t} = \alpha_{m_i}(V_i)(1-m_i) - \beta_{m_i}(V_i)m_i \tag{3.9}$$

$$\frac{\mathrm{d}h_i}{\mathrm{d}t} = \alpha_{h_i}(V_i)(1-h_i) - \beta_{h_i}(V_i)h_i \tag{3.10}$$

$$\frac{\mathrm{d}n_i}{\mathrm{d}t} = \alpha_{n_i}(V_i)(1-n_i) - \beta_{n_i}(V_i)n_i \tag{3.11}$$

其中，各参数的物理意义及其取值见 1.6.1 节，含有噪声的外加刺激电流 $I_{i(\mathrm{ext})}$ 由式(3.12)给出：

$$I_{i(\mathrm{ext})} = I_0 + I_1\cos\omega_s t + \xi(t) \tag{3.12}$$

其中，I_0 是刺激信号中的直流成分，表示恒定刺激；$I_1\cos\omega_s t$ 是幅值为 I_1、角频率为 ω_s 的余弦信号，它是无标度生物神经网络中刺激信号的交流成分，是检测的对象；$\xi(t)$ 是满足均值为零，且 $<\xi(t_1)\xi(t_2)>=D\delta(t_1-t_2)$ 的高斯白噪声，D 为功率，表示噪声的强度。

　　文献[34]中提出了一种改变权值来提高网络同步能力的方法。本节将利用该方法来改变不同神经元之间的连接权值，其数学表达式如下：

$$S_{ij} = L_{ij} / k_i^{\beta} \tag{3.13}$$

其中，S_{ij} 是无标度网络中不同神经元之间的可变连接权值矩阵元素；L_{ij} 是具有无标度性质神经网络的耦合矩阵元素，有耦合时 $L_{ij}=1$，无耦合时 $L_{ij}=0$。k_i 是第 i 个神经元节点的度，β 是我们引入的噪声可变参数，此时令

$$\beta = \left|\sqrt{D}\xi(t)\right| \tag{3.14}$$

　　综合式(3.13)和式(3.14)，可以看出当无标度可变权值网络的权值受到噪声影响时，随着噪声强度越来越大，两个神经元之间的权值就会越来越小，直至趋于 0。

　　而当噪声对权值不产生影响时，此时 $\beta=0$。神经元之间的权值就恒为 1，则网络退化为权值固定的网络，即无标度不变权值网络。

3.4.2　数值模拟结果及分析

　　为了得到该模型的整体行为，我们仍用整个神经网络的平均发放电压 $V_{\mathrm{out}}(t) = \dfrac{1}{N}\sum_{i=1}^{N}V_i(t)$ 作为神经网络信号的输出电压。

　　图 3.9 是输出信号的功率谱 $P(\omega)$ 与输出角频率 ω 的关系曲线。首先，我们考察了神经网络节点间权值是否可变的两种情况。在同样的刺激电流和神经网络参数条件下，图 3.9(a) 是不变权值网络的结果。由图可见，不变权值网络无法有效地检测

到微弱信号，外界刺激电流的有效信号淹没在噪声中。而由图 3.9(b)可见，在输入信号频率处，存在幅度较大的峰值，表明无标度变权值神经网络可以显著检测出输入信号，即无标度可变权值的网络比无标度不变权值的网络更容易发生随机共振现象。

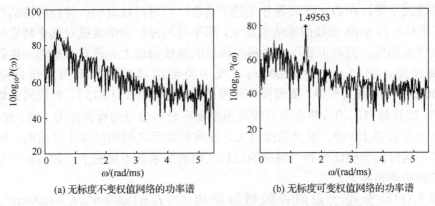

(a) 无标度不变权值网络的功率谱　　　　　　　(b) 无标度可变权值网络的功率谱

图 3.9　输出信号的功率谱 $P(\omega)$ 与输出角频率 ω 的关系曲线

$I_0 = 1\mu\mathrm{A}/\mathrm{cm}^2$，$I_1 = 1\mu\mathrm{A}/\mathrm{cm}^2$，$\omega_s = 1.5\mathrm{rad}/\mathrm{ms}$，$N = 500$，$D = 10$，$C = 0.5$

图 3.10 是无标度不变权值网络和无标度可变权值网络的 SNR 随噪声强度 D 变化的关系。从图 3.10 可以看到，无标度可变权值网络的 SNR 曲线随着噪声强度的增大快速增加到最大值，然后逐渐缓慢下降。其中在 $4 \leqslant D \leqslant 10$ 范围内，SNR 基本上变化不大。而无标度不变权值网络的 SNR 随着噪声强度增大出现强烈的振荡过程，当 $D \geqslant 15$ 时，信噪比曲线才出现缓慢减小。同时也可看到，无标度不变权值网络没有一个较稳定的信号检测区间，而且无标度可变权值网络的信噪比始终比无标度不变权值网络的信噪比大，这说明了无标度可变权值网络对微弱信号的检测能力要优于无标度不变权值网络。

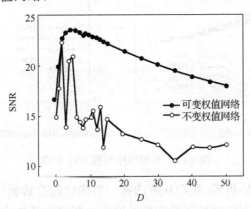

图 3.10　无标度可变权值网络与无标度不变权值网络的 SNR 随噪声强度 D 变化的对比结果

$I_0 = 1\mu\mathrm{A}/\mathrm{cm}^2$，$I_1 = 1\mu\mathrm{A}/\mathrm{cm}^2$，$\omega_s = 1.5\mathrm{rad}/\mathrm{ms}$，$N = 500$，$C = 0.5$

图 3.11(a)是一定网络结构下（$I_0 = 1\mu A/cm^2$，$I_1 = 1\mu A/cm^2$，$\omega_s = 1.5 rad/ms$），神经网络节点规模 N 取不同的值时，SNR 随噪声强度变化的关系，从该图中可以发现，随着噪声强度 D 的增大，不同神经网络规模下 SNR 迅速增大到各自的峰值，然后都缓慢下降，在 $D \geqslant 15$ 后各分支趋于重合。同时可以看出，神经网络的规模越大，其相对应的 SNR 曲线的峰值也越大，即不同的神经网络规模对某个特定的噪声出现最优检测值。但是也要注意到神经网络的规模的增大并没有带来相应的稳定噪声检测区间，例如，当 $N = 1000$ 时，噪声检测的稳定区间范围就比网络规模 $N = 1500, 2000$ 时要大得多。随着噪声强度的进一步增大（$D \geqslant 15$），神经网络规模失去效应，即神经网络的规模在面对较高强度噪声时对信号的检测能力下降。对于此，我们认为在式(3.13)中，噪声强度增大，导致神经元之间的联系十分微弱，即权值趋于零，这时的信噪比和神经网络的结构之间的关系就不紧密了，最后求平均值后得到的结果就相差无几了。

图 3.11(b)是在一定的神经网络结构下（$I_0 = 1\mu A/cm^2$，$I_1 = 1\mu A/cm^2$，$\omega_s = 1.5 rad/ms$），神经网络节点规模 N 取不同值时，SNR 随耦合强度 C 变化的关系。从该图可以看出，随着耦合强度 C 的增大，神经网络规模大的曲线基本上变化不大，如图中 $N = 500, 800$；而神经网络规模较小的曲线就会在某个值 C^* 后呈现下降的趋势，图中 $C > C^* = 0.2$，并且神经网络规模越小下降越厉害。可见耦合强度 C 和神经网络规模之间存在很密切的联系，当神经网络规模维持到一定大数目时，耦合强度 C 几乎对 SNR 没有影响。而如果神经网络规模偏小，则随着耦合强度增大，神经网络检测微弱信号能力呈现下降趋势。

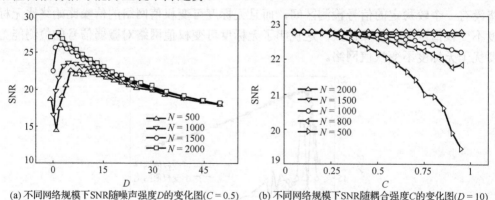

(a) 不同网络规模下 SNR 随噪声强度 D 的变化图（$C = 0.5$）　　(b) 不同网络规模下 SNR 随耦合强度 C 的变化图（$D = 10$）

图 3.11　不同网络规模下的 SNR

根据上面的数值分析后，我们从中选择一组优化组合数据作为神经网络的参数，并在该神经网络参数下研究可变权值神经网络对刺激电流中交流信号幅度变化的检测能力，如图 3.12 所示。从图中可以发现，在特定的参数下，随着交流信号幅度增大，SNR 首先在一定范围内维持不变（图中 $0 < I_1 < 0.25\mu A / cm^2$），然后单调增长，进而逐渐稳定在一个很广的范围内（$1\mu A / cm^2 < I_1 < 9\mu A / cm^2$），当 $I_1 > 9\mu A / cm^2$ 时出现极速下降，最后又恢复到一个稳定的小范围的值。该结果表明，即使对于一组优化的数据组合，首先注意到对于相对直流信号，较小的交流信号幅度和较大交流的信号幅度（$I_1 \in (0, 0.25) \bigcup (9.4, 10)$），非线性系统对它们的检测能力是最低的。其次是信号幅度增大的时候，非线性系统对信号的检测能力是稳定增强的。另外，也可以清楚地看到非线性系统存在一个对信号幅度较优稳定的检测区间。对于上述现象，说明该特定非线性系统的检测能力是有限度的，当外部刺激信号的特征发生改变的时候，引起随机共振效应的参数也是要随之改变，即最优的检测范围受到外部信号的制约。

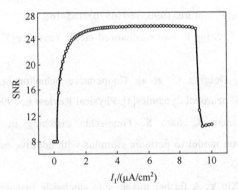

图 3.12　无标度可变权值网络的 SNR 随着交流刺激信号部分的变化

$I_0 = 1\mu A / cm^2$, $C = 0.5$, $D = 10$, $\omega_s = 1.5rad/ms$, $N = 1000$

通过上述的模拟结果显示，我们构造的无标度神经网络模型对含有噪声信号的电流刺激，能够做到有效地检测，这说明了无标度神经网络在合适的结构参数条件下，信号通过非线性系统时比较容易发生随机共振现象[35]。

3.4.3　小结

本节以 H-H 方程无标度神经网络为研究对象，研究了它的随机共振现象。数值结果表明：①可变权值的神经网络比不变权值的神经网络检测微弱信号的能力强。②对于特定网络结构参数，非线性系统对微弱信号存在一个较优的检测范围。③对于可变权值的神经网络，当耦合强度一定，噪声强度增大时，网络的规模对微弱信号的检测能力逐步趋于一致；当噪声强度一定时，网络的规模大到一定程度时对耦合强度的匹配范围达到最大。这些研究结果为在工程上应用随机共振进行微弱信号检测提供了有价值的参考。

参 考 文 献

[1] Benzi R, Sutera A, Vulpiani A. The mechanism of stochastic resonance[J]. Journal of Physics A, 1981, 14(11): 453-457.

[2] Longtin A. Stochastic resonance in neuron models[J]. Journal of Statistical Physics, 1993, 70(1/2):309-327.

[3] Wiesenfeld K, Pierson D, Pantazelou E, et al. Stochastic resonance on a circle[J]. Physical Review Letters, 1994, 72(14):2125-2129.

[4] Levin J E, Miller J P. Broadband neural encoding in the cricket cereal sensory system enhanced by stochastic resonance[J]. Nature, 1996, 380(6570):165-168.

[5] Collins J J, Imhoff T T, Grigg P. Noise-enhanced tactile sensation[J]. Nature, 1996, 383(6603): 770-772.

[6] Bulsara A, Elston T, Doering C, et al. Cooperative behavior in periodically driven noisy integrate-fire models of neuronal dynamics[J]. Physical Review E, 1996, 53(4):3958-3969.

[7] Shimokawa T, Pakdaman K, Sato S. Time-scale matching in the response of a leaky integrate-and-fire neuron model to periodic stimulus with additive noise[J]. Physical Review E, 1999, 59(3):3427-3443.

[8] Kang Y M, Xu J X, Xie Y. A further insight into stochastic resonance in an integrate-and-fire neuron with noisy periodic input[J]. Chaos, Solitons and Fractals, 2005, 25(1):165-170.

[9] Shimokawa T, Rogel A, Pakdaman K, et al. Stochastic resonance and spike-timing precision in an ensemble of leaky integrate and fire neuron models[J]. Physical Review E, 1999, 59(3):3461-3470.

[10] Lindner B, Schimansky-Geier L. Transmission of noise coded versus additive signals through a neuronal ensemble[J]. Physical Review Letters, 2001, 86(14):2934-2937.

[11] Liu Z, Lai Y C, Nachman A. Enhancement of noisy signals by stochastic resonance[J]. Physics Letters A, 2002, 297(1/2):75-80.

[12] Patel A, Kosko B. Stochastic resonance in noisy spiking retinal and sensory neuron models[J]. Neural Networks, 2005, 18(5/6):467-478.

[13] Collins J J, Chow C C, Imhoff T T. Stochastic resonance without tuning[J]. Nature, 1995, 376(6537):236-238.

[14] Stocks N G, Mannella R. Generic noise-enhanced coding in neuronal arrays[J]. Physical Review E, 2001, 64(3):030902.

[15] Lee S G, Kim S. Parameter dependence of stochastic resonance in the stochastic Hodgkin-Huxley neuron[J]. Physical Review E, 1999, 60(1):826-830.

[16] Lee S G, Kim S. Bona fide stochastic resonance and multimodality in the stochastic Hodgkin-Huxley neuron[J]. Physical Review E, 2005, 72(6):061906.

[17] Chik D T W, Wang Y, Wang Z D. Stochastic resonance in a Hodgkin-Huxley neuron in the absence of external noise[J]. Physical Review E, 2001, 64(2):021913.

[18] Hasegawa H. Stochastic resonance of ensemble neurons for transient spike trains: Wavelet analysis[J]. Physical Review E, 2002, 66(2):021902.

[19] Tanabe S, Sato S, Pakdaman K. Response of an ensemble of noisy neuron models to a single input[J]. Physical Review E, 1999, 60(6):7235-7238.

[20] Liu F, Hu B, Wang W. Effects of correlated and independent noise on signal processing in neuronal systems[J]. Physical Review E, 2001, 63(3):031907.

[21] Watts D J, Strogatz S H. Collective dynamics of "small-world" networks[J]. Nature, 1998, 393(6684):440-442.

[22] Lin M, Chen T L. Self-organized criticality in a simple model of neurons based on small-world networks[J]. Physical Review E, 2005, 71(1):016133.

[23] Lago-Fernández L F, Huerta R, Corbacho F, et al. Fast response and temporal coherent oscillations in small-world networks[J]. Physical Review Letters, 2000, 84(12):2758-2761.

[24] Yuan W J, Luo X S, Wang B H, et al. Excitation properties of the biological neurons with side-inhibition mechanism in small-world networks[J]. Chinese Physics Letters, 2006, 23(11):3115-3118.

[25] Wang Q Y, Lu Q S. Phase synchronization in small world chaotic neural networks[J]. Chinese Physics Letters, 2005, 22(6): 1329-1332.

[26] Kwon O, Moon H T. Coherence resonance in small-world networks of excitable cells[J]. Physics Letters A, 2002, 298(5/6):319-324.

[27] Simard D, Nadeau L, Kröger H. Fastest learning in small-world neural networks[J]. Physics Letters A, 2005, 336(1):8-15.

[28] Aguirre C, Corbacho F, Pascual P. Analysis of biologically inspired small-world networks[J]. Artificial Neural Networks, 2002, 2415: 27-32.

[29] Yuan W J, Luo X S,Yang R H. Stochastic resonance in neural systems with small-world connections[J]. Chinese Physics Letters, 2007, 24(3): 835-838.

[30] Shinomoto S, Sakai Y, Funahashi S. The Ornstein-Uhlenbeck process does not reproduce spiking statistics of neurons in prefrontal cortex[J]. Neural Computation, 1999, 11(4):935-951.

[31] 周小荣, 罗晓曙, 蒋品群, 等. 小世界神经网络的二次超谐波随机共振[J]. 物理学报, 2007, 56(10)：5679-5685.

[32] Barabási A L, Albert R. Emergence of scaling in random networks[J]. Science, 1999, 286：509-512.

[33] Hodgkin A L, Huxley A F. A quantitative description of membrane current and its application to conduction and excitation in nerve[J]. The Journal of Physiology, 1952, 117(4):500-544.

[34] Motter A E, Zhou C, Kurths J. Network synchronization, diffusion, and the paradox of heterogeneity[J]. Physical Review E, 2005, 71(1):016116.

[35] 吴雷.复杂生物神经网络的兴奋特性和随机共振研究[D]. 桂林：广西师范大学,2008.

第 4 章　复杂生物神经网络的相干共振

4.1　引　言

1993 年，物理学家胡岗等发现，在没有外界弱周期信号激励的情况下，非线性系统输出变得有序，显示出类似随机共振的行为，这种现象称为一致共振（又称相干共振，coherence resonance，CR）或自治随机共振（autonomous stochastic resonance，ASR）[1]。他们认为噪声在该系统中起两种作用，一方面它激发系统的相干运动，另一方面又在破坏它自己激发的相干运动，这两种作用的相互竞争，导致了共振现象的发生。实际的非线性系统，包括实际的神经元，不可能经常面临周期信号输入，因此，相干共振比随机共振更接近于自然状况而有更广泛的实际意义，受到更多的关注是理所当然的。Wang 等探讨了一个全局耦合 H-H 生物神经网络模型的时空特性，并发现了耦合强度可以增强一致共振现象[2]。Lago-Fernández 等研究发现，随机网络能快速反应，但无一致振荡；规则网络正好相反；而小世界网络既能快速反应，又有一致振荡[3]。Wang 等用 H-H 模型的一个简化版本 Morris-Lecar（ML）模型研究发现，网络的连接概率 p 为某一特殊值时，神经元发放最一致[4]；迄今为止，相干共振现象已在许多非线性系统中被人们发现，且部分已经被实验所证实[5]。

在含有噪声的耦合非线性系统中，存在某个最佳系统大小使得系统的输出达到最有序。这里我们说的系统大小指的是参与耦合的子系统的个数。许多生物神经网络模型，如 IF 模型[6]、FN 模型[7]和 H-H 模型[7-9]等，都被发现存在这种大小共振现象。需要说明的是，在非线性系统中还存在另外一种系统大小的概念——单个子系统的大小，如生物系统中的细胞的大小、膜区的面积等。而膜区的面积可以影响到内噪声的强度，因此，当考虑到内噪声对耦合 H-H 神经元系统的动力学影响的时候，系统中就可能同时存在两种物理量共振[8,9]：耦合神经元的数目和神经元的膜区的面积。

具有多个子系统的动力学系统的集群行为，也是一个非常值得探讨的课题[3,10,11]。其中一个非常重要的问题就是，在整个网络中，所有的元素之间是如何相互作用的。文献[12]研究了神经网络的耦合强度对系统输出序列一致性的影响。文献[13]的研究结果表明，生物神经网络中的长程连接有助于产生随机共振和时空一致等现象。Ellias 和 Grossberg 认为突触间存在着不同的相互作用，有些突触间存在兴奋性作用，而另一些突触间存在抑制性作用[14]，这就造成了不同突触间产生相互抑制或相互增强作用，这种作用与神经元间的距离和突触类型相关。这也表明任何两个神经元之间的耦合强度并不一定相同，神经元之间的耦合强度会随着它们之间距离的变化而有所区别[15]。

4.2　具有侧抑制机制的全局耦合连接的生物神经网络的相干共振

本节将考虑生物神经网络中的侧抑制机制，网络具有采用全局耦合的网络连接形式，研究了这种生物神经网络对一致共振和大小共振特性。

4.2.1　研究模型

这里以式(1.24)所示的 MHH 模型为基础，构建了全局耦合连接的生物神经网络模型，它可以描述为

$$C_{\mathrm{m}} \frac{\mathrm{d}V_i}{\mathrm{d}t} = I_{i(\mathrm{ion})} + I_{i(\mathrm{syn})} + I_{i(\mathrm{ext})} + \frac{C}{N-1} \sum_{j=1}^{N} W_{ij} a_{ij} V_j \tag{4.1}$$

$$\frac{\mathrm{d}m_i}{\mathrm{d}t} = \alpha_{m_i}(V_i)(1-m_i) - \beta_{m_i}(V_i) m_i \tag{4.2}$$

$$\frac{\mathrm{d}h_i}{\mathrm{d}t} = \alpha_{h_i}(V_i)(1-h_i) - \beta_{h_i}(V_i) h_i \tag{4.3}$$

$$\frac{\mathrm{d}n_i}{\mathrm{d}t} = \alpha_{n_i}(V_i)(1-n_i) - \beta_{n_i}(V_i) n_i \tag{4.4}$$

其中

$$I_{i(\mathrm{ion})} = -g_{\mathrm{Na}} m_i^3 h_i (V_i - V_{\mathrm{Na}}) - g_{\mathrm{K}} n_i^4 (V_i - V_{\mathrm{K}}) - g_{\mathrm{L}} (V_i - V_{\mathrm{L}}) \tag{4.5}$$

$$\tau_{\mathrm{c}} \frac{\mathrm{d}I_{i(\mathrm{syn})}}{\mathrm{d}t} = -I_{i(\mathrm{syn})} + \sqrt{2D} \xi_i \tag{4.6}$$

其中，$1 \leqslant i \leqslant N$，$N$ 表示神经元的总数；式(4.1)～式(4.6)中有关参数的物理意义和取值参见 1.6.1 节；$I_{i(\mathrm{ext})}$ 为输入神经元的总的外部电流，本节定义 $I_{i(\mathrm{ext})} = 0$；$\dfrac{C}{N-1} \sum\limits_{j=1}^{N} W_{ij} a_{ij} V_j$ 为复杂神经网络中的耦合项，C 为其耦合强度；$A = \mathrm{diag}\{a_1, a_2, \cdots, a_N\}$ 是网络的连接耦合矩阵，该连接矩阵元素 $a_{ij}(i \neq j)$ 满足，i 与 j 两个神经元有连接时，$a_{ij} = 1$，否则 $a_{ij} = 0$，$a_{ii} = -\sum\limits_{j=1; j \neq i}^{N} a_{ij}$，在该模型中，采用全局耦合的网络连接形式；$W_{ij}$ 是神经元 i 和 j 间的连接权重，表示神经元之间相互兴奋和相互抑制的功能。

由侧抑制机制可知，相邻神经元之间具有相互兴奋作用，而距离较远的神经元之间具有相互抑制作用[14,15]。为了方便从理论方面进行研究，我们假设神经元之间的所有连接按照距离分成两种，即长程连接和局域连接，当神经元之间的距离大于某一值时，连接强度 $W_{ij}=-\mu A$，否则，$W_{ij}=A$。因此，可引入侧抑制机制(式(4.7))来描述神经元之间的连接强度：

$$W_{ij}=\begin{cases} A, & j\in\varLambda_i \\ \mu A, & \text{其他} \end{cases} \tag{4.7}$$

其中，μ 是兴奋抑制比，且 $-1\leqslant\mu\leqslant1$；A 是兴奋强度；$-\mu A$ 表示抑制强度；$\varLambda_i$ 是第 i 个节点的局域连接。从网络功能的角度看，当 $\mu=0$ 时，网络相当于一个最近邻耦合网络，当 $\mu=-1.0$ 时，网络就是一个没有侧抑制机制的全局耦合网络。

为了定量地描述序列的有序度，我们定义统计量 R，它的定义如下[2,16]：

$$R_i=\frac{\langle T\rangle}{\sqrt{\text{var}(T)}}=\frac{\langle T\rangle}{\sqrt{\langle T^2\rangle-\langle T\rangle^2}} \tag{4.8}$$

其中，$\langle\cdot\rangle$ 表示取平均值，$\langle T\rangle=\lim_{M\to\infty}\sum(t_{i+1}-t_i)/M$，这里 t_i 是第 i 个脉冲发放的时间，M 是给定时间内脉冲的总数；$\text{var}(T)$ 表示方差；$\langle T^2\rangle=\lim_{M\to\infty}\sum(t_{i+1}-t_i)^2/M$。我们使用平均量 $\langle R\rangle=\dfrac{1}{N}\sum_{i=1}^{N}R_i$ 来描述整个网络发放电的有序特性，这里 R_i 是第 i 个神经元的一致行为。R 是峰峰间隔的标准差，在某种意义上可以被看作周期信号的信噪比。特别要指出的是，R 是被广泛应用于神经网络处理中衡量一致行为的变量系数的倒数[2,16,17]。

4.2.2　数值模拟结果及分析

本节将应用数值模拟方法来研究复杂生物神经网络模型(式(4.1)~式(4.6))的一致共振和系统大小共振特性。采用定步长四阶 RK 方法进行计算，其中时间步长为 0.01ms。我们将讨论侧抑制机制对神经元尖峰行为的影响，并讨论这种机制对一致共振和系统大小共振的影响。

首先展示系统大小共振的单调行为。图 4.1 为在不同兴奋强度和不同抑制比 μ 下，系统大小 N 对一致度参量 R 的影响。从图中可以观察到，图中在最佳系统大小处存在一个一致共振尖峰。并且，当神经元之间的兴奋强度很小($A=1.0$)的时候，抑制比 μ 对一致度 R 几乎没有影响，如图 4.1(a)所示。而当兴奋强度逐渐增大时，抑制比 μ 对一致度 R 的影响将会越来越明显，图 4.1(b)中兴奋强度 $A=5.0$，图 4.1(c)中兴奋强度 $A=10.0$。我们可以看出，图 4.1(c)中抑制比 μ 对一致度 R 的影响比较明显。图 4.1(d)为在不同兴奋强度 A 下，一致度 R 对系统大小 N 的变化，其中 $\mu=0.5$。

可以看出，在相同抑制比 μ 的条件下，兴奋强度 A 越大，一致度 R 也越大，即更有序，这一结果与文献[12]中的结果是一致的。但是，随着兴奋强度的增大，网络的有效发放大小会逐渐变小，如图 4.1(c) 所示，当神经元的个数 N 大于 300 的时候，网络已经完全处于静息状态了。这表明兴奋强度可以使网络更有序，但会限制网络的大小。

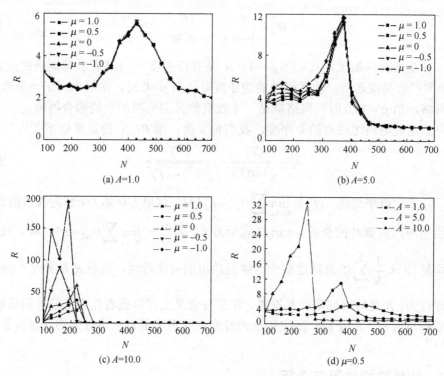

图 4.1　系统大小 N 对 R 的影响

噪声强度 D=30

　　接下来讨论网络中在不同的兴奋强度 A 和不同抑制比 μ 条件下的一致共振现象。由图 4.2 可以看出，存在一个最佳的噪声强度使 R 的值达到最大。同样，当兴奋强度很小 (A=1.0) 的时候，抑制比 μ 对一致度 R 几乎没有影响，如图 4.2(a) 所示。而当兴奋强度逐渐增大时，抑制比 μ 对一致度 R 的影响将会越来越明显，图 4.2(b) 中兴奋强度 A=5.0，图 4.2(c) 中兴奋强度 A=10.0，图 4.2(d) 中兴奋强度 A=15.0。我们可以看出，图 4.2(d) 中抑制比 μ 对一致度 R 的影响比较明显。还可以看出，在相同抑制比 μ 的条件下，兴奋强度 A 越大，一致度 R 也越大，即更有序，这一结果与文献[12]中的结果也是一致的。但是，随着兴奋强度的增大，网络的有效发放大小会逐渐变小，如图 4.1(c) 所示，当神经元的个数 N 大于 300 的时候，网络已经完全处于静息状态了。这表明兴奋强度可以使网络更有序，但会限制网络的大小。

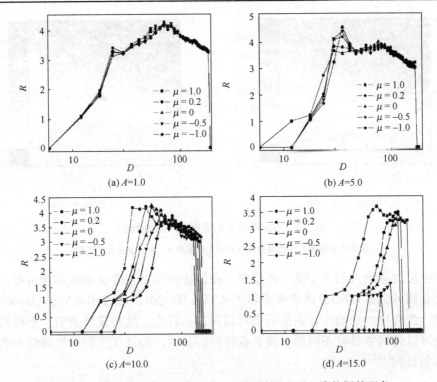

(a) A=1.0

(b) A=5.0

(c) A=10.0

(d) A=15.0

图 4.2　在不同的兴奋强度 A 和不同抑制比 μ 下一致共振的现象

网络的大小 N=100

前面分别讨论了兴奋强度 A 和抑制比 μ 对系统大小共振和一致共振的影响。下面，我们将综合考虑兴奋强度 A 和抑制比 μ 对网络发放有序度的影响。图 4.3 为 A-μ 平面上的峰序列一致相图，其中最黑的地方表示变量 R 最大的区域。由图 4.3（a）可以看出，当噪声强度较小时（D=20），不会出现最佳的一致有序"岛屿（island）"。

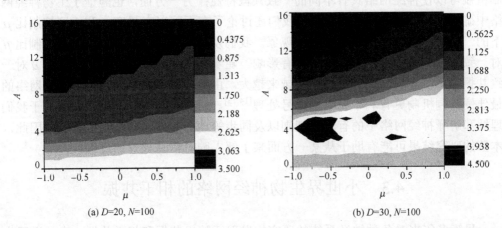

(a) D=20, N=100

(b) D=30, N=100

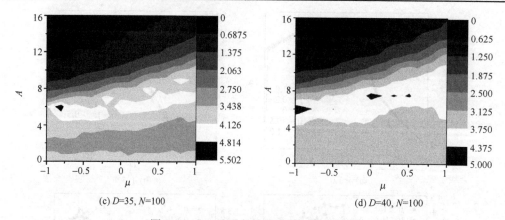

(c) $D=35, N=100$　　　　　　(d) $D=40, N=100$

图 4.3　A-μ 平面上的峰序列一致性相图

图中右边纵轴右下角最黑区域表明在该条件下，R 达到最佳一致性

当噪声强度逐渐增大到大于某一阈值时，在最佳的兴奋强度 A 和抑制比 μ 处，会出现一个如图 4.3 (c) ($D=35$) 或者多个如图 4.3 (b) ($D=30$)，以及图 4.3 (d) ($D=40$) 所示的最佳一致有序"岛屿"。由此我们可以得出：首先，这种现象表明，不同的侧抑制机制可以使网络具有不同的一致共振特性；其次，验证了生物神经网络中确实存在侧抑制机制[14,15]。

4.2.3　小结

在全局耦合的生物神经网络模型中，本节考虑了生物神经网络中存在的侧抑制机制，然后研究了这种机制对耦合生物神经网络发放电有序性的影响。研究发现，当兴奋强度 A 和抑制比 μ 达到最佳值时，系统的发放序列最有规律。但是这种最有序的一致行为，在噪声强度较弱时没有被发现。这种现象一方面表明，不同的侧抑制机制可以使神经网络具有不同的一致共振特性；另一方面，也验证了生物神经网络中确实存在侧抑制机制。另外，我们还讨论了在不同兴奋强度 A 和不同抑制比 μ 下的一致共振现象和系统大小共振现象。我们发现，当兴奋强度较小时，抑制比 μ 对一致共振和系统大小共振几乎没有影响。随着兴奋强度逐渐增大，抑制比 μ 对一致共振和系统大小共振的影响也将越来越大。由此，我们可以推断生物神经网络的最佳侧抑制机制更有利于网络的信号处理[14,15]。研究神经系统的相干共振对于我们理解和解释神经网络中的有序、规则以及同步等动力学行为具有重要意义。因此，本节的研究结果可能有助于从某一方面来了解人脑对信息处理的过程。

4.3　小世界生物神经网络的相干共振

尽管多年来对各种神经系统的研究均发现了随机共振和相干共振，也知道了生物体是利用噪声来准确感知外部环境信息的。但在以往的研究中，人们并没有仔细考虑神经系统模型中各神经元之间连接是否和真实的情况相一致。研究所用的神经模型要么是单个神经元，要么是全局或部分耦合的神经系统等，而目前许多研究结果已表明[3,18-23]：人脑真实的生物神经网络系统是小世界网络结构，因此本节仍然采用神经元电位变化的经典 H-H 模型作为网络节点的动力学方程，采用 Newman 和 Watts(NW)提出的小世界网络[24]构造方法，构造了小世界连接的人工生物神经网络，然后研究这个网络的相干共振行为，并试图给出基本的理论解释。该网络的构造步骤如下。

(1)从具有 N 个节点(即 N 个神经元)的环行网络开始，其中每一节点都与它初始的 K 个最近邻节点相连(在每一边有 $K/2$ 个，K 为偶数)。

(2)以概率 p 在没有边的节点对之间添加一条边。当 $p=0$ 时，NW 小世界网络退化为最近邻耦合网络，当 $p=1$ 时，它就变成一个全局耦合网络。当 p 足够小而 N 足够大时，NW 模型与 WS 模型是等价的。因为 NW 小世界网络总是连通的，而 WS 小世界网络则有可能不连通，所以，NW 小世界网络比 WS 小世界网络更易于进行理论分析。

4.3.1 研究模型和相干共振度量系数

以式(1.24)的 MHH 模型为基础,构造的复杂神经网络模型如式(4.9)～式(4.12)所示：

$$C_{\mathrm{m}}\frac{\mathrm{d}V_i}{\mathrm{d}t} = I_{i(\mathrm{ion})} + I_{i(\mathrm{syn})} + I_{i(\mathrm{ext})} + \frac{C}{N}\sum_{j=1}^{N}a_{ij}V_j \tag{4.9}$$

$$\frac{\mathrm{d}m_i}{\mathrm{d}t} = \alpha_{m_i}(V_i)(1-m_i) - \beta_{m_i}(V_i)m_i \tag{4.10}$$

$$\frac{\mathrm{d}h_i}{\mathrm{d}t} = \alpha_{h_i}(V_i)(1-h_i) - \beta_{h_i}(V_i)h_i \tag{4.11}$$

$$\frac{\mathrm{d}n_i}{\mathrm{d}t} = \alpha_{n_i}(V_i)(1-n_i) - \beta_{n_i}(V_i)n_i \tag{4.12}$$

其中，$i=1, 2,\cdots,N$。

式(4.9)～式(4.12)中有关参数的物理意义与取值参见 1.6.1 节,有关参数的选取与文献[25]、[26]相同，外加刺激电流 $I_{i\,(\mathrm{ext})}=6.2\mathrm{mA}$。

式(4.9)等号右边的最后一项 $\frac{C}{N}\sum_{j=1}^{N}a_{ij}V_j$ 为耦合项，C 为耦合强度，a_{ij} 为复杂网络的耦合矩阵元素：当神经元 i 与 j 相连时 $a_{ij}=1$；否则 $a_{ij}=0$ $(i\neq j)$，且 $a_{ii}=-\sum_{j=1;j\neq i}^{N}a_{ij}$。

　　为了定量地描述神经元输出有序的程度，参照文献[27]的做法，引入峰峰间隔的标准差与平均值的比值 cv 作为衡量峰序列有序度的标准，称为相干共振系数。cv 的具体形式如下：

$$cv = \frac{\sqrt{\langle T^2 \rangle - \langle T \rangle^2}}{\langle T \rangle} = \frac{\sqrt{\mathrm{var}(T)}}{\langle T \rangle} \tag{4.13}$$

其中，$\langle \cdot \rangle$ 表示取平均值；$\langle T \rangle = \lim_{M \to \infty} \sum (t_{i+1} - t_i)/M$，这里 t_i 是第 i 个脉冲发放的时间，M 是给定时间内脉冲的总数；$\mathrm{var}(T)$ 表示方差；$\langle T^2 \rangle = \lim_{M \to \infty} \sum (t_{i+1} - t_i)^2/M$。对于泊松序列，cv 趋近于 1。若 cv<1，cv 值越小则说明序列越有规律，对于周期性确定序列，cv=0。

4.3.2　数值模拟结果及分析

　　图 4.4(a)～(d)分别是某一神经元在噪声强度 D=13,20,120,220 时的输出电压图。从峰序列分布的角度看，当噪声强度较小(D=13)时，峰电位基本上是随机分

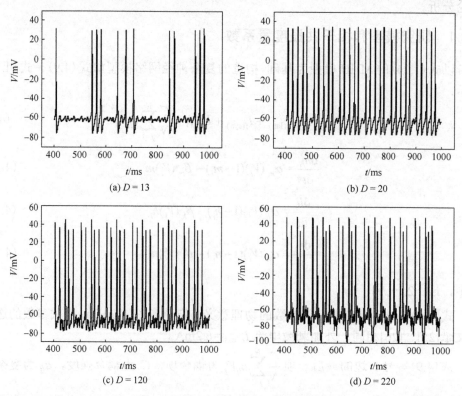

(a) $D = 13$　　　　　　　　　　　　　　　　(b) $D = 20$

(c) $D = 120$　　　　　　　　　　　　　　　　(d) $D = 220$

图 4.4　在不同噪声情况下的峰序列

各图均取 p=0.01，C=0.01，N=100，K=4

布的(图 4.4(a)),而当强度过大(D=120,220)时,噪声在变量中所占的比例过大,导致峰电位趋向于不规则分布(图 4.4(c)和(d))。只有当强度适中(D=20)时,峰电位分布才变得基本均匀(图 4.4(b))。

图 4.5 是相干共振系数 cv 随噪声强度 D 的变化曲线。从图 4.5(a)和(b)中可看出 NW 小世界网络加边概率 p 以及外加直流 I 对相干共振系数 cv 影响均微弱;此外,明显看到在某个噪声强度时,相干共振系数 cv 有最小值,即系统产生了相干共振。所以 H-H 小世界神经网络在噪声存在的情况下,系统能够达到一种较有序的状态,即系统可以产生相干共振。

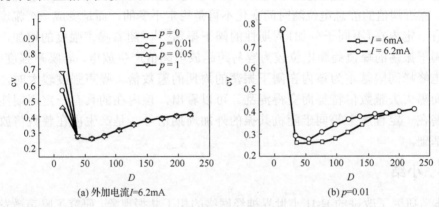

(a) 外加电流 I=6.2mA

(b) p=0.01

图 4.5　相干共振系数 cv 随噪声强度 D 的变化曲线(C=0.01)

图 4.6(a)研究的是噪声强度 D 取不同值时,相干共振系数 cv 随网络规模 N(神经元个数)的变化曲线。从图中可以看出,随网络规模 N 的变化,相干共振系数 cv 的极小值不是一个,而是多个。表明相干共振可发生在神经元集群数目特定的不同规模的神经网络中。

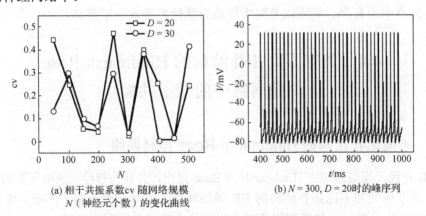

(a) 相干共振系数 cv 随网络规模
N(神经元个数)的变化曲线

(b) N=300,D=20 时的峰序列

图 4.6　相干共振系数 cv 与峰序列随网络参数的变化曲线图

p=0.01,C=0.01,I=6.2mA

图 4.6(b) 是对应图 4.6(a) 中神经网络规模 $N=300$，噪声强度 $D=20$ 时的输出峰序列。该输出峰序列与图 4.4(b) 的峰序列 ($N=100$, $D=20$) 相比，变得更加有序。在其他条件均相同，只是神经网络规模由 $N=100$ 变到 $N=300$ 时，相干共振系数则由 cv=0.24078 变到 cv=0.04477，cv 值越小序列越有规律（即越有序），从中也说明相干共振系数 cv 确实能很好地刻画神经元输出有序的程度。

上述神经网络产生相干共振现象的原因是：神经元是一个阈值系统，膜电位若超过阈值，则发生放电；低于阈值，则不放电。对于完全确定性的静息的神经元，其静息电位随时间变化是稳定不变的。由于静息电位的非线性特性，在弱噪声的作用下，靠近阈值的静息电位随时间变化不再是稳定不变的，而是变成一个幅度较小的具有一定内在（不同于外加）周期性的阈下振荡[22]。随着噪声强度的增加，在该内在阈下振荡的峰值处膜电位较为容易跨越放电阈值产生放电。若噪声强度中等，则放电峰峰间隔基本为该内在阈下振荡的周期的整数倍。噪声强度较大时，放电峰峰间隔失去整数倍特征而变得混乱。可以看出，该内在的具有一定周期性的阈下振荡在一定程度上等同于随机共振的外加周期信号，是产生内在整数倍放电节律的基础。

4.3.3　小结

本节研究了改进的 H-H 小世界神经网络的相干共振现象，研究了噪声激发峰序列的有序度与噪声强度的关系，并发现当噪声强度取某一有限值时，峰序列有序度可以达到最佳，即产生相干共振现象。此外还研究了这种有序度与网络规模 N 的关系，我们发现：随着网络规模 N 的变化，相干共振系数 cv 的极小值不是一个，而是多个[28]。表明相干共振可发生在神经元集群数目特定的不同规模的网络中。本节的研究结果对认识人脑的学习和记忆功能有一定的参考价值，且对于我们理解和解释神经网络中的有序、规则以及同步等动力学行为具有一定意义。

4.4　具有不同拓扑结构的 Hindmarsh-Rose 神经网络中的相干共振

4.4.1　不同拓扑结构的 Hindmarsh-Rose 神经网络

HR 神经元模型最初由 Hindmarsh 和 Rose 提出，并作为神经元放电行为的数学表示[29]。本节研究的不同拓扑结构的 HR 神经网络，是将一个不相干的噪声添加到每个原始的 HR 神经元，神经网络模型由以下耦合常微分方程来描述：

$$\begin{cases} \dot{x} = y_i - ax_i^3 + bx_i^2 - z_i + I_{0i} + \dfrac{C}{N}\sum_{j=1}^{N} a_{ij}(x_i - x_j) + \xi_i(t) \\[2mm] \dot{y}_i = c - dx_i^2 - y_i \\[2mm] \dot{z}_i = r[S(x_i - x_0) - z_i] \end{cases}, \qquad i = 1,2,\cdots,N \qquad (4.14)$$

其中，x，y 和 z 坐标分别代表膜电位、快速电流和慢速电流。上述方程中的有关参数取：$a = 1.0$，$b = 3.0$，$c = 1.0$，$d = 5.0$，$r = 0.006$，$S = 4.0$，并且 $x_0 = -1.56^{[29]}$。$\xi(t)$ 是具有统计特性 $\langle \xi_i(t) \rangle = 0$ 和 $\langle \xi_i(t)\xi_j(t') \rangle = D\delta_{ij}\delta(t - t')$ 的高斯白噪声，其中 D 是噪声强度。参数 I_{0i} 表示施加到第 i 个神经元的外部电流的幅度，并确定频率以及神经元的动态区域的类型（周期性、爆发性和/或混乱性）。$I_{0i} \in [2.4, 3.1]$ 随机生成，确保神经网络中的每个 HR 神经元有不相同的属性。$\dfrac{C}{N}\sum_{j=1}^{N} a_{ij}(x_i - x_j)$ 是神经网络的耦合项，其中 C 是耦合强度，矩阵 (a_{ij}) 构成了神经网络的连接拓扑：如果神经元 i 和 j 之间存在连接，则 $a_{ij} = a_{ji} = 1$；否则 $a_{ij} = a_{ji} = 0$。此外，对于所有 i，$a_{ii} = 0$。在该 HR 神经网络模型中，我们对三种不同连接模式，即规则网络连接、WS 网络连接和随机网络连接都进行了研究验证，其中 WS 网络连接见参考文献[19]。在这个 WS 模型中，规则网是具有 $N = 800$ 个神经元，且 $K = 6$ 的环形最近邻耦合网络，按系列方式形成 WS 网络。

（1）从规则图开始：考虑一个含有 N 个点的最近邻耦合网络，它们围成一个环，其中每个节点都与它左右相邻的各 $K/2$ 节点相连，K 是偶数。

（2）随机化重连：以概率 p 随机地重新连接网络中的每个边，即将边的一个端点保持不变，而另一个端点取为网络中随机选择的一个节点。其中规定，任意两个不同的节点之间至多只有一条边并且每一个节点都不能有边与自身相连。对于 $p = 0$，它退化到最初的最近邻耦合网络，即规则网络；对于 $p = 1$，则对应于完全随机网络；对于 $0 < p \leqslant 1$，它是 WS 网络。可以通过改变概率 p 来控制网络拓扑以连续的方式将拓扑上规则的网络转换为随机网络。为了方便研究以下不同类型拓扑的神经网络的集体行为，我们采用其平均膜电位 $x_{(\text{cout})}(t) = \dfrac{1}{N}\sum_{i=1}^{N} x_i(t)$ 作为整个神经网络的信号输出。

4.4.2　数值模拟结果及分析

我们使用四阶 RK 方法对随机微分方程(4.14)进行数值积分，时间步长为 $\Delta t = 0.01$，这足以满足大多数的数值模拟，获得了以下结果，分别如图 4.7～图 4.9 所示。

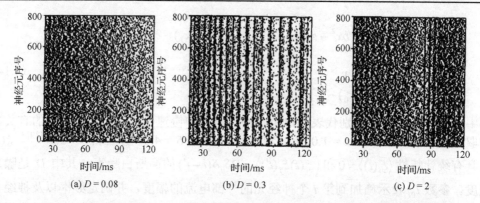

图 4.7　*p*=0,*C*=0.3 和 *N* = 800 时不同噪声强度的规则神经网络的发放时空斑图

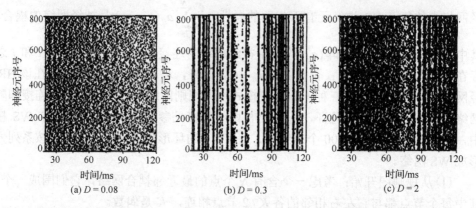

图 4.8　当 *p* = 0.07 和 *C*= 0.3 时不同噪声强度的 SW 神经网络的发放时空斑图

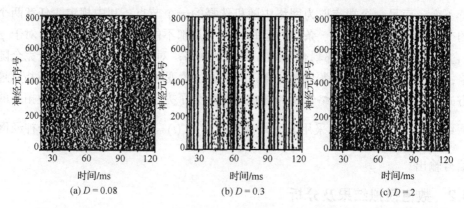

图 4.9　当 *p* = 1 和 *C* = 0.3 时在不同噪声强度下随机神经网络发放时空斑图

图 4.7～图 4.9 显示了具有三种不同网络拓扑结构的 HR 神经网络的放电行为，即规则网络、SW 网络和随机网络在不同概率 *p* 和噪声强度 *D* 的放电行为。在规则

网络中，神经元输出显示零星和无序行为如图 4.7(a)所示，在弱噪声强度情况下没有任何时空规律。

当噪声强度增加时，可以观察到同步，如图 4.7(b)所示。注意，这种时空顺序是通过在没有外部周期性强迫的情况下增加独立局部噪声的强度来实现的。当噪声强度进一步增加时，各个神经元导致同步破坏，出现不规则放电行为，但是，放电事件变得更频繁，如图 4.7(c)所示。随着概率 p 逐渐增加到 1，这种趋势持续存在，随着 p 增加，激发的同步性越来越强，细节显示在图 4.8和图 4.9 中。

为了量化系统的相干性，我们使用了相干性度量 β，定义如下：

$$\beta = H \frac{f_p}{\Delta f} \qquad (4.15)$$

其中，H 是频谱峰值在 f_p 处的高度；Δf 是峰的半宽。不同噪声强度 D、耦合强度 C 和连接概率 p 的相干性如图 4.10 所示，从图中可以看到，β 在具有三种不同网络拓扑的 HR 神经网络中的曲线是钟形，可以分成三个区域：上升区域、顶部区域和下降区域。在上升区域，通过增加噪声强度 D，可以迅速地增强神经网络的 β。随着 D 的增加，β 逐渐达到顶部地区的饱和度。当噪声强度 D 进一步增加时，出现下降区域。比较图 4.10(a)～(c)，我们发现，当耦合强度小（$C = 0.1$）时，p 对 β 的影响很小，很难将 β 曲线表征为 p 的函数；当耦合强度增加（0.1～0.7）时，曲线的顶部平台区域变宽，并且 β 的最大值变得更大。此外，可以清楚地看到最低峰和最高峰出现，分别对应于概率 $p = 0$ 和 $p = 1$，即当耦合强度增加时，对于变量 p 值，β 曲线更加可区分。它表明随着耦合强度的增加，神经网络拓扑变得更为重要。

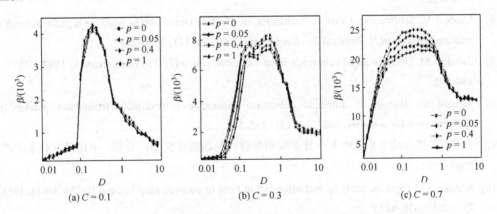

图 4.10　不同网络拓扑结构的相干性与噪声强度的关系

4.4.3　小结

在本节中，我们研究了噪声对 HR 神经网络中三种不同拓扑结构的相干共振的建设性影响，重点关注这些现象与网络拓扑和耦合系统参数的依赖性[30]。发现加性噪声可以在 HR 神经网络中诱导相干共振，并且通过适当的噪声强度优化其相干性。还发现，随着耦合强度的增加，相干曲线度量中的平台变得更宽，并且网络拓扑的影响更加明显。此外，发现噪声强度增加时，可以出现放电活动的时空同步，而且在特定的噪声强度下，时空同步可以达到最佳化。最后，我们发现对于固定的噪声水平中间值，噪声诱导的同步随着概率 p 的增加而增强。

参 考 文 献

[1]　Hu G, Ditzinger T, Ning C Z, et al. Stochastic resonance without external periodic force[J]. Physical Review Letters, 1993, 71(6): 807-810.

[2]　Wang Y, Chik D T W, Wang Z D. Coherence resonance and noise-induced synchronization in globally coupled Hodgkin-Huxley neurons[J]. Physical Review E, 2000, 61(1): 740-746.

[3]　Lago-Fernández L F, Huerta R, Corbacho F, et al. Fast response and temporal coherent oscillations in small-world networks[J]. Physical Review Letters, 2000, 84(12): 2758-2761.

[4]　Wang M S, Hou Z H, Xin H W. Synchronization and coherence resonance in chaotic neural networks[J]. Chinese Physics, 2006, 15(11): 2553-2557.

[5]　Jiang Y J, Zhong S, Xin H W. Experimental observation of internal signal stochastic resonance in the Belousov-Zhabotinsky reaction[J]. The Journal of Physical Chemistry A, 2000, 104(37): 8521-8523.

[6]　Lindner B, Schimansky-Geier L. Transmission of noise coded versus additive signals through a neuronal ensemble[J]. Physical Review Letters, 2001, 86(14): 2934-2937.

[7]　Casado J M. Noise-induced coherence in an excitable system[J]. Physics Letters A, 1997, 235(5): 489-492.

[8]　Schmid G, Hänggi P. Intrinsic coherence resonance in excitable membrane patches[J]. Mathematical Biosciences, 2007, 207(2): 235-245.

[9]　汪茂胜. 耦合动力系统中若干复杂性和非线性问题的研究[D]. 合肥: 中国科学技术大学, 2007.

[10]　Kaneko K. Lyapunov analysis and information flow in coupled map lattices[J]. Physics D, 1986, 23(1/2/3): 436-447.

[11]　Hansel D, Sompolinsky H. Synchronization and computation in a chaotic neural network[J]. Physical Review Letters, 1992, 68(5): 718-721.

[12] Wang M S, Hou Z H, Xin H W. Optimal network size for Hodgkin-Huxley neurons[J]. Physics Letters A, 2005, 334 (2/3): 93-97.

[13] Gao Z, Hu B, Hu G. Stochastic resonance of small-world networks[J]. Physical Review E, 2001, 65 (1): 016209.

[14] Ellias S A, Grossberg S. Pattern formation, contrast control, and oscillations in the short term memory of shunting on-center off-surround networks[J]. Biological Cybernetics, 1975, 20 (2): 69-98.

[15] Blakemore C, Carpenter R H S, Georgeson M A. Lateral inhibition between orientation detectors in human visual system[J]. Nature, 1970, 228 (5266): 37-39.

[16] Zhou C, Kurths J, Hu B. Array-enhanced coherence resonance: Nontrivial effects of heterogeneity and spatial independence of noise[J]. Physical Review Letters, 2001, 87 (9): 098101.

[17] Softky W, Koch C. The highly irregular firing of cortical cells is inconsistent with temporal integration of random EPSPs[J]. Journal of Neuroscience, 1993, 13 (1): 334-350.

[18] Kwon O, Moon H T. Coherence resonance in small-world networks of excitable cells[J]. Physics Letters A, 2002, 298 (5/6): 319-324.

[19] Watts D J, Strogatz S H. Collective dynamics of "small-world" networks[J]. Nature, 1998, 393 (6684): 440-442.

[20] Lin M, Chen T L. Self-organized criticality in a simple model of neurons based on small-world networks[J]. Physical Review E, 2005, 71 (1): 016133.

[21] Wang Q Y, Lu Q S. Phase synchronization in small world chaotic neural networks[J]. Chinese Physics Letters, 2005, 22 (6): 1329-1332.

[22] Simard D, Nadeau L, Kröger H. Fastest learning in small-world neural networks[J]. Physics Letters A, 2005, 336 (1): 8-15.

[23] Aguirre C, Huerta R, Corbacho F, et al. Analysis of biologically inspired small-world networks[J]. Artificial Neural Networks, 2002, 2415: 27-32.

[24] Newman M E J, Watts D J. Scaling and percolation in the small-world network model[J]. Physical Review E, 1999, 60 (6): 7332-7342.

[25] Bazso F, Zalányi L, Csárdi G. Channel noise in Hodgkin-Huxley model neurons[J]. Physics Letters A, 2003, 311 (1): 13-20.

[26] Casado J M. Synchronization of two Hodgkin-Huxley neurons due to internal noise[J]. Physics Letters A, 2003, 310 (5/6): 400-406.

[27] 宋杨, 赵同军, 刘金伟, 等. 高斯白噪声对神经元二维映射模型动力学的影响[J]. 物理学报, 2006, 55: 4020-4025.

[28] 周小荣, 罗晓曙. 小世界生物神经网络的相干共振研究[J]. 物理学报, 2008, 57(5): 2849-2853.

[29] Hindmarsh J L, Rose R M. A model of neuronal bursting using three coupled first order differential equations[J]. Proceedings of the Royal Society B: Biological Sciences, 1984, 221(1222): 87-102.

[30] Wei D Q, Luo X S. Coherence resonance and noise-induced synchronization in Hindmarsh-Rose neural network with different topologies[J]. Communications in Theoretical Physics, 2007, 48(4): 759-762.

第 5 章　复杂生物神经网络的同步

5.1　引　言

同步现象在自然界中是司空见惯的现象，早在 17 世纪惠更斯(Huygens)就实现了两个钟摆的完全同步振荡[1]；1680 年，荷兰旅行家肯普弗(Kempfer)发现了萤火虫同步发光现象和观众掌声的同步现象[2]；心肌细胞和大脑神经放电的同步现象[3]等。从此科学工作者对力学、电学、光学、化学及生物学等众多学科领域中的同步问题进行了广泛而深入的研究。20 世纪 90 年代开始，同步现象的研究又扩展到混沌动力学系统，美国海军研究实验室的佩考拉(Pecora)和卡罗尔(Carroll)首次提出一种称为驱动-响应的混沌同步方案并在电子线路上首次观察到混沌同步的现象[4]后，混沌同步的研究受到重视并成为近年来非线性科学中一个重要的课题和研究热点。Pecora 和 Carroll 在混沌同步方面的开创性工作，极大地推动了混沌同步的理论研究，拉开了研究混沌同步的序幕。在随后的 20 余年时间里，混沌同步的方法不断涌现，其应用领域也从物理学迅速扩大到化学、生物学、力学、脑科学、电子学、信息科学、保密通信等领域，一些发达国家的科研和军事部门投入了大量人力物力开展混沌同步的理论和实验研究。例如，美国麻省理工学院、华盛顿州立大学、马里兰大学等，美国陆军实验室和海军研究实验室也积极参与竞争，并投入了大量的研究经费，以期望研制出高度保密的混沌通信系统，来满足现代化战争对军事通信技术的要求。

但同步现象有时也可能有害，例如，Internet 上路由器的同步会引发网络交通堵塞，脑神经同步化放电产生大幅度脑电波，使癫痫病发作。因此，讨论同步现象及其作用具有非常重要的应用价值。

所谓同步，是指两个或两个以上随时间变化的量在变化过程中保持一定的相对关系。目前对同步的定义主要有三种：全同步、相同步和广义同步[5,6]。

全同步：两个或多个全同的子系统在不同的初始条件下独立演化，外力或噪声或子系统之间的相互作用使得系统状态趋于一致，这种同步是讨论最早、研究最多的一种同步。

相同步：系统的相空间出现稳定极限环，可用相位和幅度来描述，但由于外力作用，极限环失稳。若外力极小(弱耦合情况下)，则可将其定义为原来的极限环系统加小微扰。相同步具有自治的连续时间系统的特性，不会在离散时间系统或周期驱动模型中出现。

广义同步：混沌系统发出的信号驱动另一个与其不同的系统，两系统的状态满足一定的函数关系。对于一个由大量个体构成的系统，为了研究其个体的关联行为及其演化，耦合振子模型被广泛地采用，这是因为在外部微扰下自治而稳定的弱耦合振子系统与生物系统中经常观测到的带阻尼非线性驱动振子具有非常相似的行为，从而可用一个固定振幅的极限环在微扰下的运动来描述高维相空间的一个点。

对于一个由大量个体构成的系统，为了研究其个体的关联行为及其动力学行为演化，通常采用耦合振子模型。生物神经网络中的同步振荡问题实质上是一个非线性振子之间的耦合和相位锁定问题。

在生命系统中，同步化常常是正常功能所必需的，被认为是记忆的基础，如大脑不同区域间建立通信，而反常同步化可以导致严重的无序，如癫痫和帕金森等退行性神经系统疾病，癫痫发作的重要特征是可兴奋神经元的同步放电。神经元的同步行为对其信息处理过程中的信号编码和转换也是非常重要的[7]。因此，相互耦合的神经元是如何实现发放电同步的问题是一个在理论和实验上都被关注的重要课题[8,9]。

有研究发现，在哺乳动物感知过程中的视觉皮层[10]和人类处于梦幻状态的大脑皮层[11]中存在着同步振荡活动。更有趣的是，许多表现出同步振荡行为的神经区域中发现有抑制功能的神经元[12,13]，一些生物实验和数值模拟结果也表明神经元之间相互抑制和相互兴奋的连接已经成为产生同步现象的关键因素[14,15]。第2章的结果也表明生物神经网络之间的连接权值对网络的兴奋具有抑制和加强的作用。同时，在不同的耦合神经网络中各种因素引起的同步现象也被广泛讨论[16,17]，如文献[18]讨论了全局耦合网络噪声引起的同步。这种全局耦合网络是高度聚类的且平均距离很长，而已有的研究发现很多生物神经网络在各个神经元之间都具有明显的聚类现象和相对短的路径长度[19,20]，也就是说很多生物神经网络都是小世界网络[21,22]。

5.2　变权小世界生物神经网络的最优同步

以上已有的研究都没有考虑到生物神经网络中连接权的动态变化。Kohonen 认为大脑神经元的有关参数在神经网络受外部输入刺激而识别事物的过程中会产生变化，在生物神经网络中就表现为神经元的连接强度的变化。因此真实生物神经网络中神经元间的连接强度是不相同的，并且生物神经元间的连接强度在细胞的发育生长和学习、记忆等活动中是随时间变化的[23-26]。本节采用修正的 Oja's 学习规则[23]改变神经元之间的连接权值，把反映神经元放电的 H-H 动力学方程作为节点构造了一个变权小世界连接的生物神经网络模型。并引入标准差来度量同步状态。研究结果表明，当学习速率在一定范围内改变的时候，存在一个最佳的同步状态。这些分析结果将通过数值模拟的方法来证明。

5.2.1　模型描述及权值变化规则

著名的 H-H 方程是定量描述枪乌贼巨轴突中动作电位发放的数学模型，也是一个与实际动作电位发放最接近的生物模型。本节采用的 H-H 神经网络模型，可用下列方程描述：

$$
\begin{cases}
C_{\mathrm{m}}\dfrac{\mathrm{d}V_i}{\mathrm{d}t} = -g_{\mathrm{Na}}m_i^3 h_i (V_i - V_{\mathrm{Na}}) - g_{\mathrm{K}} n_i^4 (V_i - V_{\mathrm{K}}) - g_{\mathrm{L}}(V_i - V_{\mathrm{L}}) + I_{i(\mathrm{ext})} + \dfrac{C}{N}\sum_{j=1}^{N} W_{ij} a_{ij} V_j \\[2mm]
\dfrac{\mathrm{d}m_i}{\mathrm{d}t} = \alpha_{m_i}(V_i)(1-m_i) - \beta_{m_i}(V_i)m_i \\[2mm]
\dfrac{\mathrm{d}h_i}{\mathrm{d}t} = \alpha_{h_i}(V_i)(1-h_i) - \beta_{h_i}(V_i)h_i \\[2mm]
\dfrac{\mathrm{d}n_i}{\mathrm{d}t} = \alpha_{n_i}(V_i)(1-n_i) - \beta_{n_i}(V_i)n_i \\[2mm]
W_{ij}(t) = W_{ij}(t-1) + \nabla W_{ij}
\end{cases}
$$

$$(5.1)$$

其中，$1 \leqslant i \leqslant N$，$N$ 表示神经元的总数，这里取 $N=400$；C 为耦合强度，这里取 $C=1.0$；其他有关参数的物理意义和取值参见 1.6.1 节。在式(5.1)中，网络的耦合方式与 2.6 节中小世界网络耦合方式相同，其权值变化规则与 2.6 节的权值变化规则也是一样的。

5.2.2　数值模拟结果及分析

本节将用数值模拟方法来研究小世界生物神经网络模型(5.1)的权值变化对其同步的影响[27]，采用定步长四阶 RK 方法对模型(5.1)进行计算，其中时间步长为 0.01ms。

在图 5.1 中，我们给出了神经网络模型(5.1)在不同学习系数下的同步图和脉冲发放率(即某一时刻膜兴奋电位都是尖峰值的神经元占神经元总数的比例)直方图。由图可以看出，当学习系数 η 为零即神经元之间的连接权为一固定值时，生物神经网络处于混沌状态或者不完全同步状态。由于不同步，下面的脉冲发放率直方图也表现出连续的波动状态；当学习系数 $\eta = 0.4$ 时，线条状的同步图表明生物神经网络处于完全同步状态。这种同步是由网络中反馈机制产生适当的耦合强度引起的[18]，在图 5.1(b)中下面线条状的脉冲发放率直方图中也可以观察到。当学习系数继续增大时，同步状态又会逐渐消失，图 5.1(c)显示了当学习系数 $\eta = 3.5$ 时，神经网络的发放斑图。我们可以发现图 5.1(c)中神经元的尖峰发放又出现了无规则的现象，且脉冲发放率直方图又表现出连续的波动状态。另外我们可以看出，学习系数 $\eta = 3.5$

时的脉冲发放率比 $\eta=0$ 和 $\eta=0.4$ 时都要小，这表明，随着学习系数的增大，耦合电流将变得很大从而抑制了神经元的发放电[28]。

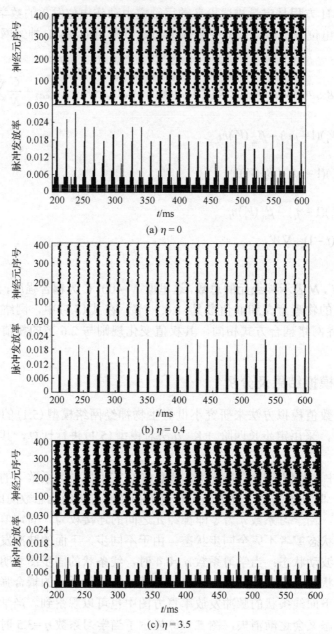

(a) $\eta=0$

(b) $\eta=0.4$

(c) $\eta=3.5$

图 5.1　不同学习系数下的时空同步图和网络脉冲发放率直方图

为了定量地描述这种同步行为，我们引入了标准差 σ 来衡量空间同步的程度，σ 定义如下[29]:

$$\sigma = \frac{1}{t_2 - t_1} \int_{t_1}^{t_2} \sigma(t)\mathrm{d}t \tag{5.2}$$

其中

$$\sigma(t) = \sqrt{\frac{\sqrt{\frac{1}{N}\sum_{i=1}^{N}V_i^2(t) - \left(\frac{1}{N}\sum_{i=1}^{N}V_i(t)\right)^2}}{N}} \tag{5.3}$$

$\sigma(t)$ 是衡量在固定时间 t 内神经元空间同步的一个很好的量。$\sigma(t)$ 越小意味着系统越同步，在神经元之间完全同步时，$\sigma(t) = 0$。σ 是 $\sigma(t)$ 在时间 t_1 到 t_2 内的平均，它可以用来定量描述经过一段时间内神经元兴奋电压同步的程度。为了反映刺激稳定后的同步情况，t_1、t_2 取刺激持续一段时间后的值，在下面的计算与讨论中，我们均取 $t_1=200\text{ms}$，$t_2=400\text{ms}$。

图 5.2 为不同外加刺激条件下，标准差 σ 随学习系数 η 的变化图。图 5.3 为不同加边概率条件下，标准差 σ 随学习系数 η 的变化。由图 5.2 和图 5.3 可以看出，不同外加刺激和不同加边概率条件下，存在一个最佳的学习系数 η^*，使得当 $\eta = \eta^*$ 时标准差 σ 有最小值。这表明神经元之间相互抑制和兴奋的连接机制可以使网络产生自同步。这与我们前面在时域里对同步的分析结果是一致的。不同外加刺激电流对网络标准差 σ 的影响很小，这是由于对任一神经元来说，外加刺激电流相对于耦合相电流已经非常小了，对神经元的发放电节律影响不大了。而小世界的连接概率对网络的同步几乎没有影响。

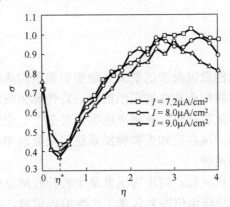

图 5.2 不同外加刺激条件下，标准差 σ 随学习系数 η 的变化($p=0.05$)

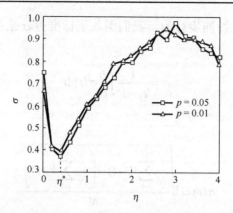

图 5.3　不同加边概率条件下，标准差 σ 随学习系数 η 的变化(I=9.0μA/cm^2)

5.2.3　小结

本节构造了一个具有变权小世界连接特性的 H-H 生物神经网络，通过数值模拟的方法研究了不同学习系数引起的同步放电现象[27]。通过数值模拟结果我们发现，网络权值的学习系数存在一个最优值，使得网络发放电出现尖峰同步现象。另外，我们还考虑了网络连接概率和外加刺激电流的影响，我们发现外加刺激和加边概率对网络同步的影响非常小。该研究结果也表明在生物神经网络中存在着抑制同步现象，与已有的研究结果完全相符合，有利于认识神经元耦合网络的复杂动力学行为，为探索诸如癫痫发作等异常神经电活动的机理提供参考，对研究人脑的认知过程有一定的借鉴意义。

5.3　外界刺激引起的小世界生物神经网络的同步

5.3.1　概述

对周围环境的变化能做出反应的能力是细胞和细胞构成的生物组织的基本特性之一，在生物学中通常将细胞和生物组织的这一特性称为应激性，并将能引起反应的动因称为刺激，对刺激的反应则被相应地称为兴奋[30]。电刺激研究是以生物体兴奋机理的研究为基础的，现在已知生物神经系统用来处理和传递系统的信号本质是电信号传递和化学传递两种。

生物神经网络的随机共振、同步等现象是生物神经网络研究中的一个很热门的课题[18,31-33]。神经元的动作电位序列包含了生物编码信息，为了研究神经元的电活动规律，通常把神经元系统的信息编码分成时间编码和频率编码两种方式。其中，时间编码可以由外部刺激锁定。例如，在听觉系统中，脑电波可以看作一种典型的时间编码信号，所以用时间编码神经元的发放序列信息的能力意义重大。由此我们会问，一个刺激如何影响神经元的发放动力学?神经元自身的什么因素决定了发放同步的精度?

众所周知，大规模神经元集群的同步活动是脑惊人认知能力的基础，而许多神经生理学的试验也显示，有节奏的振动可以有效地加强神经元编码信息的能力。因此研究生物神经网络的同步活动具有很重要的现实意义。生物神经网络中各种因素如噪声引起的同步现象被广泛讨论[17,34,35]。Casado 研究了阈值下的两个耦合的神经元系统[36]，他发现通道噪声的存在使得两个神经元的输出达到一种频率上的同步。Wang 等认为，最一致并不意味着同步，耦合太弱不能同步，单个神经元、网络耦合、局部噪声三者结合可引起时空同步[37,38]。Kwon 和 Moon 认为，随着重连概率 p 的增长，网络同步增加；但用峰峰间隔直方图得到的相干因子作为概率 p 的函数来刻画网络的同步较困难[39]。然而，生物神经网络如何由外界刺激而产生的发放电同步的现象仍然还是一个值得探讨的问题。

有研究表明输入信号在网络同步中起着很重要的作用[17,40]，发现生物神经网络在随机地输入某一共同的脉冲信号下，神经元的发放电会出现同步现象。这种随机的脉冲信号幅度相同而频率不同，那么所产生的同步现象是否意味着不同的输入信号频率都能使网络达到同步呢？因此，研究网络对不同频率输入信号的响应，是认识生物神经网络结构功能的一个途径。

人们把单个神经元视为一个非线性振子，要研究整个网络的同步现象，必须要考虑到神经元之间的耦合问题[41]。文献[32]研究了全局耦合网络的一致共振和噪声引起的同步现象，这种全局耦合网络是高度聚类的且平均距离很长。而已有的研究发现很多生物神经网络在各个神经元之间都具有明显的聚类现象和相对短的路长[19,20]，即很多生物神经网络都是小世界网络。自从 Watts 和 Strogatz[42]的开创性工作发表以来，很多学者构造出了一些具有小世界效应的神经网络模型并研究了模型的一些动力学特性[32,43,44]。

在本节中，给网络输入一个共同的信号并改变信号的频率，通过数值模拟可以发现网络只有在某一特定频率下才会出现同步现象，此时网络的输入信号与输出膜电压具有相同的发放频率。同时，考虑神经网络结构对同步的影响，取网络耦合强度 C 作为参量来研究它对网络同步的影响。本节的研究模型采用 3.2 节的小世界生物神经网络模型，即按 WS[42]模型构造小世界生物神经网络模型，模型的有关参数取值采用 1.6.1 节的参数，此处略。神经元的总数取 $N=400$；$I_{i(\text{ext})}$ 为输入神经元的总的外部电流，它可分为两部分，即 $I_{i(\text{ext})} = I_s + I_p$，$I_s$ 为输入神经元中的直流电流，可以认为它是一个常数[38]，此处取 $I_s = 7.2\mu\text{A/ms}^2$；$I_p$ 可以是周期的或非周期的，也可以是脉冲信号，此处取 I_p 为正弦电流 $I_p = \sin\omega t$，ω 为刺激频率；网络的同步性能采用式(5.2)进行定量描述，t_1、t_2 取刺激持续一段时间后的值，在下面的计算与讨论中，我们均取 t_1=200ms，t_2=600ms。采用定步长四阶 RK 方法对模型进行计算，其中时间步长为 0.01ms。

5.3.2　数值模拟结果及分析

图 5.4～图 5.6 分别为不同频率和耦合强度下的同步图。由图 5.4 可以看出，当耦合强度较小（C=0.5）时，网络只在 ω=0.4 时才会产生同步现象，且此时网络的输入信号与输出平均膜电压具有相同的发放频率，我们把这种现象称为频率共振现象。由图 5.5 可以看出，当耦合强度增大（C=5.0）时，网络只在 ω=0.4 和 ω=0.7 时会产生同步现象，在 ω=0.4 时网络的输入信号与输出平均膜电压仍然具有相同的发放频率，而在 ω=0.7 时网络的输入信号与输出平均膜电压的发放频率却不相同。由图 5.6 可以看出，当耦合强度继续增大（C=10.0）时，网络在 ω=0.4、ω=0.7 和 ω=1.1 时都会产生同步现象。此时，在 ω=0.4 时网络的输入信号与输出平均膜电压仍然会产生频率共振现象，而在 ω=0.7 和 ω=1.1 时网络的输入信号与输出平均膜电压的发放频率不相同。这就是说随着耦合强度的增大，使网络产生同步的外界刺激频率点将会逐渐增多。同时，我们可以发现网络的输入信号频率 ω=0.4 时，输出平均膜电压具有

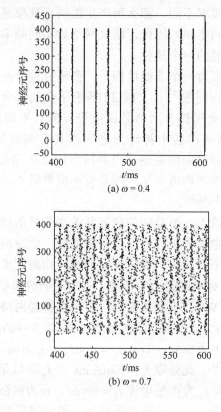

(a) ω = 0.4

(b) ω = 0.7

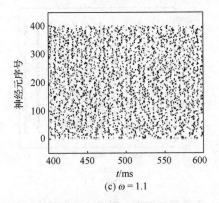

(c) $\omega = 1.1$

图 5.4 不同频率下耦合强度 $C=0.5$ 时的时空同步图

与输入信号相同的发放频率，我们把这种现象称为频率共振现象。而在 $\omega = 0.7$ 和 $\omega = 1.1$ 时输出平均膜电压与输入信号的发放频率不相同。从同步对认知行为影响的角度来看，当神经元之间的耦合强度增大时，生物神经网络对外界刺激的有效响应频率成分将会增多。为了验证以上的结论的正确性，接下来我们将会研究频率和耦合强度对衡量空间同步程度参量的影响。

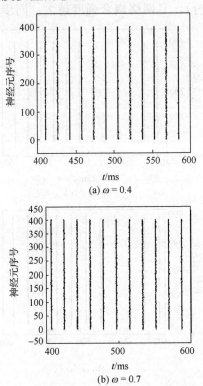

(a) $\omega = 0.4$

(b) $\omega = 0.7$

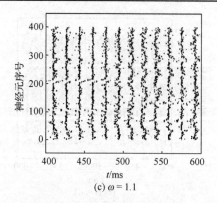

(c) $\omega = 1.1$

图 5.5　不同频率下耦合强度 C=5.0 时的时空同步图

　　图 5.7 为不同耦合强度下 σ 随频率 ω 的变化图。由图我们可以看出，并不是所有的外加刺激信号频率都能使网络产生同步。当耦合强度较小时，使网络产生同步的只有一个频率点（σ 取得最小值的频率点），即共振频率。随着耦合强度的增大，使网络产生同步的频率点也会逐渐增加。同时，在相应的频率上，耦合强度越大，网络越容易同步。图 5.8 为 σ 在 C-ω 平面上的相图，由该图可以更容易地看到网络的同步频率带（最亮的部分），且网络耦合强度越大，同步频率带越亮。这种现象表

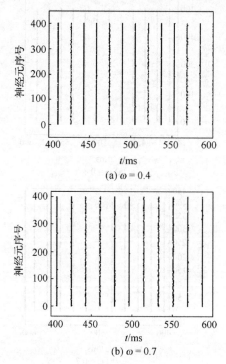

(a) $\omega = 0.4$

(b) $\omega = 0.7$

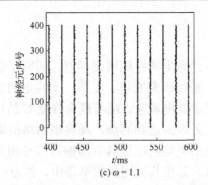

(c) ω = 1.1

图 5.6 不同频率下耦合强度 C=10.0 时的时空同步图

明神经元之间的耦合强度增大时，生物神经网络对外界刺激响应的有效频率成分将会增加，也表明不同的生物神经网络结果对输入信号具有不同的选择性。这与前面在时域里对同步的分析结果是一致的。

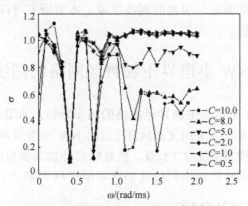

图 5.7 不同耦合强度下 σ 随频率 ω 的变化

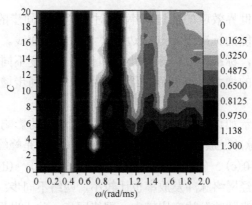

图 5.8 C-ω 平面上的 σ 相图

越亮的部分表示 σ 越小，越黑的部分表示 σ 越大

5.3.3　小结

本节利用了 WS[42]小世界生物神经网络模型，研究了输入信号的频率及耦合强度对网络同步的影响[45]。通过研究发现，在某一个特定的共同外加刺激频率下，生物神经网络会出现尖峰同步放电现象。随着耦合强度 C 的增大，使网络达到同步的频率点会相应地增多，且更容易达到同步。还发现网络的输入信号频率为某一特定频率时，如 ω=0.4 时，输出平均膜电压具有与输入信号相同的发放频率，我们把这种现象称为频率共振现象。而在其他同步频率带中，如 ω=0.7 和 ω=1.1 时，输出平均膜电压与输入信号的发放频率不相同。上述研究结果表明输入信号可以使生物神经网络的发放电出现尖峰同步，随着神经元之间耦合强度的增大，网络对外界刺激响应的有效频率成分将会增加。同时也说明不同的生物神经网络结构对输入信号的频率具有不同的选择性。我们的结果也可以进一步证明在实验中所观察到的现象[46]：大脑皮层中存在着由刺激信号引起的同步现象。本节研究对深入研究人脑的认知过程也有一定的参考价值。

5.4　NW 小世界生物神经网络的同步性能

5.3 节研究了 WS 小世界生物神经网络的同步特性，本节仍然采用 H-H 方程作为网络的节点动力学方程，采用文献[47]提出的 NW 小世界网络来构造小世界生物神经网络模型，具体模型参见 4.3.1 节，此处略，外加刺激电流 $I_{i(ext)}$=6.2mA。研究其同步性能，网络的同步性能定量描述仍然采用式(5.2)和式(5.3)来刻画。

5.4.1　数值模拟结果及分析

为了研究反映小世界效应的加边概率 p 对神经网络同步的影响，我们在图 5.9 中画出了反映同步性能的标准差 σ 与加边概率 p 的关系曲线。从图中可以看出，随着加边概率 p 的增大，标准差 σ 越来越小。即使耦合强度不同，这种趋势仍相同。表明随着加边概率 p 的增大，小世界神经元网络的空间同步增长，意味着步调一致的神经元越来越多。

为了更直接地显示加边概率 p 对神经网络同步性能的影响，我们分别用时空图（图 5.10(a)、(b)）和脉冲发放率（即某一时刻细胞膜电位都是峰峰值的神经元占神经元总数的比例）图（图 5.10(c)、(d)）来加以展示。从图 5.10(a)～(d)可以看出，加边概率 p 比较小(p=0)时，神经网络脉冲发放率也比较小，网络不同步；但当加边概率 p 比较大(p=1.0)时，神经网络脉冲发放率比较大，网络同步。此小世界神经网络的同步随加边概率 p 增加而增加，可能是由网络的耦合函数是散布型(Diffusive)函数造成的[48,49]。

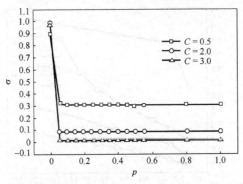

图 5.9　耦合强度 C 取不同值(C=0.5,2.0,3.0)时，标准差 σ 随加边概率 p 的变化曲线

N=600，K=4，D=18

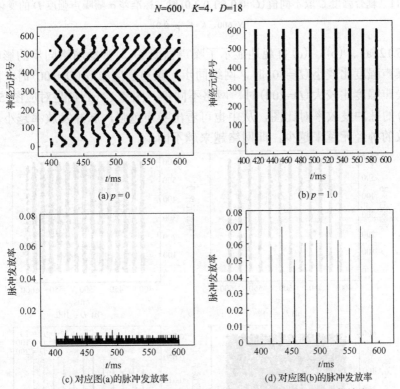

图 5.10　加边概率 p 取值不同时耦合神经元的同步相图及发放率

N=600，K=4，D=13，C=2.0

图 5.11 研究的是耦合强度 C 取不同值(C=0,0.5,1.0,2.0)时，标准差 σ 随噪声强度 D 变化的关系。从图中可以看出，耦合强度 C 取不同值，标准差 σ 均随噪声强度 D 的增大而增加。这表明噪声会破坏神经元网络的同步，使神经元在空间上无序。这与前面研究的随机共振、相干共振均有最优噪声强度 D 不一样，同时也说明网络一致不等同于网络同步。

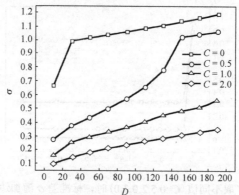

图 5.11　耦合强度 C 取不同值(C=0,0.5,1.0,2.0)时，标准差 σ 随噪声强度 D 的变化曲线

N=600，K=4，p=0.01

图 5.12(a)、(b)、(c)直观地显示了噪声强度 D 对神经网络同步的影响。可以看出，噪声强度比较小(D=10)时，网络同步；噪声强度中等(D=100)时，网络同步下降；噪声强度比较大(D=200)时，网络不同步。图 5.12(d)则是对应图 5.12(a)、(b)、(c)的脉冲发放率对比图，从中也可看出噪声越强，脉冲发放率越小，意味着步调一致的神经元越来越少，即网络越来越不同步。

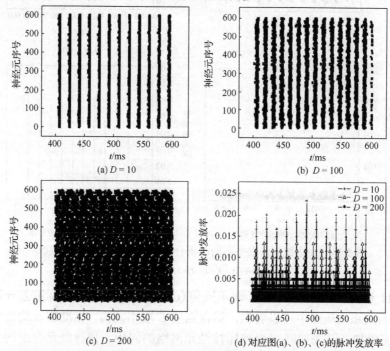

图 5.12　噪声强度 D 取值不同时耦合神经元的同步相图及发放率

N=600，K=4，p=0.01，C=0.5

图 5.13 研究的是标准差 σ 随耦合强度 C 的变化关系。从图中可看到，标准差 σ 随耦合强度 C 的增加而减小，这说明了神经元之间的耦合可帮助神经网络同步。耦合强度 C 越大，网络越同步，但耦合强度 C 也不能取得太大（如 C=5.0），否则会发现所有的神经元均不发放（膜电压全部小于零，即无兴奋）。

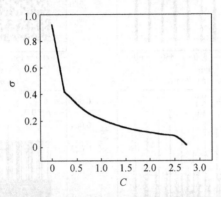

图 5.13　标准差 σ 随耦合强度 C 的变化曲线

N=600，K=4，p=0.01，D=18

　　图 5.14(a)～(f) 是研究耦合强度 C 对同步影响的时空图和脉冲发放率图。对比图 (a)～(c) 可知，耦合强度较弱（C=0.01）时，网络不同步（图 5.14(a)）；耦合强度中等（C=0.1）时，网络有稍弱的同步（图 5.14(b)）；耦合强度比较大（C=1.0）时，网络同步变强（图 5.14(c)）。对比图 5.14(a) 和 (d) 还可知，当神经元间的耦合较弱（C=0.01）时，即使增大加边概率 p，也不能使网络同步。表明耦合强度不能太小是网络同步的条件之一。图 5.14(e) 是对应图 5.14(a)～(c) 的脉冲发放率对比图，而图 5.14(f) 则是对应图 5.14(a) 和 (d) 的脉冲发放率图，从中也可看出不同步时，脉冲发放率较低。

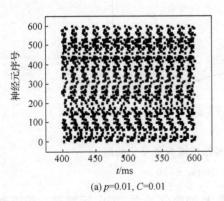

(a) p=0.01, C=0.01

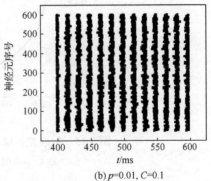

(b) p=0.01, C=0.1

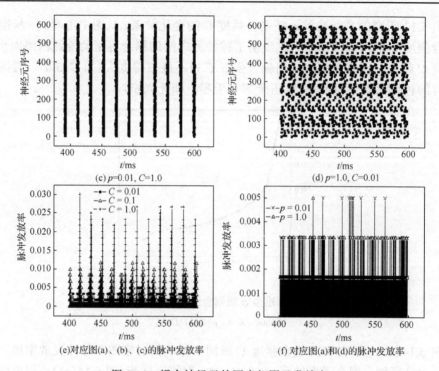

(c) p=0.01, C=1.0　　　　　　　　　　(d) p=1.0, C=0.01

(e)对应图(a)、(b)、(c)的脉冲发放率　　　(f) 对应图(a)和(d)的脉冲发放率

图 5.14　耦合神经元的同步相图及发放率

N=600，K=4，D=18

图 5.15 研究的是标准差 σ 随网络规模 N 的变化关系。由图可见，标准差 σ 随网络规模 N 的增大而下降。表明大网络比小网络更容易同步。

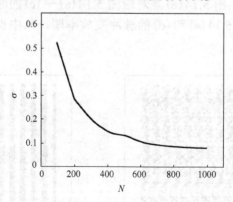

图 5.15　标准差 σ 随网络规模 N 的变化曲线

K=4，p=0.01，D=18，C=2.0

图 5.16 研究的是标准差 σ 随近邻个数 K 的变化关系。图中标准差 σ 随近邻个数 K 的增加而增大。说明要想使网络同步，则近邻个数不能取得过多。

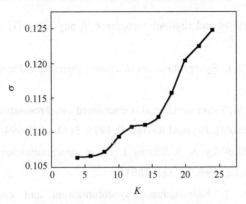

图 5.16　标准差 σ 随近邻个数 K 的变化曲线

$N=600$，$p=0.01$，$D=18$，$C=2.0$

5.4.2　小结

大规模神经元集群的同步活动是脑惊人计算能力的基础，而这种同步是在充满噪声和缺乏外界同步时钟的条件下达到的。为了通过神经网络的同步来了解脑神经元活动的机制。本节研究了由 H-H 神经元所组成的 NW 小世界神经网络的同步行为[50]，数值模拟结果表明以下结论。

(1) 小世界神经网络的同步随加边概率 p 增长而增加，这可能是由网络的耦合函数是散布型函数造成的。

(2) 噪声会破坏神经元网络的同步，使神经元在空间上无序。这与前面研究的随机共振、相干共振均有最优噪声强度 D 不一样，同时也说明网络一致不等同于网络同步。

(3) 神经元之间的耦合可帮助神经网络同步。但耦合强度 C 既不能取得太大，太大将会使所有的神经元均不发放；也不能取得太小，否则尽管神经元有发放脉冲也不会有同步。

(4) 大网络比小网络更容易同步，近邻个数多会影响网络的同步。本节的研究结果可望对人们了解神经元对信息的编码，以及认识和揭开脑工作原理的机理起一定的促进作用。

参 考 文 献

[1]　Strogatz S H, Stewart I. Coupled oscillators and biological synchronization[J]. Scientific American, 1993, 269(6): 68-75.

[2]　Néda Z, Ravasz E, Brechet Y, et al. Self-organizing processes: The sound of many hands clapping[J]. Nature, 2000, 403(6772): 849,850.

[3]　Glass L. Synchronization and rhythmic processes in physiology[J]. Nature, 2001, 410(6825): 277-284.

[4]　Pecora L M, Carroll T L. Synchronization in chaotic systems[J]. Physical Review Letters, 1990, 64(8): 821.

[5]　Rulkov N, Sushchik M, Tsimring L, et al. Generalized synchronization of chaos in directionally coupled chaotic systems[J]. Physical Review E, 1995, 51(2): 980-994.

[6]　Rosenblum M G, Pikovsky A S, Kurths J. Phase synchronization of chaotic oscillators[J]. Physical Review Letters, 1996, 76(11): 1804.

[7]　Zhou C S, Kurths J. Noise-induced synchronization and coherence resonance of a Hodgkin-Huxley model of thermally sensitive neurons[J]. Chaos, 2003, 13: 401-409.

[8]　Gerstner W, van Hemmen J L, Cowan J D. What matters in neuronal locking?[J]. Neural Computation, 1996, 8(8): 1653-1676.

[9]　Kreiter A K, Singer W. Brain Theory: Biological Basis and Computational Theory of Vision[M]. Amsterdam: Elsevier, 1996.

[10]　Singer W, Gray C M. Visual feature integration and the temporal correlation hypothesis[J]. Annual Review of Neuroscience, 1995, 18(1): 555-586.

[11]　Llinas R, Ribary U. Coherent 40Hz oscillation characterizes dream state in humans[J]. Proceedings of the National Academy of Sciences, 1993, 90(5): 2078-2081.

[12]　Steriade M, McCormick D, Sejnowski T. Thalamocortical oscillations in the sleeping and aroused brain[J]. Science, 1993, 262(5134): 679-685.

[13]　Whittington M A, Traub R D, Jefferys J G R. Metabotropic receptor activation drive synchronized 40Hz oscillations in networks of inhibitory interneurons[J]. Nature, 1995, 373(6515): 612-615.

[14]　Wang X J, Buzsáki G. Gamma oscillation by synaptic inhibition in a hippocampal interneuronal network model[J]. The Journal of Neuroscience, 1996, 16(20): 6402-6413.

[15]　Soto-Treviño C, Thoroughman K A, Marder E, et al. Activity-dependent modification of inhibitory synapses in models of rhythmic neural networks[J]. Nature Neuroscience, 2001, 4(3): 297-303.

[16]　Fang X L, Yu H J, Jiang Z L. Chaotic synchronization of nearest-neighbor diffusive coupling Hindmarsh-Rose neural networks in noisy environments[J]. Chaos, Solitons and Fractals, 2009, 39(5): 2426-2441.

[17]　Li G, Feng J. Stimulus-evoked synchronization in neuronal models[J]. Neurocomputing, 2004, 58(60): 203-208.

[18]　Chik D, Wang Z. Postinhibitory rebound delay and weak synchronization in Hodgkin-Huxley neuronal networks[J]. Physical Review E, 2003, 68(1): 031907.

[19] White J G, Southgate E, Thomson J N, et al. The structure of the nervous system of the nematode caenorhabditis elegans[J]. Philosophical Transactions of the Royal Society B: Biological Sciences, 1986, 314(1165): 1-340.

[20] Achacoso T B, Yamamoto W S. AY's Neuroanatomy of C. Elegans for Computation[M]. Boca Raton: CRC Press, 1992.

[21] Bucolo M, Fortuna L, Rosa M L. Network self-organization through "small-worlds" topologies[J]. Chaos, Solitons and Fractals, 2002, 14: 1059-1064.

[22] Perc M. Effects of small-world connectivity on noise-induced temporal and spatial order in neural media[J]. Chaos, Solitons and Fractals, 2007, 31: 280-291.

[23] Oja E. Simplified neuron model as a principal component analyzer[J]. Journal of Mathematical Biology, 1982, 15(3): 267-273.

[24] Munakata Y, Pfaffly J. Hebbian learning and development[J]. Developmental Science, 2004, 7(2): 141-148.

[25] Klemm K, Bornholdt S, Schuster H G. Beyond Hebb: XOR and biological learning[J]. Physical Review Letters, 2000, 84(13): 3013-3016.

[26] Tsukada M. A computational model of learning and memory[J]. International Congress Series, 2004, 1269: 11-20.

[27] Zheng H Y, Luo X S, Wu L. Optimal synchronization in small-world biological neural networks with time-varying weights[J]. Chaos, Solitons and Fractals, 2009, 41(1): 516-520.

[28] Wang J, Chen L Q, Fei X Y. Bifurcation control of the Hodgkin-Huxley equations[J]. Chaos, Solitons and Fractals, 2007, 33: 217-224.

[29] Gao Z, Hu B B, Hu G. Stochastic resonance of small-world networks[J]. Physical Review E, 2001, 65: 016209.

[30] 徐科. 神经生物学纲要[M]. 北京: 科学出版社, 2000: 50-53.

[31] Schmid G, Goychuk I. Channel noise and synchronization unexcitable membranes[J]. Journal of Physics A, 2003, 325: 165-175.

[32] Naoki M, Kazuyuki A. Global and local synchronization of coupled neurons in small-world networks[J]. Biological Cybernetics, 2004, 90: 302-309.

[33] David T W C, Wang Y Q, Wang Z D. Stochastic resonance in a Hodgkin-Huxley neuron networks in the absence of external noise[J]. Physical Review E, 2001, 64: 021913.

[34] Khashayar P, Denis M. Noise induced synchronization in a neuronal oscillator[J]. Physica D, 2004, 192: 123-137.

[35] Kitajima H, Kurths J. Synchronized firing of FitzHugh-Nagumo neurons by noise[J]. Chaos: An Interdisciplinary Journal of Nonlinear Science, 2005, 15(2): 023704.

[36] Casado J M. Synchronization of two Hodgkin-Huxley neurons due to internal noise[J]. Physics

Letters A, 2003, 310 (516) : 400-406.

[37] Wang Y, Chik D T W. Coherence resonance and noise-induced synchronization in globally coupled Hodgkin-Huxley neurons[J]. Physical Review E, 2000, 61: 740-746.

[38] Yu Y G, Wang W, Wang J F, et al. Resonance-enhanced signal detection and transduction in the Hodgkin-Huxley neuronal systems[J]. Physical Review E, 2001, 63: 021907.

[39] Kwon O, Moon H. Coherence resonance in small-world networks of excitable cells[J]. Physics Letters A, 2002, 298: 319-324.

[40] Feng J F, David B, Li G B. Synchronization due to common pulsed input in Stein's model[J]. Physical Review E, 2000, 61: 2987-2995.

[41] Buzsaki G, Geisler C, Henze D A, et al. Interneuron diversity series: Circuit complexity and axon wiring economy of cortical interneurons[J]. Trends in Neurosciences, 2004, 27: 186-193.

[42] Watts D J, Strogatz S H. Collective dynamics of "small-world" networks[J]. Nature, 1998, 393 (6684) : 440-442.

[43] Yuan W J, Luo X S, Wang B H, et al. Excitation properties of the biological neurons with side-inhibition mechanism in small-world networks[J]. Chinese Physics Letters, 2006, 23 (11) : 3115-3118.

[44] Yuan W J, Luo X S, Yang R H. Stochastic resonance in neural systems with small-world connections[J]. Chinese Physics Letters, 2007, 24 (3) : 835-838.

[45] 郑鸿宇, 罗晓曙. 刺激引起的小世界生物神经网络同步[J]. 复杂系统与复杂性科学, 2008, 5 (1) : 49-53.

[46] van Hemmen J L, Domany E, Schulten K. Models of Neural Networks II: Temporal Aspects of Coding and Information Processing in Biological Systems[M]. New York: Springer-Verlag, 1994.

[47] Newman M E J, Watts D J. Scaling and percolation in the small-world network model[J]. Physical Review E, 1999, 60 (6) : 7332-7342.

[48] Hasegawa H. Dynamical mean-field approximation to small-world networks of spiking neurons: From local to global and/or from regular to random couplings[J]. Physical Review E, 2004, 70: 066107.

[49] Hasegawa H. Synchronization in small-world networks of spiking neurons: Diffusive versus Sigmoid coupling [J]. Physical Review E, 2005, 72: 056139.

[50] 周小荣, 罗晓曙. 小世界生物神经网络的同步性能研究[J]. 广西师范大学学报, 2008, 26 (1) : 19-23.

第6章 变时滞、随机和脉冲 Hopfield 神经网络的指数稳定性

6.1 概　述

6.1.1 人工神经网络的研究背景

人工神经网络是一门高度综合的交叉学科，它的研究和应用涉及计算机与人工智能、神经生理学、认识科学、信息科学、非线性动力学等众多学科领域。在探讨人工神经网络的发展过程中，人们提出并研究的网络模型有近百种，其中较为重要的模型有：1942 年，McCulloch 和 Pitts 的神经元的数学模型[1]；1949 年，Hebb 从条件反射的研究中提出的 Hebb 学习规则[2]；20 世纪 50 年代末，Rosenblatt 提出的以感知器为代表的神经网络，这形成了人工神经网络的第一次高潮[3]；1969 年，Minsky 和 Papert 出版了 *Perceptions*[4]一书，他们在大量数学分析的基础上，指出了感知器的局限性，从而导致了神经网络研究的降温，以致 20 世纪 70 年代，仅有少数数学家仍在做不懈的努力，继续深入研究神经网络；1982 年，Hopfield 提出了后来以他名字命名的模型——Hopfield 神经网络[5,6]，他把神经网络看作非线性动力系统，引入了 Lyapunov 函数，使网络的收敛性和稳定性研究有了明确的判据，使得人工神经网络的研究又有了突破性的进展，同时 Hopfield 运用这种模型成功地解决了旅行商问题(traveling salesman problem)，这一成果使人工神经网络的研究又活跃了起来；1988 年，Kosko 建立了双向联想储存(bidirectional associative memory，BAM)模型，这种网络能够从一个不完整的或模糊的模式中联想出存储在记忆中的某个完整清晰的模式，将神经网络的发展推向一个新的高潮；1990 年，Aihara 等在前人推导和实验的基础上进一步提出了混沌神经网络模型[7,8]，它具有非周期联想动力学特性，这种混沌神经网络有动态联想记忆功能，能实现信息的存储与记忆；1989 年，Gelenbe 等提出并研究了随机神经网络模型，它的重要意义在于：仿照实际的生物神经网络接收信号流激活而传导刺激的生理机制。这些网络模型已经成功运用于模式识别、决策优化、联想记忆、自适应控制和计算机视觉、信号处理、目标追踪、网络系统等众多领域中，并取得了卓著的成果。然而，由于当今人们对真实神经系统认识的局限性，人类对于自身脑结构及其活动机理认识的欠缺，目前的神经网络

模型实际上较为简单和粗糙，并且常常是用某种"先念"的。例如，Boltzmann 机引入随机扰动来避免局部最小，有其优越之处，但是缺乏必要的脑生理学基础。由此可见，人工神经网络的完善与发展还有待于神经生理学、神经解剖学的研究给出更详细的信息和证据。而这些信息证据地给出往往是建立在对生物神经系统的数学建模有着深刻而全面分析的基础上，所以正如以上所述，对于生物神经元模型和生物神经网络模型的动力学行为的深入分析不仅是必要的，而且也具有十分重要的意义。

近十几年来，Hopfield 神经网络和 BAM 神经网络在信号与图像传输等方面有着非常广泛的重要应用，关于它们的研究引起了物理、数学、计算机、生物、工程等领域工作者的广泛关注。众所周知，在实际应用中时滞、脉冲、随机现象是不可避免的，且时滞、脉冲、随机对神经网络的稳定性有着巨大的影响。特别是某些神经网络在不考虑时滞、脉冲、随机的情况下系统是稳定的，但引入时滞、脉冲或随机后，原来稳定的系统就变得不稳定了，于是系统结构发生本质变化，同时在时滞神经网络中引入脉冲、随机后，它的稳定性分析将会变得更为困难。对神经网络的稳定性研究常用的方法有两种：一种是将系统在它的平衡点附近线性化，从而获得神经网络局部稳定的结果；另一种是通过构造一个恰当的 Lyapunov 函数，获得保证神经网络稳定或者全局指数稳定的条件。

6.1.2　随机与脉冲神经网络的研究进展概述

近年来，人们发现，按照神经生理学的观点，生物神经元本质上是随机的，因为神经网络重复地接收相同的刺激，其响应并不相同，这意味着随机性在生物神经网络中起着重要的作用，随机神经网络正是仿照生物神经网络的这种机理进行设计和应用的。通常随机神经网络有两种：一种是采用随机性神经元激活函数，1989 年，美国佛罗里达大学的 Gelenbe 提出了一种随机神经网络[9]，也就是人们公认的 Gelenbe 随机神经网络(Gelenbe random neural network)；1994 年，Gelenbe 等又提出了动态随机神经网络(dynamical random neural network)[10]；1999 年，Gelenbe 等再次提出多类别随机神经网络(multiple class random neural network)[11]。另一种是采用随机型加权连接，是由英国毛学荣博士和国内廖晓昕教授在 1996 年首先提出并进行研究的，即在普通人工神经网络中加入适当的随机白噪声，如在 Hopfield 网络中加入逐渐减少的噪声。总之，随机神经网络与一般神经网络相比，具有信号以脉冲形式传递的特性，因而更加接近生物神经网络的实际情况。考虑到这种实际情况，一些学者也把神经网络的研究与脉冲系统联系起来[12-15]，从而产生了脉冲神经网络的研究。从生物学角度来说，人的大脑时刻处于周期振荡或混沌的状态，需要对网络周期性等进行研究。由于神经网络系统中经常出现一种波动或冲击，这种情况在实际中大量存在，人们把这种现象称为脉冲现象。研究这种脉冲现象的神经网络简称为脉冲神经网络，该模型具有对图像二维空间相似、灰度相似的像素进行分组的特点，并有减小图像局部灰度差值，弥补图像局部微小间断特点，这是其他图像分割方法无法比拟的特点。脉冲神经网络主要用于特征提取、边缘信息分析、图像分割、目标识别等方面，其应用研究也正在逐步深入。

事实上，神经网络是高度非线性的动力系统，一般可以定义为确定的微分方程或差分方程所描述的一个系统在时间轴上的状态演变。因此，可以用动力系统中的有关方法来研究。而在动力系统中，稳定是一个十分重要的概念，因而对于神经网络平衡点的渐近稳定性的研究也成为神经网络研究的一个热点。在过去的几十年里，混沌理论研究困难，而在应用方面，人们希望设计的神经网络具有尽可能多的平衡点来提供尽可能多的信息，这就使得许多人把研究的视角放在了神经网络的稳定性上，从而产生了大量的有关神经网络稳定性的文献。例如，文献[16]～[24]利用 Itô 公式找出了一类随机神经网络的平衡点全局稳定的条件；文献[25]～[30]利用 Lyapunov 函数得到了一类脉冲神经网络的平衡点全局稳定的一些结果，使得神经网络的工艺实现进一步成为可能，反过来又促进了神经网络理论的研究。但这些结果中研究时滞神经网络的模型比较多，而对具有马尔可夫链的时滞随机神经网络、时滞反应扩散高阶随机神经网络、时滞脉冲神经网络的研究则比较少，从实际来看，神经网络系统通常产生组件故障或修理等现象，这些都是由转变子系统互联、环境急剧动荡、环境噪声、参数不确定性和时间延迟等因素所引起的，因此，必须把这些相关因素考虑到所研究的混合 Hopfield 神经网络系统中。因而，非常有必要进一步深入研究具有马尔可夫链的区间变时滞随机 Hopfield 神经网络，使得神经网络系统可以避免不确定性、噪声、延时的影响。然而，严格地说，由于神经网络是通过电子电路实现的，其电热效应是不可避免的，也不允许忽视，所以利用随机微分方程描述更加切合实际；同时电磁场的密度一般来说是不均匀的，使得电子在不均匀的电磁场运行过程中势必出现扩散问题，此时扩散方程就成为描述此类问题的有力工具，从而对反映扩散随机神经网络研究应更具有代表性，使得所研究的神经网络问题更能真实地刻画实际现象，其研究意义与应用前景不言而喻。因此，研究时滞、随机、脉冲 Hopfield 神经网络具有更广阔的实际应用价值。

6.2　变时滞脉冲神经网络的指数稳定性分析

6.2.1　预备知识

本节考虑如下形式的时滞脉冲 Hopfield 神经网络：

$$
\begin{cases}
\dfrac{du_i(t)}{dt} = -a_i u_i(t) + \sum_{j=1}^{n} b_{ij} g_j(u_j(t-\tau_j)) + I_i, & t>0; t \neq t_k \\
\Delta u_i(t_k) = I_{ik}(u_i(t_k)), & k=1,2,\cdots
\end{cases}
\tag{6.1}
$$

其中，$i=1,2,\cdots,n$；$\Delta u_i(t_k) = u_i(t_k) - u_i(t_k^-)$，$u_i(t_k^-) = \lim\limits_{t \to t_k^-} u_i(t)$，$k \in \mathbf{Z} = \{1,2,\cdots\}$，脉冲时间序列 $\{t_k\}$ 满足 $0<t_1<t_2<\cdots<t_k<t_{k+1}<\cdots$ 和 $\lim\limits_{k \to \infty} t_k = \infty$；$g_j$ 表示激活函数；$a_i>0$，$I_i>0$ 分别表示电阻率常数和网络的外部输入；b_{ij} 表示网络的连接权；$\tau_j(j=1,2,\cdots,n)$ 表示第 j 个神经元的时滞，且 $0 \leq \tau_j \leq \sigma$，这里，$\sigma$ 是一个常数。

假设激活函数满足下面的性质：

（$\mathbf{H_1}$）　存在常数 $\alpha_i>0$，M_i，$i=1,2,\cdots,n$ 使得

$$\left| g_i(x) - g_i(y) \right| \leq \alpha_i \left| x-y \right|, \quad \left| g_i(x) \right| \leq M_i$$

其中，$x,y \in \mathbf{R}$。

（$\mathbf{H_2}$）　存在网络参实数使得

$$\Omega = -A + \alpha B^{\mathrm{T}} B \alpha - 2\alpha A + \alpha^{\mathrm{T}} \alpha + \alpha B^{\mathrm{T}} A^{-1} B \alpha < 0$$

（$\mathbf{H_3}$）　$I_{ik}(u_i(t_k)) = -\gamma_{ik}(u_i(t_k) - u_i^*)$，$0 \leq \gamma_{ik} \leq 2$，$i=1,2,\cdots,n, k \in \mathbf{Z}^+$。

进一步，假设系统（6.1）具有如下的初始条件：

$$u_i(t) = \varphi_i(t), \quad t \in [t_0 - \tau, t_0] \tag{6.2}$$

其中，$\varphi_i(t)(i=1,2,\cdots,n)$ 是连续函数。

易知，在条件（$\mathbf{H_1}$）、（$\mathbf{H_2}$）和（$\mathbf{H_3}$）的假设下，系统（6.1）有唯一的平衡点 u^* [12,13]。其中，$u^* = [u_1^*, u_2^*, \cdots, u_n^*]^{\mathrm{T}}$，让 $x_i(t) = u_i(t) - u_i^*$，$f_i(x_i(t)) = g_i(u_i(t)) - g_i(u_i^*)$，$A = (a_1, a_2, \cdots, a_n)$，$B = (b_{ij})_{n \times n}$，$\alpha = (\alpha_1, \alpha_2, \cdots, \alpha_n)$，$x(t) = [x_1(t), x_2(t), \cdots, x_n(t)]^{\mathrm{T}}$，$f(x(t-\tau(t))) = [f_1(x(t-\tau_1)), f_2(x(t-\tau_2)), \cdots, f_n(x(t-\tau_n))]$，则系统（6.1）可以写成如下向量形式：

$$\begin{cases} \dfrac{\mathrm{d}x(t)}{\mathrm{d}t} = -Ax(t) + Bf(x(t-\tau)), & t>0; \; t \neq t_k \\ \Delta x(t_k) = I_k(x(t_k)), & k = 1,2,\cdots \end{cases} \tag{6.3}$$

由假设（$\mathbf{H_3}$）可得

$$u_i(t_k + 0) - u_i^* = u_i(t_k) - I_{ik}(u_i(t_k) - u_i^*) = (1-\gamma_{ik})(u_i(t_k) - u_i^*)$$

即

$$x_i(t_k + 0) = (1-\gamma_{ik})x_i(k)$$

$$\Delta x_i(t_k) = I_{ik}(x_i(t_k)), \quad k = 1,2,\cdots$$

为了方便，本节的后面内容将用到如下记号和概念：$x = (x_1, x_2, \cdots, x_n)^{\mathrm{T}} \in \mathbf{R}$ 表示列向量，$x>0$ 意味着 x 的每个分量都是正数，$t = x^{-1}(t)$ 表示 $x(t)$ 的逆。对于 $n \times n$ 矩阵 $A = (a_{ij})$，A^{T} 表示 A 转置，A^{-1} 表示 A 的逆，如果 A 为对称矩阵，则 $A<0$ 意味着 A 是负定的。

定义 6.1　如果存在实数 $k>0, \varepsilon >0$ 和 $M>0$，使得系统 (6.1) 的解满足

$$\| y(t) \|_r = \| x(t)-x^* \|_r \leqslant M \| \varphi - x^* \|_r \, \mathrm{e}^{-\varepsilon t}, \quad t \geqslant 0$$

则系统 (6.1) 的解是指数稳定的。

6.2.2　Hopfield 神经网络的全局指数稳定性分析

在下面的证明中，在一定条件下，我们获得了系统 (6.1) 唯一的平衡点为全局指数稳定的结果。

定理 6.1　如果条件 (H_1)、(H_2) 和 (H_3) 成立，则系统 (6.1) 的平衡点是全局指数稳定的。

证明　根据条件 (H_2)，可以选取适当的实数 $\lambda >0$，使得

$$-A+\lambda I+\alpha B^{\mathrm{T}}B\alpha -2\alpha A+\alpha^{\mathrm{T}}\alpha \mathrm{e}^{\lambda \sigma}+\alpha B^{\mathrm{T}}A^{-1}B\alpha \mathrm{e}^{\lambda \sigma}<0 \tag{6.4}$$

式中，I 为单位矩阵。构造 Lyapunov 泛函：

$$
\begin{aligned}
V(t) ={}& x^{\mathrm{T}}(t)x(t)\mathrm{e}^{\lambda t}+2\sum_{i=1}^{n}\int_{0}^{|x_i(t)|}f_i(\theta)\mathrm{e}^{\lambda x_i^{-1}(\theta)}\mathrm{d}\theta \\
&+\sum_{i=1}^{n}\int_{t-\tau_i}^{t}f_i^2(x_i(\theta))\mathrm{e}^{\lambda (\theta +\tau_i)}\mathrm{d}\theta +\int_{t-\tau}^{t}f^{\mathrm{T}}(x(\theta))B^{\mathrm{T}}A^{-1}Bf(x(\theta))\mathrm{e}^{\lambda (\theta +\tau)}\mathrm{d}\theta
\end{aligned} \tag{6.5}
$$

由式 (6.1) 的解计算 $V(t)$ 的导数，可得

$$
\begin{aligned}
\frac{\mathrm{d}V(x(t))}{\mathrm{d}t} \leqslant{}& \mathrm{e}^{\lambda t}\Big\{ -x^{\mathrm{T}}(t)Ax(t)-x^{\mathrm{T}}(t)Ax(t)+2\,|\,x^{\mathrm{T}}(t)\,|\,Bf(|\,x(t-\tau)\,|)+\lambda x^{\mathrm{T}}(t)x(t) \\
&-2f^{\mathrm{T}}(|\,x(t)\,|)A\,|\,x(t)\,|+2f^{\mathrm{T}}(|\,x(t)\,|)Bf(|\,x(t-\tau)\,|)+f^{\mathrm{T}}(|\,x(t)\,|)f(|\,x(t)\,|)\mathrm{e}^{\lambda \tau} \\
&-f^{\mathrm{T}}(|\,x(t-\tau)\,|)f(|\,x(t-\tau)\,|)+f^{\mathrm{T}}(|\,x(t)\,|)B^{\mathrm{T}}A^{-1}Bf(|\,x(t)\,|)\mathrm{e}^{\lambda \tau} \\
&-f^{\mathrm{T}}(|\,x(t-\tau)\,|)B^{\mathrm{T}}A^{-1}Bf(|\,x(t-\tau)\,|)\Big\}, \quad t\neq t_k; t>0
\end{aligned} \tag{6.6}
$$

进一步可得如下不等式：

$$
\begin{aligned}
&-x^{\mathrm{T}}(t)Ax(t)+2\,|\,x^{\mathrm{T}}(t)\,|\,Bf(|\,x(t-\tau)\,|)-f^{\mathrm{T}}(|\,x(t-\tau)\,|)B^{\mathrm{T}}A^{-1}Bf(|\,x(t-\tau)\,|) \\
&=-\left(A^{\frac{1}{2}}\,|\,x(t)\,|-A^{-\frac{1}{2}}Bf(|\,x(t-\tau)\,|)\right)^{\mathrm{T}}\left(A^{\frac{1}{2}}\,|\,x(t)\,|-A^{-\frac{1}{2}}Bf(|\,x(t-\tau)\,|)\right)\leqslant 0
\end{aligned} \tag{6.7}
$$

$$-f^{\mathrm{T}}(|\,x(t-\tau)\,|)f(|\,x(t-\tau)\,|)+2f^{\mathrm{T}}(|\,x(t)\,|)Bf(|\,x(t-\tau)\,|)\leqslant f^{\mathrm{T}}(|\,x(t)\,|)B^{\mathrm{T}}Bf(|\,x(t)\,|) \tag{6.8}$$

应用不等式 (6.7) 和式 (6.8)，则

$$
\begin{aligned}
\frac{\mathrm{d}V(x(t))}{\mathrm{d}t} \leqslant{}& \mathrm{e}^{\lambda t}[-x^{\mathrm{T}}(t)Ax(t)+\lambda x^{\mathrm{T}}(t)x(t)+f^{\mathrm{T}}(|\,x(t)\,|)B^{\mathrm{T}}Bf(|\,x(t)\,|) \\
&-2f^{\mathrm{T}}(|\,x(t)\,|)A\,|\,x(t)\,|+f^{\mathrm{T}}(|\,x(t)\,|)f(|\,x(t)\,|)\mathrm{e}^{\lambda \sigma} \\
&+f^{\mathrm{T}}(|\,x(t)\,|)B^{\mathrm{T}}A^{-1}Bf(|\,x(t)\,|)\mathrm{e}^{\lambda \sigma}], \quad t\neq t_k; t>0
\end{aligned} \tag{6.9}
$$

由激活函数的性质可知

$$|f_i(x_i)| \leqslant \alpha_i |x_i|, \quad i = 1, 2, \cdots, n$$

因此，$\dfrac{\mathrm{d}V(x(t))}{\mathrm{d}t}$ 满足不等式：

$$
\begin{aligned}
\frac{\mathrm{d}V(x(t))}{\mathrm{d}t} &\leqslant \mathrm{e}^{\lambda t}[-x^{\mathrm{T}}(t)Ax(t) + \lambda x^{\mathrm{T}}(t)x(t) + x^{\mathrm{T}}(t)\alpha B^{\mathrm{T}}B\alpha x(t) - 2x^{\mathrm{T}}(t)\alpha Ax(t) \\
&\quad + x^{\mathrm{T}}(t)\alpha^{\mathrm{T}}\alpha x(t)\mathrm{e}^{\lambda\sigma} + x^{\mathrm{T}}(t)\alpha B^{\mathrm{T}}A^{-1}B\alpha x(t)\mathrm{e}^{\lambda\sigma}] \\
&= \mathrm{e}^{\lambda t}x^{\mathrm{T}}(t)(-A + \lambda I + \alpha B^{\mathrm{T}}B\alpha - 2\alpha A + \alpha^{\mathrm{T}}\alpha \mathrm{e}^{\lambda\sigma} + \alpha B^{\mathrm{T}}A^{-1}B\alpha \mathrm{e}^{\lambda\sigma})x(t) \leqslant 0 \\
&\quad t \neq t_k, \quad t > 0
\end{aligned}
\tag{6.10}
$$

这意味着

$$V(x(t)) \leqslant V(x_0), \quad t > 0; t \neq t_k$$

由 $x(t_k + 0) = (1 - \gamma_{ik})x(t_k)$, $0 < \gamma_{ik} \leqslant 2$, 可知$|x(t_k + 0)| \leqslant |x(t_k)|$。因此

$$
\begin{aligned}
V(x(t_k + 0)) &= x^{\mathrm{T}}(t_k + 0)x(t_k + 0)\mathrm{e}^{\lambda t_k} + 2\sum_{i=1}^{n}\int_0^{|x_i(t_k+0)|} f_i(\theta)\mathrm{e}^{\lambda x_i^{-1}(\theta)}\mathrm{d}\theta \\
&\quad + \sum_{i=1}^{n}\int_{t_k-\tau_i}^{t_k} f_i^2(x_i(\theta))\mathrm{e}^{\lambda(\theta+\tau_i)}\mathrm{d}\theta + \int_{t_k-\tau}^{t_k} f^{\mathrm{T}}(x(\theta))B^{\mathrm{T}}A^{-1}Bf(x(\theta))\mathrm{e}^{\lambda(\theta+\tau)}\mathrm{d}\theta \\
&\leqslant x^{\mathrm{T}}(t_k)x(t_k)\mathrm{e}^{\lambda t_k} + 2\sum_{i=1}^{n}\int_0^{|x_i(t_k)|} f_i(\theta)\mathrm{e}^{\lambda x_i^{-1}(\theta)}\mathrm{d}\theta \\
&\quad + \sum_{i=1}^{n}\int_{t_k-\tau_i}^{t_k} f_i^2(x_i(\theta))\mathrm{e}^{\lambda(\theta+\tau_i)}\mathrm{d}\theta + \int_{t_k-\tau}^{t_k} f^{\mathrm{T}}(x(\theta))B^{\mathrm{T}}A^{-1}Bf(x(\theta))\mathrm{e}^{\lambda(\theta+\tau)}\mathrm{d}\theta \\
&= V(x(t_k))
\end{aligned}
$$

即 $V(t) \leqslant V(0), t \geqslant 0$。

由式 (6.5) 可以得到

$$
\begin{aligned}
V(0) &= x^2(0) + 2\sum_{i=1}^{n}\int_0^{|x_i(0)|} f_i(\theta)\mathrm{e}^{\lambda x_i^{-1}(\theta)}\mathrm{d}\theta \\
&\quad + \sum_{i=1}^{n}\int_{-\tau_i}^0 f_i^2(x_i(\theta))\mathrm{e}^{\lambda(\theta+\tau_i)}\mathrm{d}\theta + \int_{-\tau}^0 f^{\mathrm{T}}(x(\theta))B^{\mathrm{T}}A^{-1}Bf(x(\theta))\mathrm{e}^{\lambda(\theta+\tau)}\mathrm{d}\theta \\
&\leqslant \left(I + (\alpha B^{\mathrm{T}}A^{-1}B\alpha + \alpha^{\mathrm{T}}\alpha)\left(\frac{\tau}{\lambda} - \frac{2\tau}{\lambda^2} + \frac{2\tau^2}{\lambda^3}\right) + 2\sum_{i=1}^{n}\int_0^{|x_i(0)|} f_i(\theta)\mathrm{e}^{\lambda x_i^{-1}(\theta)}\mathrm{d}\theta\right)\sup_{-\sigma \leqslant \theta \leqslant 0} x^2(\theta) \\
&= M\sup_{-\sigma \leqslant \theta \leqslant 0} x^2(\theta)
\end{aligned}
$$

和

$$V(x(t)) \geqslant |x(t)|^2 \, \mathrm{e}^{\lambda t}$$

因此，$|x(t)| \leqslant \mathrm{e}^{-\frac{1}{2}\lambda t} M^{1/2} \sup_{-\sigma \leqslant \theta \leqslant 0} x(\theta)$，$t > 0$。

可知系统(6.1)的解是指数稳定的，证毕。

注 6.1　所得结果比以往的结果所要求的条件更加宽松，所适用的神经网络模型的激活函数可以既不可微也不严格单调有界，且推广和改进了已有文献[15],[26]～[29]中的相关结果。

为了更好地表明所得结果特色，与已有文献[15],[26]～[29]的结果进行比较，现举例说明。

例 6.1　系统(6.1)的神经网络的参数如下：

$$B = \begin{bmatrix} c & c \\ c & -c \end{bmatrix}, \quad A = \begin{bmatrix} 1 & 0 \\ 0 & 1 \end{bmatrix}, \quad \alpha = \begin{bmatrix} 1/2 & 0 \\ 0 & 1/2 \end{bmatrix}$$

从定理 6.1 稳定性的条件，可以获得，当 $c^2 < \dfrac{7}{4}$ 时，系统(6.1)的平衡点是指数稳定的；但对于相同参数，利用已有文献[15],[26]～[29]的定理条件去计算，得出的结果是，当 $|c| \leqslant 1$ 时，则系统(6.1)的平衡点是指数稳定的。由此可以看出，如果 $|c|^2 > 1$，则已有文献[15],[26]～[29]的条件不满足。相反，定理 6.1 的条件不仅满足 $|c| \leqslant 1$ 还满足 $1 < |c|^2 < \dfrac{7}{4}$，所以，本小节所获得定理的条件比其他结果的条件更加宽泛。

注 6.2　定理 6.1 的方法一方面可以应用到分布时滞脉冲 Hopfield 神经网络，另一方面也可以应用到无界的激活函数。在本小节的结果中，激活函数有界仅用来确保平衡点的存在性。

6.2.3　BAM 神经网络的全局指数稳定性分析

定理 6.1 的方法可以进一步研究时滞脉冲 BAM 神经网络模型[30]：

$$\begin{cases} \dfrac{\mathrm{d}u_i(t)}{\mathrm{d}t} = -a_i u_i(t) + \displaystyle\sum_{j=1}^{m} b_{ij} g_j(v_j(t - \tau_{ij})) + I_i, & t > 0; t \neq t_k \\ \Delta u_i(t_k) = I_{ik}(u_i(t_k)), & k = 1,2,\cdots \\ \dfrac{\mathrm{d}v_j(t)}{\mathrm{d}t} = -d_j v_j(t) + \displaystyle\sum_{i=1}^{n} c_{ji} f_i(u_i(t - \sigma_{ji})) + J_j, & t > 0; t \neq t_k \\ \Delta v_j(t_k) = J_{jk}(v_j(t_k)), & k = 1,2,\cdots \end{cases} \tag{6.11}$$

假设激活函数满足下面的性质：

(H₄)　存在实数 $\alpha_i > 0$，$\beta_j > 0, L_j, M_i$，$i = 1,2,\cdots,n$，$j = 1,2,\cdots,m$，使得

$$|f_i(x) - f_i(y)| \leqslant \alpha_i |x - y|, \quad |f_i(x)| \leqslant M_i$$
$$|g_j(x) - g_j(y)| \leqslant \beta_j |x - y|, \quad |g_j(y)| \leqslant L_j$$

对于 $x, y \in \mathbf{R}$，令

$$x = (x_1, x_2, \cdots, x_n)^{\mathrm{T}}, \quad y = (y_1, y_2, \cdots, y_m)^{\mathrm{T}}, \quad \alpha = \mathrm{diag}(\alpha_1, \alpha_2, \cdots, \alpha_n)$$

$$\beta = \mathrm{diag}(\beta_1, \beta_2, \cdots, \beta_m), \quad f(x) = (f_1(x_1), \ f_2(x_2), \cdots, f_n(x_n))$$

$$g(y) = (g_1(y_1), g_2(y_2), \cdots, g_m(y_m)), \quad A = \mathrm{diag}(a_1, a_2, \cdots, a_n)$$

$$D = \mathrm{diag}(d_1, d_2, \cdots, d_m)$$

$$B = (b_{ij})_{n \times n}, \quad C = (c_{ji})_{m \times m}, \quad 0 \leqslant \tau_{ij} \leqslant \mu, \quad 0 \leqslant \sigma_{ji} \leqslant \nu$$

则可以把系统(6.11)写成向量形式：

$$\begin{cases} \dfrac{\mathrm{d}x}{\mathrm{d}t} = -Ax(t) + Bg(y(t - \tau)), \quad t > 0; \ t \neq t_k \\ \Delta x(t_k) = I_k(x(t_k)), \quad k = 1, 2, \cdots \\ \dfrac{\mathrm{d}y(t)}{\mathrm{d}t} = -Dy(t) + Cf(x(t - \sigma)), \quad t > 0; \ t \neq t_k \\ \Delta y(t_k) = J_k(y(t_k)), \quad k = 1, 2, \cdots \end{cases} \tag{6.12}$$

定理 6.2 如果满足下列条件：

$$\Omega_1 = -\alpha^{-1}A\alpha^{-1} - 2A\alpha^{-1} + B^{\mathrm{T}}B + I + CB^{-1}C < 0$$
$$\Omega_2 = -\beta^{-1}D\beta^{-1} - 2D\beta^{-1} + C^{\mathrm{T}}C + I + BC^{-1}B < 0 \tag{6.13}$$

$$x(t_k + 0) = (1 - \gamma_{ik})x(t_k), \quad 0 \leqslant \gamma_{ik} \leqslant 2, \quad i = 1, 2, \cdots, n; k \in \mathbf{Z}^+$$
$$y(t_k + 0) = (1 - \eta_{jk})y(t_k), \quad 0 \leqslant \eta_{jk} \leqslant 2, \quad j = 1, 2, \cdots, m; k \in \mathbf{Z}^+ \tag{6.14}$$

则系统(6.12)的解是全局指数稳定的。

证明 由(6.13)可知，可以选取适当的常数 $\lambda > 0$，使得

$$-A + \lambda I + \alpha B^{\mathrm{T}}B\alpha - 2\alpha A + \alpha^{\mathrm{T}}\alpha \mathrm{e}^{\lambda\mu} + \alpha C^{\mathrm{T}}A^{-1}C\alpha \mathrm{e}^{\lambda\tau} < 0$$
$$-D + \lambda I + \beta C^{\mathrm{T}}C\beta - 2\beta D + \beta^{\mathrm{T}}\beta \mathrm{e}^{\lambda\nu} + \beta C^{\mathrm{T}}A^{-1}C\beta \mathrm{e}^{\lambda\sigma} < 0 \tag{6.15}$$

构造 Lyapunov 函数：

$$V(x(t), y(t)) = \mathrm{e}^{\lambda t}x^{\mathrm{T}}(t)x(t) + 2\sum_{i=1}^{n}\int_0^{|x_i(t)|} f_i(\theta)\mathrm{e}^{\lambda x_i^{-1}(\theta)}\mathrm{d}\theta + \sum_{i=1}^{n}\int_{t-\tau_{ji}}^{t} f_i^2(x_i(\theta))\mathrm{e}^{\lambda(\theta+\tau_{ji})}\mathrm{d}\theta$$

$$+ \mathrm{e}^{\lambda t}y^{\mathrm{T}}(t)y(t) + 2\sum_{j=1}^{m}\int_0^{|y_j(t)|} g_j(\theta)\mathrm{e}^{\lambda y_j^{-1}(\theta)}\mathrm{d}\theta + \sum_{j=1}^{m}\int_{t-\sigma_{ij}}^{t} f_i^2(x_i(\theta))\mathrm{e}^{\lambda(\theta+\sigma_{ij})}\mathrm{d}\theta$$

$$+ \int_{t-\tau}^{t} f^{\mathrm{T}}(x(\theta))B^{\mathrm{T}}A^{-1}Bf(x(\theta))\mathrm{e}^{\lambda(\theta+\tau)}\mathrm{d}\theta + \int_{t-\sigma}^{t} g^{\mathrm{T}}(y(\theta))C^{\mathrm{T}}D^{-1}Cg(y(\theta))\mathrm{e}^{\lambda(\theta+\sigma)}\mathrm{d}\theta$$

沿式 (6.12) 之解对 $V(x(t), y(t))$ 求 Dini 导数，有

$$
\begin{aligned}
\frac{\mathrm{d}V(x(t), y(t))}{\mathrm{d}t} \leqslant \mathrm{e}^{\lambda t}[&-x^{\mathrm{T}}(t)Ax(t) - x^{\mathrm{T}}(t)Ax(t) + 2\,|\,x^{\mathrm{T}}(t)\,|\,Bg(|\,y(t-\tau)\,|) \\
&+ \lambda x^{\mathrm{T}}(t)x(t) - 2f^{\mathrm{T}}(|\,x(t)\,|)A\,|\,x(t)\,| + 2f^{\mathrm{T}}(|\,x(t)\,|)Bg(|\,y(t-\tau)\,|) \\
&+ f^{\mathrm{T}}(|\,x(t)\,|)f(|\,x(t)\,|)\mathrm{e}^{\lambda \nu} - f^{\mathrm{T}}(|\,x(t-\sigma)\,|)f(|\,x(t-\sigma)\,|) \\
&+ f^{\mathrm{T}}(|\,x(t)\,|)C^{\mathrm{T}}A^{-1}Cf(|\,x(t)\,|)\mathrm{e}^{\lambda \nu} - f^{\mathrm{T}}(|\,x(t-\sigma)\,|)C^{\mathrm{T}}A^{-1}Cf(|\,x(t-\sigma)\,|) \\
&- y^{\mathrm{T}}(t)Dy(t) - y^{\mathrm{T}}(t)Dy(t) + 2\,|\,y^{\mathrm{T}}(t)\,|\,Cf(|\,x(t-\sigma)\,|) + \lambda y^{\mathrm{T}}(t)y(t) \\
&- 2g^{\mathrm{T}}(|\,y(t)\,|)D\,|\,y(t)\,| + 2g^{\mathrm{T}}(|\,y(t)\,|)Cf(|\,x(t-\sigma)\,|) + g^{\mathrm{T}}(|\,y(t)\,|)g(|\,y(t)\,|)\mathrm{e}^{\lambda \mu} \\
&- g^{\mathrm{T}}(|\,y(t-\tau)\,|)g(|\,y(t-\tau)\,|) + g^{\mathrm{T}}(|\,y(t)\,|)B^{\mathrm{T}}D^{-1}Bg(|\,y(t)\,|)\mathrm{e}^{\lambda \mu} \\
&- g^{\mathrm{T}}(|\,y(t-\tau)\,|)B^{\mathrm{T}}D^{-1}Bg(|\,y(t-\tau)\,|)], \quad t \neq t_k; \; t > 0
\end{aligned}
\tag{6.16}
$$

进一步可以写出如下不等式：

$$
\begin{aligned}
&- x^{\mathrm{T}}(t)Ax(t) + 2\,|\,x^{\mathrm{T}}(t)\,|\,Bg(|\,y(t-\tau)\,|) - g^{\mathrm{T}}(|\,y(t-\tau)\,|)B^{\mathrm{T}}A^{-1}Bg(|\,y(t-\tau)\,|) \\
&= -\left(A^{\frac{1}{2}}\,|\,x(t)\,| - A^{-\frac{1}{2}}Bg(|\,y(t-\tau)\,|)\right)^{\mathrm{T}}\left(A^{\frac{1}{2}}\,|\,x(t)\,| - A^{-\frac{1}{2}}Bg(|\,y(t-\tau)\,|)\right) \leqslant 0
\end{aligned}
\tag{6.17}
$$

$$
\begin{aligned}
&- y^{\mathrm{T}}(t)Dy(t) + 2\,|\,y^{\mathrm{T}}(t)\,|\,Cf(|\,x(t-\sigma)\,|) - f^{\mathrm{T}}(|\,x(t-\sigma)\,|)C^{\mathrm{T}}D^{-1}Cf(|\,x(t-\sigma)\,|) \\
&= -\left(D^{\frac{1}{2}}\,|\,y(t)\,| - D^{-\frac{1}{2}}Bf(|\,x(t-\sigma)\,|)\right)^{\mathrm{T}}\left(D^{\frac{1}{2}}\,|\,y(t)\,| - D^{-\frac{1}{2}}Cf(|\,x(t-\sigma)\,|)\right) \leqslant 0
\end{aligned}
\tag{6.18}
$$

$$
-f^{\mathrm{T}}(|\,x(t-\sigma)\,|)f(|\,x(t-\sigma)\,|) + 2g^{\mathrm{T}}(|\,y(t)\,|)Cf(|\,x(t-\sigma)\,|) \leqslant g^{\mathrm{T}}(|\,y(t)\,|)C^{\mathrm{T}}Cg(|\,y(t)\,|) \tag{6.19}
$$

$$
-g^{\mathrm{T}}(|\,y(t-\tau)\,|)g(|\,y(t-\tau)\,|) + 2f^{\mathrm{T}}(|\,x(t)\,|)Bg(|\,y(t-\sigma)\,|) \leqslant f^{\mathrm{T}}(|\,x(t)\,|)B^{\mathrm{T}}Bf(|\,x(t)\,|) \tag{6.20}
$$

应用式 (6.17)~式 (6.20)，则 $\dfrac{\mathrm{d}V(x(t), y(t))}{\mathrm{d}t}$ 满足如下不等式：

$$
\begin{aligned}
\frac{\mathrm{d}V(x(t), y(t))}{\mathrm{d}t} \leqslant \mathrm{e}^{\lambda t}[&-x^{\mathrm{T}}(t)Ax(t) + \lambda x^{\mathrm{T}}(t)x(t) - 2f^{\mathrm{T}}(|\,x(t)\,|)A\,|\,x(t)\,| \\
&+ f^{\mathrm{T}}(|\,x(t)\,|)f(|\,x(t)\,|)\mathrm{e}^{\lambda \nu} + g^{\mathrm{T}}(y(t))C^{\mathrm{T}}Cg(y(t)) \\
&+ f^{\mathrm{T}}(|\,x(t)\,|)C^{\mathrm{T}}A^{-1}Cf(|\,x(t)\,|)\mathrm{e}^{\lambda \nu} - y^{\mathrm{T}}(t)Dy(t) \\
&+ \lambda y^{\mathrm{T}}(t)y(t) - 2g^{\mathrm{T}}(y\,|(t))D\,|\,y(t)\,| + g^{\mathrm{T}}(|\,y(t)\,|)g(|\,y(t)\,|)\mathrm{e}^{\lambda \mu} \\
&+ f^{\mathrm{T}}(|\,x(t)\,|)B^{\mathrm{T}}Bf(|\,x(t)\,|) + g^{\mathrm{T}}(|\,y(t)\,|)B^{\mathrm{T}}D^{-1}Bg(|\,y(t)\,|)\mathrm{e}^{\lambda \mu}] \\
&t \neq t_k, \quad t > 0
\end{aligned}
\tag{6.21}
$$

由激活函数的性质可知

$$|f_i(x_i)| \leqslant \alpha_i |x_i|, \quad i=1,2,\cdots,n, \quad |g_j(y_j)| \leqslant \alpha_j |y_j|, \quad j=1,2,\cdots,m$$

因此，$\dfrac{\mathrm{d}V(x(t),y(t))}{\mathrm{d}t}$ 满足如下不等式：

$$
\begin{aligned}
\frac{\mathrm{d}V(x(t),y(t))}{\mathrm{d}t} &\leqslant \mathrm{e}^{\lambda t}[-x^{\mathrm{T}}(t)Ax(t)+\lambda x^{\mathrm{T}}(t)x(t)-2|x(t)|\alpha^{\mathrm{T}}A|x(t)| \\
&\quad +|x(t)|\alpha^{\mathrm{T}}\alpha|x(t)|\mathrm{e}^{\lambda \nu}+|x(t)|\alpha^{\mathrm{T}}B^{\mathrm{T}}B\alpha|x(t)| \\
&\quad +|x(t)|\alpha^{\mathrm{T}}C^{\mathrm{T}}A^{-1}C\alpha|x(t)|\mathrm{e}^{\lambda \nu}-y^{\mathrm{T}}(t)Dy(t)+\lambda y^{\mathrm{T}}(t)y(t) \\
&\quad -2|y(t)|\beta^{\mathrm{T}}D|y(t)|+|y(t)|\beta^{\mathrm{T}}\beta|y(t)|\mathrm{e}^{\lambda \mu} \\
&\quad +|y(t)|\beta^{\mathrm{T}}C^{\mathrm{T}}C\beta|y(t)|+|y(t)|\beta^{\mathrm{T}}B^{\mathrm{T}}D^{-1}B\beta|y(t)|\mathrm{e}^{\lambda \mu}] \\
&= \mathrm{e}^{\lambda t}[x^{\mathrm{T}}(t)(-A+\lambda I-2\alpha^{\mathrm{T}}A+\alpha^{\mathrm{T}}\alpha\mathrm{e}^{\lambda \nu}+\alpha^{\mathrm{T}}B^{\mathrm{T}}B\alpha+\alpha^{\mathrm{T}}C^{\mathrm{T}}A^{-1}C\alpha\mathrm{e}^{\lambda \nu})x(t) \\
&\quad +y^{\mathrm{T}}(t)(-D+\lambda I-2\beta^{\mathrm{T}}D+\beta^{\mathrm{T}}\beta\mathrm{e}^{\lambda \mu}+\beta^{\mathrm{T}}C^{\mathrm{T}}C\beta+\beta^{\mathrm{T}}B^{\mathrm{T}}D^{-1}B\beta\mathrm{e}^{\lambda \mu})y(t)] \leqslant 0 \\
&\quad t \neq t_k, \quad t>0
\end{aligned}
$$

$$(6.22)$$

这意味着

$$V(x(t),y(t)) \leqslant V(0), \quad t>0; t \neq t_k$$

由

$$x(t_k+0)=(1-\gamma_{ik})x(t_k), \quad 0 \leqslant \gamma_{ik} \leqslant 2, \quad i=1,2,\cdots,n; k \in \mathbf{Z}^+$$

$$y(t_k+0)=(1-\eta_{jk})y(t_k), \quad 0 \leqslant \eta_{jk} \leqslant 2, \quad j=1,2,\cdots,m; k \in \mathbf{Z}^+$$

可知

$$|x(t_k+0)| \leqslant |x(t_k)|, \quad |y(t_k+0)| \leqslant |y(t_k)|$$

从而，可以获得

$$
\begin{aligned}
V(x(t_k+0),y(t_k+0)) &= \mathrm{e}^{\lambda t}x^{\mathrm{T}}(t_k+0)x(t_k+0)+2\sum_{i=1}^{n}\int_{0}^{|x_i(t_k+0)|}f_i(\theta)\mathrm{e}^{\lambda x_i^{-1}(\theta)}\mathrm{d}\theta \\
&\quad +\sum_{i=1}^{n}\int_{t_k-\tau_{ji}}^{t_k}f_i^2(x_i(\theta))\mathrm{e}^{\lambda(\theta+\tau_{ji})}\mathrm{d}\theta+\mathrm{e}^{\lambda t}y^{\mathrm{T}}(t_k+0)y(t_k+0) \\
&\quad +2\sum_{j=1}^{m}\int_{0}^{|y_j(t_k+0)|}g_j(\theta)\mathrm{e}^{\lambda y_j^{-1}(\theta)}\mathrm{d}\theta+\sum_{j=1}^{m}\int_{t_k-\sigma_{ij}}^{t_k}f_i^2(x_i(\theta))\mathrm{e}^{\lambda(\theta+\sigma_{ij})}\mathrm{d}\theta \\
&\quad +\int_{t_k-\tau}^{t_k}f^{\mathrm{T}}(x(\theta))B^{\mathrm{T}}A^{-1}Bf(x(\theta))\mathrm{e}^{\lambda(\theta+\tau)}\mathrm{d}\theta
\end{aligned}
$$

$$+ \int_{t_k-\sigma}^{t_k} g^{\mathrm{T}}(y(\theta)) C^{\mathrm{T}} D^{-1} Cg(y(\theta)) \mathrm{e}^{\lambda(\theta+\sigma)} \mathrm{d}\theta$$

$$\leqslant \mathrm{e}^{\lambda t} x^{\mathrm{T}}(t_k)x(t_k) + 2\sum_{i=1}^{n} \int_{0}^{|x_i(t_k)|} f_i(\theta) \mathrm{e}^{\lambda x_i^{-1}(\theta)} \mathrm{d}\theta$$

$$+ \sum_{i=1}^{n} \int_{t_k-\tau_{ji}}^{t_k} f_i^2(x_i(\theta)) \mathrm{e}^{\lambda(\theta+\tau_{ji})} \mathrm{d}\theta + \mathrm{e}^{\lambda t} y^{\mathrm{T}}(t_k)y(t_k)$$

$$+ 2\sum_{j=1}^{m} \int_{0}^{|y_j(t_k)|} g_j(\theta) \mathrm{e}^{\lambda y_j^{-1}(\theta)} \mathrm{d}\theta + \sum_{j=1}^{m} \int_{t_k-\sigma_{ij}}^{t_k} f_i^2(x_i(\theta)) \mathrm{e}^{\lambda(\theta+\sigma_{ij})} \mathrm{d}\theta$$

$$+ \int_{t_k-\tau}^{t_k} f^{\mathrm{T}}(x(\theta)) B^{\mathrm{T}} A^{-1} Bf(x(\theta)) \mathrm{e}^{\lambda(\theta+\tau)} \mathrm{d}\theta$$

$$+ \int_{t_k-\sigma}^{t_k} g^{\mathrm{T}}(y(\theta)) C^{\mathrm{T}} D^{-1} Cg(y(\theta)) \mathrm{e}^{\lambda(\theta+\sigma)} \mathrm{d}\theta$$

$$= V(x(t_k), y(t_k))$$

因此

$$V(t) \leqslant V(0), \quad t \geqslant 0$$

由式 (6.16) 可知

$$V(0) = x^{\mathrm{T}}(0)x(0) + 2\sum_{i=1}^{n} \int_{0}^{|x_i(0)|} f_i(\theta) \mathrm{e}^{\lambda x_i^{-1}(\theta)} \mathrm{d}\theta + \sum_{i=1}^{n} \int_{-\tau_{ji}}^{0} f_i^2(x_i(\theta)) \mathrm{e}^{\lambda(\theta+\tau_{ji})} \mathrm{d}\theta$$

$$+ y^{\mathrm{T}}(0)y(0) + 2\sum_{j=1}^{m} \int_{0}^{|y_j(0)|} g_j(\theta) \mathrm{e}^{\lambda y_j^{-1}(\theta)} \mathrm{d}\theta + \sum_{j=1}^{m} \int_{-\sigma_{ij}}^{0} f_i^2(x_i(\theta)) \mathrm{e}^{\lambda(\theta+\sigma_{ij})} \mathrm{d}\theta$$

$$+ \int_{-\tau}^{0} f^{\mathrm{T}}(x(\theta)) B^{\mathrm{T}} A^{-1} Bf(x(\theta)) \mathrm{e}^{\lambda(\theta+\tau)} \mathrm{d}\theta + \int_{-\sigma}^{0} g^{\mathrm{T}}(y(\theta)) C^{\mathrm{T}} D^{-1} Cg(y(\theta)) \mathrm{e}^{\lambda(\theta+\sigma)} \mathrm{d}\theta$$

$$\leqslant M \left(\sup_{-\mu \leqslant \theta \leqslant 0} x^2(\theta) + \sup_{-\mu \leqslant \theta \leqslant 0} y^2(\theta) \right)$$

和

$$V(x(t)) \geqslant |x(t)|^2 \mathrm{e}^{\lambda t} + |y(t)|^2 \mathrm{e}^{\lambda t}$$

因此

$$|x(t)|^2 + |y(t)|^2 \leqslant \mathrm{e}^{-\lambda t} M \left(\sup_{-\mu \leqslant \theta \leqslant 0} x^2(\theta) + \sup_{-\mu \leqslant \theta \leqslant 0} y^2(\theta) \right), \quad t > 0$$

由全局指数稳定的定义可知，系统 (6.12) 的解是全局指数稳定的，证毕。

注 6.3　我们所得结果比以往的结果所要求的条件更加宽松，所适用的神经网络模型的激活函数可以既不可微，也可以是不严格单调有界，推广和改进了已有文献[30]中的相关结果。现把我们所得结果与文献[30]的结果进行比较。

例 6.2 系统 (6.12) 的神经网络的参数如下：

$$C = B = \begin{bmatrix} c & c \\ c & -c \end{bmatrix}, \quad D = A = \begin{bmatrix} 1 & 0 \\ 0 & 1 \end{bmatrix}, \quad \beta = \alpha = \begin{bmatrix} 1 & 0 \\ 0 & 1 \end{bmatrix}$$

对于上面给出的参数，我们可以得出定理 6.2 的结果：

$$\Omega_1 = \Omega_2 = -\alpha^{-1}A\alpha^{-1} - 2A\alpha^{-1} + B^{\mathrm{T}}B + I + CB^{-1}C = 2\begin{bmatrix} -1+2c^2 & 0 \\ 0 & -1+2c^2 \end{bmatrix}$$

根据定理 6.2 稳定性的条件可以获得，当 $c < \dfrac{1}{\sqrt{2}}$ 时，系统 (6.12) 的平衡点是指数稳定的；对于上述上面给出的相同参数，按文献[30]中定理的条件去计算，得出的结果是，当 $|c| < \dfrac{1}{2}$ 时，系统 (6.12) 的平衡点是指数稳定的。由此可知，如果 $\dfrac{1}{2} \leqslant |c| < \dfrac{1}{\sqrt{2}}$，则文献[30]定理的条件不满足。与此相对比的是定理 6.2 的条件不仅满足 $c < \dfrac{1}{\sqrt{2}}$，而且满足 $\dfrac{1}{2} \leqslant |c| < \dfrac{1}{\sqrt{2}}$。

6.3 具有马尔可夫链的变时滞随机区间神经网络指数稳定性分析

6.3.1 预备知识

考虑如下形式具有马尔可夫链变时滞随机区间神经网络：

$$\begin{aligned}
\mathrm{d}x(t) = &[-(A(r(t)) + \Delta A(r(t)))x(t) + (B(r(t)) + \Delta B(r(t)))f(x(t-\delta(t)))]\mathrm{d}t \\
&+ [(C(r(t)) + \Delta C(r(t)))x(t) + (D(r(t)) + \Delta D(r(t)))x(t-\delta(t))]\mathrm{d}w(t)
\end{aligned} \tag{6.23}$$

其中，$A(r(t)) := A_r = (a_{ijr})_{n \times n}$，$a_{ijr}$ 表示电阻率常数；$B(r(t)) := B_r = (b_{ijr})_{n \times n}$，$b_{ijr}$ 表示网络的连接权；$\delta(t) : \mathbf{R}_+ \to [0,\tau]$ 是连续函数，且表示神经元的时滞。假设 $\delta(t)$ 可微且满足 $\dot{\delta}(t) \leqslant \delta_0 < 1, \forall t \geqslant 0$；在概率空间上，$\{r(t), t \geqslant 0\}$ 是右连续马尔可夫链[31-37]，且取值于有限状态空间 $S = \{1, 2, \cdots, N\}$，即 $r(t) \in S$，同时还具有 $\Gamma = (\gamma_{ij})_{N \times N}$，由

$$P\{r(t+\Delta) = j \mid r(t) = i\} = \begin{cases} \Delta\gamma_{ij} + o(\Delta), & i \neq j \\ 1 + \Delta\gamma_{ij} + o(\Delta), & i = j \end{cases}$$

给出。这里，$\Delta > 0$，$\gamma_{ij} \geqslant 0$ 是从 i 到 j 的转移率。如果 $i \neq j$，则

$$\gamma_{ii} = \sum_{i \neq j} \gamma_{ij}$$

同时

$$\Delta A_r \in [-\overline{A}_r, \ \overline{A}_r], \quad \Delta B_r \in [-\overline{B}_r, \ \overline{B}_r]$$

$$\Delta C_r \in [-\overline{C}_r, \ \overline{C}_r], \quad \Delta D_r \in [-\overline{D}_r, \ \overline{D}_r]$$

这里 ΔA_r、ΔB_r、ΔC_r、ΔD_r 含义如上，$\overline{A}_r := \overline{A(r(t))}$ 是非负矩阵，类似定义 $\overline{B}_r, \overline{C}_r$ 和 $\overline{D}_r$。

为方便，做下列记号：

$$A(r(t)) := A_r, \quad B(r(t)) := B_r, \quad C(r(t)) := C_r, \quad D(r(t)) := D_r$$

$$\Delta A(r(t)) := \Delta A_r, \quad \Delta B(r(t)) := \Delta B_r, \quad \Delta C(r(t)) := \Delta C_r, \quad \Delta D(r(t)) := \Delta D_r$$

在本节中，如果没有特别说明，将使用以下符号：记 $|\cdot|$ 在 $\mathbf{R}^n$ 上是欧拉范数。若 A 是向量或矩阵，则 A^{T} 表示转置。如果 A 是一个矩阵，则 $|A| = \sqrt{\mathrm{trace}(A^{\mathrm{T}}A)}$，$\|A\| = \sup\{|Ax| : |x| = 1\}$。如果 A 是对称矩阵，则 $\lambda_{\max}(A)$ 和 $\lambda_{\min}(A)$ 分别表示最大和最小特征值。如果 A 和 B 是对称矩阵，有 $A > B$ 和 $A \geq B$，则 $A - B$ 表示非负定。

设 $A^m = [a_{ij}^m]_{n \times n}$ 和 $A^M = [a_{ij}^M]_{n \times n}$ 满足 $a_{ij}^m \leq a_{ij}^M (\forall 1 \leq i, j \leq n)$；定义区间矩阵 $[A^m, A^M]$ 是

$$[A^m, A^M] = \{A = [a_{ij}] : a_{ij}^m \leq a_{ij} \leq a_{ij}^M, \forall 1 \leq i, j \leq n\}$$

令 $A, \overline{A}, \underline{A} \in \mathbf{R}^{n \times n}, \overline{A}$、$\underline{A}$ 是非负矩阵，设 $[A \pm \overline{A}]$ 表示区间 $[A - \overline{A}, A + \overline{A}]$。因此，对于任何区间 $[A^m, A^M]$ 可以用 $[A \pm \overline{A}]$ 唯一地表示，事实上，可取 $A = (1/2)(A^m + A^M)$，$\underline{A} = (1/2)(A^m - A^M)$ 和 $\overline{A} = (1/2)(A^M - A^m)$。

令 $\mathbf{R}_+ = [0, +\infty)$ 和 $\tau > 0$。$(\Omega, \mathcal{F}, \{\mathcal{F}_t\}_{t \geq 0}, P)$ 是一个完全概率空间且自然过滤 $\{\mathcal{F}_t\}_{t \geq 0}$ 满足一般条件。$C_{\mathcal{F}_0}^b([-\tau, 0] : \mathbf{R}^n)$ 表示一族有界 $\mathcal{F}_0$-测度，$C([-\tau, 0] : \mathbf{R}^n)$-值是随机变量。如果 $x(t)$ 是连续 $\mathbf{R}^n$-值的随机过程 $t \in [-\tau, +\infty)$，则令 $x_t = \{x(t + \theta) : -\tau \leq \theta \leq 0\}$，$t \geq 0$ 作为 $C([-\tau, 0] : \mathbf{R}^n)$-值的随机过程。$\{w(t), t \geq 0\}$ 是定义在概率空间上的布朗运动。

(H₅) 假设激活函数满足下面的性质：如果存在常数 L，使得

$$|f(x) - f(y)| \leq L|x - y|$$

进一步，假设系统 (6.23) 具有如下初始值条件：

$$x_0 = \xi \in C_{\mathcal{F}_0}^b([-\tau, 0] : \mathbf{R}^n)$$

根据假设 (H_5)，易知系统 (6.23) 有唯一的连续解[31,32]，而且解 $x(t; \xi), t \geq -\tau$，有如下的性质：

$$E\left[\sup_{-\tau \leq \xi \leq t} |x(t; \xi)|^2\right] < \infty, \quad t \geq 0 \tag{6.24}$$

6.3.2　均方指数稳定性分析

首先考虑简化的系统：

$$dx(t) = \left[-A_r x(t) + B_r f(x(t-\delta(t)))\right]dt + \left[C_r x(t) + D_r x(t-\delta(t))\right]dw(t) \tag{6.25}$$

这里，仍然用 $t \geq 0, x_0 = \xi \in C_{\mathcal{F}_0}^b([-\tau, 0]:\mathbf{R}^n)$ 表示系统 (6.25) 的初始解。

如果没有特别说明，一般写 $x(t;\xi) = x(t), \{x_t, r(t)\}_{t \geq 0}$ 是 $C([-\tau, 0]:\mathbf{R}^n) \times S$- 值的一个马尔可夫过程。定义 L 是作用在函数 $V : C([-\tau, 0]:\mathbf{R}^n) \times S - \mathbf{R}_+ \to \mathbf{R}$ 的如下有限算子：

$$LV(x_t, i, t) = \lim_{\Delta \to 0} \frac{1}{\Delta}[E(V(x_{t+\Delta}, r(t+\Delta), t+\Delta) \mid x_t, r(t) = i) - V(x_t, i, t)] \tag{6.26}$$

特别当 Q_i 是对称矩阵时，如果

$$V(x, i, t) = x^T(t)Q_i x(t), \quad (x, i, t) \in C([-\tau, 0]:\mathbf{R}^n) \times S - \mathbf{R}_+$$

则

$$\begin{aligned}
LV(x_t, i, t) &= 2x^T(t)Q_i[-A_i x(t) + B_i f(x(t-\delta(t)))] \\
&\quad + [C_r x(t) + D_r x(t-\delta(t))]^T Q_i [C_r x(t) + D_r x(t-\delta(t))] + \sum_{j=1}^N \gamma_{ij} x^T(t)Q_j x(t)
\end{aligned} \tag{6.27}$$

为了研究下面的均方指数稳定性，首先，构造如下 Lyapunov 函数：

$$V(x_t, i, t) = \int_{t-\delta(t)}^t x^T(\theta)H_i x(\theta)d\theta, \quad (x, i, t) \in C([-\tau, 0]:\mathbf{R}^n) \times S - \mathbf{R}_+ \tag{6.28}$$

其中，H_i 是对称矩阵。

下面给出一个有用的引理。

引理 6.1　有限维算子 L 作用在 Lyapunov 函数 (6.28) 上，有

$$\begin{aligned}
LV(x_t, i, t) &= x^T(t)H_i x(t) - (1-\dot{\delta}(t))x^T(t-\delta(t))H_i x(t-\delta(t)) \\
&\quad + \sum_{j=1}^N \gamma_{ij} \int_{t-\delta(t)}^t x^T(t+\theta)H_j x(t+\theta)d\theta
\end{aligned} \tag{6.29}$$

证明　对于充分小 $\Delta > 0$，计算可得

$$E(V(x_{t+\Delta}, r(t+\Delta), t+\Delta) \mid x_t, r(t) = i)$$

$$= E\left(\int_{t-\delta(t+\Delta)}^t x^T(t+\Delta+\theta)H_{r(t+\Delta)}x(t+\Delta+\theta)d\theta \mid x_t, r(t) = i\right)$$

$$= E\left(\int_{t-\delta(t)}^t x^T(t+\theta)H_{r(t+\Delta)}x(t+\theta)d\theta \mid x_t, r(t) = i\right)$$

$$+ E\left(\int_{t-\delta(t+\Delta)}^t x^T(t+\Delta+\theta)H_{r(t+\Delta)}x(t+\Delta+\theta)d\theta - \int_{t-\delta(t)}^t x^T(t+\theta)H_{r(t+\Delta)}x(t+\theta)d\theta \mid x_t, r(t) = i\right)$$

$$= \sum_{j=1}^{N} P\big(r(t+\Delta) = j \mid r(t) = i\big) \int_{t-\delta(t)}^{t} x^{\mathrm{T}}(t+\theta) H_j x(t+\theta) \mathrm{d}\theta$$

$$+ E\left(\int_{t+\Delta-\delta(t+\Delta)}^{t+\Delta} x^{\mathrm{T}}(t+\theta) H_{r(t+\Delta)} x(t+\theta) \mathrm{d}\theta - \int_{t-\delta(t)}^{t} x^{\mathrm{T}}(t+\theta) H_{r(t+\Delta)} x(t+\theta) \mathrm{d}\theta \mid x_t, r(t) = i \right)$$

$$= \sum_{j=1}^{N} (\gamma_{ij}\Delta + o(\Delta)) \int_{t-\delta(t)}^{t} x^{\mathrm{T}}(t+\theta) H_j x(t+\theta) \mathrm{d}\theta + \int_{t-\delta(t)}^{t} x^{\mathrm{T}}(t+\theta) H_i x(t+\theta) \mathrm{d}\theta$$

$$+ E\left(\int_{t}^{t+\Delta} x^{\mathrm{T}}(t+\theta) H_{r(t+\Delta)} x(t+\theta) \mathrm{d}\theta - \int_{t-\delta(t)}^{t+\Delta-[\delta(t)+\dot{\delta}(t)\Delta+o(\Delta)]} x^{\mathrm{T}}(t+\theta) H_{r(t+\Delta)} x(t+\theta) \mathrm{d}\theta \mid x_t, r(t) = i \right)$$

$$= \sum_{j=1}^{N} \gamma_{ij}\Delta \int_{t-\delta(t)}^{t} x^{\mathrm{T}}(t+\theta) H_j x(t+\theta) \mathrm{d}\theta + V(x_t, i, t)$$

$$+ \Delta x^{\mathrm{T}}(t) H_i x(t) - \Delta(1 - \dot{\delta}(t)) x^{\mathrm{T}}(t - \delta(t)) H_i x(t - \delta(t)) + o(\Delta)$$

$$(6.30)$$

把式 (6.30) 代入式 (6.26) 就可得到式 (6.29)，证毕。

定理 6.3　假设存在两个常数 λ_1 和 λ_2，使得

$$\lambda_1 > \tau\lambda_2$$

且存在对称矩阵 $Q_i, H_i \geq 0$ 和常数 $\varepsilon_i, \eta_i > 0 (1 \leq i \leq N)$，使得

$$H_i \geq \frac{1}{1-\delta_0} (\varepsilon_i L Q_i L + (1 + \eta_i) D_i^{\mathrm{T}} Q_i D_i)$$

$$\lambda_{\max}\left(-Q_i A_i - A_i^{\mathrm{T}} Q_i + (1 + \eta_i^{-1}) C_i^{\mathrm{T}} Q_i C_i + \varepsilon_i^{-1} B_i^{\mathrm{T}} Q_i B_i + \sum_{j=1}^{N} \gamma_{ij} Q_j + H_i \right) \leq -\lambda_1$$

$$\lambda_{\max}\left(\sum_{j=1}^{N} \gamma_{ij} H_j \right) \leq \lambda_2$$

$i \in S$，对于任意 $\xi \in C_{\mathcal{F}_0}^b([-\tau, 0] : \mathbf{R}^n)$，式 (6.25) 的解有如下性质：

$$\limsup_{1 \leq i \leq N} \frac{1}{t} \log(E \mid x(t; \xi) \mid^2) \leq -\lambda < 0 \qquad (6.31)$$

换句话说，系统 (6.25) 是均方指数稳定的。而且，有正数 λ 是式 (6.32) 的唯一根：

$$\alpha\lambda + (\lambda_2 + \alpha_1\lambda)\tau \mathrm{e}^{\lambda\tau} = \lambda_1 \qquad (6.32)$$

其中

$$\alpha = \max_{1 \leq i \leq N} \lambda_{\max}(Q_i), \quad \alpha_1 = \max_{1 \leq i \leq N} \lambda_{\max}(H_i)$$

证明　给出 $\lambda_2 \geq 0$。选取 i 使得 $\lambda_{\min}(H_i)$ 是最小的，则对于 $\lambda_{\min}(H_j)(1 \leq j \leq N)$，有

$$\lambda_{\min}(H_i) = \min_{1 \leq j \leq N} \lambda_{\min}(H_j)$$

若 $v \neq 0$ 是相应 H_i 的特征向量，使得 $H_i v = \lambda_{\min}(H_i) v$，则

$$v^\mathrm{T} H_i v = \lambda_{\min}(H_i) |v|^2$$

而且

$$v^\mathrm{T} \left(\sum_{j=1}^{N} \gamma_{ij} H_j \right) v = \sum_{j \neq i}^{N} \gamma_{ij} v^\mathrm{T} H_j v + \gamma_{ii} v^\mathrm{T} H_j v$$

$$\geqslant \sum_{j \neq i}^{N} \gamma_{ij} \lambda_{\min}(H_j) |v|^2 + \gamma_{ii} \lambda_{\min}(H_i) |v|^2$$

$$\geqslant \lambda_{\min} \left(H_i |v|^2 \sum_{j=i}^{N} \gamma_{ij} \right) = 0$$

从而

$$\lambda_{\max} \left(\sum_{j=1}^{N} \gamma_{ij} H_j \right) |v|^2 \geqslant v^\mathrm{T} \left(\sum_{j=1}^{N} \gamma_{ij} H_j \right) v \geqslant 0$$

由于 $|v| > 0$，可以获得

$$\lambda_{\max} \left(\sum_{j=1}^{N} \gamma_{ij} H_j \right) \geqslant 0$$

因此，有 $\lambda_2 \geqslant 0$。由于 $\lambda_1 > \tau \lambda_2$，知道 $\lambda_1 > 0$ 和式(6.31)有唯一的根 $\lambda > 0$。

现在，给出初始值 $x(t; \xi) = x(t)$。构造 Lyapunov 函数 $V_1 : C([-\tau, 0]: \mathbf{R}^n) \times S - \mathbf{R}_+ \to \mathbf{R}$，由

$$V_1(x, i, t) = \mathrm{e}^{\lambda t} V(x, i, t)$$

和

$$V(x, i, t) = x^\mathrm{T}(t) Q_i x(t) + \int_{t-\delta(t)}^{t} x^\mathrm{T}(\theta) H_i x(\theta) \mathrm{d}\theta$$

运用一般 Itô 公式可知

$$EV_1(x_t, r(t), t) = EV_1(\xi, r(0), 0) + E \int_0^t LV_1(x_s, r(s), s) \mathrm{d}s \tag{6.33}$$

从而可以直接得到

$$LV_1(x_t, i, t) = \mathrm{e}^{\lambda t} [\lambda V(x_t, i, t) + LV(x_t, i, t)]$$

由式(6.27)和引理 6.1 可知

$$LV(x_t, i, t) = 2x^{\mathrm{T}}(t)Q_i\big[-A_i x(t) + B_i f(x(t-\delta(t)))\big]$$

$$+ \big[C_r x(t) + D_r x(t-\delta(t))\big]^{\mathrm{T}} Q_i \big[C_r x(t) + D_r x(t-\delta(t))\big]$$

$$+ \sum_{j=1}^{N} \gamma_{ij} x^{\mathrm{T}}(t)Q_j x(t) + x^{\mathrm{T}}(t)H_i x(t) - (1-\dot{\delta}(t))x^{\mathrm{T}}(t-\delta(t))H_i x(t-\delta(t)) \quad (6.34)$$

$$+ \sum_{j=1}^{N} \gamma_{ij} \int_{t-\delta(t)}^{t} x^{\mathrm{T}}(t+\theta)H_j x(t+\theta)\mathrm{d}\theta$$

进一步可以获取如下不等式：

$$2x^{\mathrm{T}}(t)Q_i B_i f(x(t-\delta(t))) \leqslant \varepsilon_i^{-1} x^{\mathrm{T}}(t)B_i^{\mathrm{T}} Q_i B_i x(t) + \varepsilon_i f^{\mathrm{T}}(x(t-\delta(t)))Q_i f(x(t-\delta(t)))$$

$$2x^{\mathrm{T}}(t)D_i Q_i C_i x(t-\delta(t)) \leqslant \eta_i^{-1} x^{\mathrm{T}}(t)C_i^{\mathrm{T}} Q_i C_i x(t) + \eta_i x^{\mathrm{T}}(t-\delta(t))D_i^{\mathrm{T}} Q_i D_i x(t-\delta(t))$$

可以计算

$$LV(x_t, i, t) \leqslant x^{\mathrm{T}}(t)\left(-Q_i A_i - A_i^{\mathrm{T}} Q_i + (1+\eta_i^{-1})C_i Q_i C_i + \varepsilon_i^{-1} B_i^{\mathrm{T}} Q_i B_i + \sum_{j=1}^{N} \gamma_{ij} Q_j + H_i\right)x(t)$$

$$+ x^{\mathrm{T}}(t-\delta(t))((\varepsilon_i L Q_i L + (1+\eta_i)D_i^{\mathrm{T}} Q_i D_i - (1-\dot{\delta}_0))H_i)x(t-\delta(t))$$

$$+ \int_{t-\delta(t)}^{t} x^{\mathrm{T}}(t+\theta)\left(\sum_{j=1}^{N} \gamma_{ij} H_j\right)x(t+\theta)\mathrm{d}\theta$$

$$\leqslant -\lambda_1 |x(t)|^2 + \lambda_2 \int_{t-\tau}^{t} |x(t+\theta)|^2 \, \mathrm{d}\theta$$

$$V(x_t, i, t) \leqslant \alpha |x(t)|^2 + \alpha_1 \int_{t-\tau}^{t} |x(t+\theta)|^2 \, \mathrm{d}\theta \quad (6.35)$$

把式 (6.35) 代入式 (6.33) 就可以得到

$$EV_1(x_t, r(t), t) \leqslant V_1(\xi, r(0), 0) - (\lambda_1 - \alpha\lambda)E\int_0^t \mathrm{e}^{\lambda s} |x(s)|^2 \, \mathrm{d}s$$

$$+ (\lambda_2 + \alpha_1\lambda)\int_0^t \mathrm{e}^{\lambda s}\left(\int_{-\tau}^{0} |x(s+\theta)|^2 \, \mathrm{d}\theta\right)\mathrm{d}s \quad (6.36)$$

进一步计算

$$\int_0^t \mathrm{e}^{\lambda s}\left(\int_{-\tau}^{0} |x(s+\theta)|^2 \, \mathrm{d}\theta\right)\mathrm{d}s = \int_0^t \mathrm{e}^{\lambda s}\left(\int_{s-\tau}^{s} |x(u)|^2 \, \mathrm{d}u\right)\mathrm{d}s$$

$$\leqslant \int_{-\tau}^{t}\left(\int_u^{u+\tau} \mathrm{e}^{\lambda s}\mathrm{d}s\right)|x(u)|^2 \, \mathrm{d}u \quad (6.37)$$

$$\leqslant \tau \mathrm{e}^{\lambda \tau}\int_{-\tau}^{t} \mathrm{e}^{\lambda u} |x(u)|^2 \, \mathrm{d}u$$

把式 (6.35) 和式 (6.31) 代入式 (6.36)，可得

$$EV_1(x_t, r(t), t) \leqslant V_1(\xi, r(0), 0) + (\lambda_2 + \alpha_1\lambda)\tau \mathrm{e}^{\lambda \tau}E\int_{-\tau}^{0} |\xi(\theta)|^2 \, \mathrm{d}\theta$$

另外，容易知道

$$
\begin{aligned}
EV_1(x_t, r(t), t) &\geq \mathrm{e}^{\lambda t} E(x^{\mathrm{T}}(t) Q_{r(t)} x(t)) \\
&\geq \mathrm{e}^{\lambda t} E(\min_{1 \leq i \leq N} x^{\mathrm{T}}(t) Q_i x(t)) \\
&\geq \mathrm{e}^{\lambda t} \min_{1 \leq i \leq N} \lambda_{\min}(Q_i) E|x(t)|^2
\end{aligned}
$$

因此，系统(6.25)的解有如下性质：

$$
\limsup_{1 \leq i \leq N} \frac{1}{t} \log(E|x(t; \xi)|^2) \leq -\lambda < 0
$$

故系统(6.25)是均方指数稳定的，证毕。

引理 6.2　让 $[A \pm \overline{A}]$ 是区间矩阵，且 $\Delta A \in [-\overline{A}, \overline{A}]$。如果 Q 是非负正定对称矩阵，则

$$
(A + \Delta A)^{\mathrm{T}} Q (A + \Delta A) \leq (1 + \|\overline{A}\| / \|A\|) A^{\mathrm{T}} Q A + \|Q\| \|\overline{A}\| (\|A\| + \|\overline{A}\|) I \tag{6.38}
$$

证明

$$
\begin{aligned}
(A + \Delta A)^{\mathrm{T}} Q (A + \Delta A) &= A^{\mathrm{T}} Q A + \Delta A^{\mathrm{T}} Q A + A^{\mathrm{T}} Q \Delta A + \Delta A^{\mathrm{T}} Q \Delta A \\
&\leq A^{\mathrm{T}} Q A + \Delta A^{\mathrm{T}} Q A + A^{\mathrm{T}} Q \Delta A + \|Q\| \|\overline{A}\|^2 I
\end{aligned}
$$

而

$$
\Delta A^{\mathrm{T}} Q A + A^{\mathrm{T}} Q \Delta A \leq \varepsilon A^{\mathrm{T}} Q A + \frac{1}{\varepsilon} \Delta A^{\mathrm{T}} Q \Delta A \leq \varepsilon A^{\mathrm{T}} Q A + \frac{1}{\varepsilon} \|Q\| \|\overline{A}\|^2 I
$$

对于任意 $\varepsilon > 0$，选取 $\varepsilon = \|\overline{A}\| / \|A\|$，则有

$$
\Delta A^{\mathrm{T}} Q A + A^{\mathrm{T}} Q \Delta A \leq \|\overline{A}\| / \|A\| A^{\mathrm{T}} Q A + \|Q\| \|A\| \|\overline{A}\| I
$$

则式(6.38)成立，证毕。

定理 6.4　假设存在矩阵 $Q_i \geq 0$ 和 $H_i \geq 0$，使得

$$
\begin{aligned}
H_i \geq \frac{1}{1 - \delta_0} &((\|B_i\| + \|\overline{B}_i\|) L Q_i L + (1 + \|C_i\| + \|\overline{C}_i\|) \\
&\cdot ((1 + \|\overline{D}_i\| / \|D_i\|) D_i^{\mathrm{T}} Q_i D_i + \|Q_i\| \|\overline{D}_i\| (\|\overline{D}_i\| + \|D_i\|)))
\end{aligned}
$$

对于 $i \in S$，假设有

$$
\lambda_1 > \tau \lambda_2
$$

其中

$$
\begin{aligned}
\lambda_1 = -\max_{1 \leq i \leq N} \Bigg\{ \lambda_{\max} \Bigg(&-Q_i A_i - A_i^{\mathrm{T}} Q_i + (1 + \|C_i\|^{-1} + \|\overline{C}_i\|^{-1})(1 + \|\overline{C}_i\| / \|C_i\|) \cdot C_i^{\mathrm{T}} Q_i C_i \\
&+ (\|B_i\|^{-1} + \|\overline{B}_i\|^{-1})(1 + \|\overline{B}_i\| / \|B_i\|) B_i^{\mathrm{T}} Q_i B_i + \sum_{j=1}^{N} \gamma_{ij} Q_j + H_i \Bigg) \\
&- 2\|Q_i\| \|\underline{A}_i\| + (1 + \|C_i\|^{-1} + \|\overline{C}_i\|^{-1}) \|Q_i\| \|\overline{C}_i\| (\|C_i\| + \|\overline{C}_i\|) + \|Q_i\| \|\overline{B}_i\| \Bigg\}
\end{aligned}
$$

$$\lambda_2 = \max_{1 \leqslant i \leqslant N} \lambda_{\max} \left(\sum_{j=1}^{N} \gamma_{ij} H_j \right)$$

则对于任意的初始值 $\xi \in C_{\mathcal{F}_0}^b([-\tau,0]: \mathbf{R}^n)$ 系统 (6.23) 的解有如下性质：

$$\limsup_{1 \leqslant i \leqslant N} \frac{1}{t} \ln(E|x(t;\xi)|^2) \leqslant -\lambda < 0 \tag{6.39}$$

且存在正数 λ 与定理 6.1 的定义一样。

证明　首先，证明定理是如下情形：

$$\|B_i\| + \|\overline{B}_i\| > 0, \quad \|C_i\| + \|\overline{C}_i\| > 0, \quad \forall i \in S$$

在这种情况下，可以应用定理 6.1，让 $\varepsilon_i = \|B_i\| + \|\overline{B}_i\|$，$\eta_i = \|C_i\| + \|\overline{C}_i\|$。

根据引理 6.2 和定理 6.4 的条件，容易知道，对于任意 $i \in S$，有

$$H_i \geqslant \frac{1}{1-\delta_0}(\varepsilon_i L Q_i L + (1+\eta_i)(D_i + \Delta D_i)^{\mathrm{T}} Q_i (D_i + \Delta D_i))$$

且进一步计算

$$
\begin{aligned}
\lambda_{\max} &= \lambda_{\max}(-Q_i(A_i + \Delta A_i) - (A_i + \Delta A_i)^{\mathrm{T}} Q_i + (1+\eta_i^{-1})(C_i + \Delta C_i)^{\mathrm{T}} Q_i (C_i + \Delta C_i) \\
&\quad + \varepsilon_i^{-1}(B_i + \Delta B_i)^{\mathrm{T}} Q_i (B_i + \Delta B_i) + \sum_{j=1}^{N} \gamma_{ij} Q_j + H_i) \\
&\leqslant \lambda_{\max}(-Q_i A_i - A_i^{\mathrm{T}} Q_i - 2\|Q_i\| \|\underline{A}_i\| I + (1+\eta_i^{-1})(1+\|\overline{C}_i\|/\|C_i\|) C_i^{\mathrm{T}} Q_i C_i \\
&\quad + (1+\eta_i^{-1})\|Q_i\| \|\overline{C}_i\| (\|C_i\| + \|\overline{C}_i\|) I + \varepsilon_i^{-1}(1+\|\overline{B}_i\|/\|B_i\|) B_i^{\mathrm{T}} Q_i B_i \\
&\quad + \varepsilon_i^{-1} \|Q_i\| \|\overline{B}_i\| (\|B_i\| + \|\overline{B}_i\|) I + \sum_{j=1}^{N} \gamma_{ij} Q_j + H_i) \\
&\leqslant \lambda_{\max}(-Q_i A_i - A_i^{\mathrm{T}} Q_i + (1+\eta_i^{-1})(1+\|\overline{C}_i\|/\|C_i\|) C_i^{\mathrm{T}} Q_i C_i \\
&\quad + \varepsilon_i^{-1}(1+\|\overline{B}_i\|/\|B_i\|) B_i^{\mathrm{T}} Q_i B_i + \sum_{j=1}^{N} \gamma_{ij} Q_j + H_i) \\
&\quad - 2\|Q_i\| \|\underline{A}_i\| + (1+\eta_i^{-1})\|Q_i\| \|\overline{C}_i\| (\|C_i\| + \|\overline{C}_i\|) \\
&\quad + \varepsilon_i^{-1} \|Q_i\| \|\overline{B}_i\| (\|B_i\| + \|\overline{B}_i\|) \\
&\leqslant -\lambda_1
\end{aligned}
$$

从而，根据定理 6.4 的结论，易知系统 (6.23) 的解有如下性质：

$$\limsup_{1 \leqslant i \leqslant N} \frac{1}{t} \log(E|x(t;\xi)|^2) \leqslant -\lambda < 0$$

在 $\|B_i\| + \|\overline{B}_i\| = 0$，$\|C_i\| + \|\overline{C}_i\| = 0$ 情况下，可以选取相应的 ε_i、η_i 充分小，应用定理 6.4 结论，即让 $\varepsilon_i, \eta_i \to 0$，则系统 (6.23) 是均方指数稳定的，证毕。

注 6.4　定理 6.4 主要是依赖矩阵 Q_i 和 H_i 的选取，而下面的推论仅仅依赖矩阵 Q_is 的选取；定理 6.4 的优点是给出了更加灵活的应用，但它的缺陷是需要构造更多的矩阵。而下面的推论恰好相反。

推论 6.1　假设存在对称的正定矩阵 $Q_i (1 \leqslant i \leqslant N)$，使得

$$
\lambda_{\max}\left(-Q_i A_i - A_i^{\mathrm{T}} Q_i + (1 + \| C_i \|^{-1} + \| \overline{C}_i \|^{-1})(1 + \| \overline{C}_i \| / \| C_i \|) C_i^{\mathrm{T}} Q_i C_i \right.
$$

$$
\left. + (\| B_i \|^{-1} + \| \overline{B}_i \|^{-1})(1 + \| \overline{B}_i \| / \| B_i \|) B_i^{\mathrm{T}} Q_i B_i + \sum_{j=1}^{n} \gamma_{ij} Q_j + H_i \right)
$$

$$
- 2 \| Q_i \| \| \underline{A}_i \| + (1 + \| C_i \|^{-1} + \| \overline{C}_i \|^{-1}) \| Q_i \| \| \overline{C}_i \| (\| C_i \| + \| \overline{C}_i \|) + \| Q_i \| \| \overline{B}_i \|
$$

$$
\leqslant -\beta, \quad \forall i = 1, 2, \cdots, N
$$

其中

$$
\beta = \frac{1}{1 - \delta_0} \max_{1 \leqslant i \leqslant N} \{ \lambda_{\max} [(\| B_i \| + \| \overline{B}_i \|) L Q_i L + (1 + \| C_i \| + \| \overline{C}_i \|)
$$

$$
\times (1 + \| \overline{D}_i \| / \| D_i \|) D_i Q_i D_i] + (1 + \| C_i \| + \| \overline{C}_i \|) \| Q_i \| \| \overline{D}_i \| (\| \overline{D}_i \| + \| D_i \|) \}
$$

则对于任意的初始值 $\xi \in C_{\mathcal{F}_0}^b([-\tau, 0]; \mathbf{R}^n)$，系统 (6.23) 的解有如下性质：

$$
\limsup_{1 \leqslant i \leqslant N} \frac{1}{t} \log(E |x(t; \xi)|^2) \leqslant -\lambda < 0 \tag{6.40}
$$

但 $\lambda > 0$ 是下面方程的唯一根：

$$
\lambda(\alpha + \beta \tau \mathrm{e}^{\lambda \tau}) = \lambda_1
$$

其中，α 的定义与定理 6.3 中的一样，但

$$
\lambda_1 = - \max_{1 \leqslant i \leqslant N} \left\{ \lambda_{\max} \left(-Q_i A_i - A_i^{\mathrm{T}} Q_i + (1 + \| C_i \|^{-1} + \| \overline{C}_i \|^{-1})(1 + \| \overline{C}_i \| / \| C_i \|) C_i^{\mathrm{T}} Q_i C_i \right. \right.
$$

$$
\left. + (\| B_i \|^{-1} + \| \overline{B}_i \|^{-1})(1 + \| \overline{B}_i \| / \| B_i \|) B_i^{\mathrm{T}} Q_i B_i + \sum_{j=1}^{N} \gamma_{ij} Q_j + H_i \right)
$$

$$
\left. - 2 \| Q_i \| \| \underline{A}_i \| + (1 + \| C_i \|^{-1} + \| \overline{C}_i \|^{-1}) \| Q_i \| \| \overline{C}_i \| (\| C_i \| + \| \overline{C}_i \|) + \| Q_i \| \| \overline{B}_i \| \right\} - \beta
$$

证明　应用定理 6.4，假设对于 $i \in S$ 有 $H_i = \beta I$，则

$$
\sum_{j=1}^{N} \gamma_{ij} H_j = 0, \quad \forall i \in S
$$

因此，当 $\lambda_2 = 0$ 时由假设可知

$$\lambda_1 = -\max_{1 \leqslant i \leqslant N} \left\{ \lambda_{\max} \left(-Q_i A_i - A_i^T Q_i + (1 + \| C_i \|^{-1} + \| \bar{C}_i \|^{-1})(1 + \| \bar{C}_i \| / \| C_i \|) C_i^T Q_i C_i \right. \right.$$

$$\left. + (\| B_i \|^{-1} + \| \bar{B}_i \|^{-1})(1 + \| \bar{B}_i \| / \| B_i \|) B_i^T Q_i B_i + \sum_{j=1}^{N} \gamma_{ij} Q_j + H_i \right)$$

$$\left. - 2\| Q_i \| \| \underline{A}_i \| I + (1 + \| C_i \|^{-1} + \| \bar{C}_i \|^{-1}) \| Q_i \| \| \bar{C}_i \| (\| C_i \| + \| \bar{C}_i \|) I + \| Q_i \| \| \bar{B}_i \| I \right\}$$

$$\geqslant -\max_{1 \leqslant i \leqslant N} \left\{ \lambda_{\max} \left(-Q_i A_i - A_i^T Q_i + (1 + \| C_i \|^{-1} + \| \bar{C}_i \|^{-1})(1 + \| \bar{C}_i \| / \| C_i \|) C_i^T Q_i C_i \right. \right.$$

$$\left. + (\| B_i \|^{-1} + \| \bar{B}_i \|^{-1})(1 + \| \bar{B}_i \| / \| B_i \|) B_i^T Q_i B_i + \sum_{j=1}^{N} \gamma_{ij} Q_j \right)$$

$$\left. - 2\| Q_i \| \| \underline{A}_i \| + (1 + \| C_i \|^{-1} + \| \bar{C}_i \|^{-1}) \| Q_i \| \| \bar{C}_i \| (\| C_i \| + \| \bar{C}_i \|) + \| Q_i \| \| \bar{B}_i \| \right\} - \beta > 0$$

从而，由定理 6.4 可以得出推论 6.1 结论，证毕。

注 6.5 系统 (6.23) 的均方指数稳定所得的理论方法还可以运用到如下一般的具有多维布朗运动的随机神经网络：

$$dx(t) = [-(A_r + \Delta A_r)x(t) + (B_r + \Delta B_r)f(x(t - \delta(t)))]dt$$

$$+ \sum_{k=1}^{m} [(C_{r,k} + \Delta C_{r,k})x(t) + (D_{r,k} + \Delta D_{r,k})x(t - \delta(t))]dw(t) \tag{6.41}$$

6.4 变时滞反应扩散高阶随机神经网络的指数稳定性分析

6.4.1 预备知识

本节考虑如下变时滞反应扩散高阶随机神经网络的均方指数稳定性问题：

$$du_i(t) = \sum_{k=1}^{l} \frac{\partial}{\partial z_k} \left(D_{ik} \frac{\partial u_i(z,t)}{\partial z_k} \right) dt$$

$$+ \left[-a_i u_i(t) + \sum_{j=1}^{n} b_{ji} g_j(u_j(t - \tau_{ji})) + \sum_{j=1}^{n} \sum_{k=1}^{n} T_{ijk} g_j(u_j(t - \tau_{ji})) g_k(u_k(t - \tau_{ki})) + I_i \right] dt$$

$$+ \sum_{j=1}^{n} \delta_{ij}(u_j(t), u_{j\tau}(t), t) dw_j(t), \quad i = 1, 2, \cdots, n; t > 0 \tag{6.42}$$

其中，D_{ik} 是扩散系数；g_j 是激活函数；$z \in X \in \mathbf{R}^l$，其中 X 是具有光滑边界的紧集且测度 meas $X > 0$；u_i 是第 i 个神经元的输入；a_i 是正常数，它表示在与神经网络不连通，并且无外部附加电压差的情况下，第 i 个神经元恢复孤立静息状态的速率；时滞 $\tau_{ji}\,(j = 1, 2, \cdots, n)$ 是非负常数，它表示轴突信号传输过程中的延迟，这里，$\tau^* = \max\{\tau_{ji}\}$；$b_{ji}$、$T_{ijk}$ 分别表示网络一阶和二阶连接权；I_i 表示第 i 个神经元的外部输入；$w(u) = (w_1(u_1), w_2(u_2), \cdots, w_n(u_n))^{\mathrm{T}}$ 为定义在完全概率空间 $(\Omega, \mathcal{F}, \mathbb{P})$ 和由 $\{w(s): 0 \le s \le t\}$ 产生的自然过滤 $\{\mathcal{F}_t\}_{t \ge 0}$ 上的布朗运动；$\delta_{ij}(u_j(t), u_{j\tau}(t), t)$ 是局部 Lipschitz 连续的，且满足线性增长条件。

同时，系统 (6.42) 的初始条件如下：

$$u_i(s, z) = \phi_{u_i}(s, z), \quad s \in [-\tau^*, 0], \quad i = 1, 2, \cdots, n \tag{6.43}$$

其中，$\phi_{u_i}(s, z)(i = 1, 2, \cdots, n)$ 是一个 $C([-\tau^*, 0]; \mathbf{R}^{n+n})$ 函数。

记 $C^{2,1}(\mathbf{R}^{n+n} \times \mathbf{R}_+; \mathbf{R}_+)$ 代表一族非负函数 $V(u, t)$，$V \in \mathbf{R}^{n+n} \times \mathbf{R}_+$ 及 $V(u, t)$ 是连续的，且对 u 二阶可导，对 t 一阶可导。

对于 $V \in C^{2,1}([-\tau^*, \infty]\mathbf{R}^{n+n}; \mathbf{R}_+)$，定义有限算子 L 作用在 V 上，且结合系统 (6.42)，有如下形式：

$$\mathbf{R}_+ \times C([-\tau^*; \mathbf{R}^{n+n}]) \to \mathbf{R}$$

$$LV = V_t(u, t) + V_u(u, t) \left[\sum_{k=1}^n \frac{\partial}{\partial z_k} \left(D_{ik} \frac{\partial u_i(z, t)}{\partial z_k} \right) - a_i u_i(t) + \sum_{j=1}^n b_{ji} g_j(u_j(t - \tau_{ji})) \right.$$

$$\left. + \sum_{j=1}^n \sum_{k=1}^n T_{ijk} g_j(u_j(t - \tau_{ji})) g_k(u_k(t - \tau_{ki})) + I_i \right] + \frac{1}{2} \mathrm{trace}(\delta_{ij}^{\mathrm{T}} V_{uu}(u, t) \delta_{ij})$$

其中

$$V_t(u, t) = \frac{\partial V(t, u)}{\partial t}, \quad V_{uu}(u, t) = \left(\frac{\partial^2 V(u, t)}{\partial u_i \partial u_i} \right)_{n \times n}, \quad V_u(u, t) = \left(\frac{\partial V(u, t)}{\partial u_1}, \frac{\partial V(u, t)}{\partial u_2}, \cdots, \frac{\partial V(u, t)}{\partial u_n} \right)$$

对于系统 (6.42)，进一步引入下面的假设。

（$\mathbf{H_6}$）　存在常数 L_j 和 s_j，使得

$$s_j |x - y| \le |g_j(x) - g_j(y)| \le L_j |x - y|$$

其中，$x \in \mathbf{R}(j = 1, 2, \cdots, n)$。

易知，在 ($\mathbf{H_6}$) 假设下，系统 (6.42) 有唯一平衡点 $u^* = [u_1^*, u_2^*, \cdots, u_n^*]^{\mathrm{T}}$（参见文献[38]和[39]）。

令

$$x_i(t) = u_i(t) - u_i^*, \quad f_i(x_i(t)) = g_i(x_i(t) + u^*) - g_i(u^*)$$

则系统 (6.42) 等价于

$$
\begin{aligned}
\mathrm{d}x_i(t) = & \sum_{k=1}^{l} \frac{\partial}{\partial z_k}\left(D_{ik} \frac{\partial x_i(z,t)}{\partial z_k} \right) \mathrm{d}t \\
& + \left\{ -a_i x_i(t) + \sum_{j=1}^{n} b_{ji} f_j(x_j(t-\tau_{ji})) + \sum_{j=1}^{n} \sum_{k=1}^{n} T_{ijk}[f_j(x_j(t-\tau_{ji})) f_k(x_k(t-\tau_{ki})) \right. \\
& \left. + f_k(x_k(t-\tau_{ki})) g_j(u_j^*) + f_j(x_j(t-\tau_{ji})) g_k(u_k^*)] \right\} \mathrm{d}t \\
& + \sum_{j=1}^{n} \delta_{ij}(x_j(t), x_{j\tau}(t), t) \mathrm{d}w_j(t)
\end{aligned}
\tag{6.44}
$$

且初始条件变为 $x_i = \varphi_i(t)$，这里，$\varphi_i(t) = \phi_i(t), t \in [-\tau, 0], i = 1, 2, \cdots, n$。

进一步，应用泰勒定理，可以将系统 (6.44) 写成

$$
\begin{aligned}
\mathrm{d}x_i(t) = & \sum_{k=1}^{l} \frac{\partial}{\partial z_k}\left(D_{ik} \frac{\partial x_i(z,t)}{\partial z_k} \right) \mathrm{d}t \\
& + \left[-a_i x_i(t) + \sum_{j=1}^{n}\left(b_{ji} + \sum_{k=1}^{n}(T_{ijk} + T_{ikj})\zeta_k \right) f_j(x_j(t-\tau_{ji})) \right] \mathrm{d}t \\
& + \sum_{j=1}^{m} \delta_{ij}(x_j(t), x_{j\tau}(t), t) \mathrm{d}w_j(t)
\end{aligned}
\tag{6.45}
$$

其中，ζ_k 位于 $g_k(u_k(t-\tau_{ki}))$ 和 $g_k(u_k^*)$ 之间。

记

$$
A = \mathrm{diag}(a_1, a_2, \cdots, a_n), \quad B = (b_{ij})_{n \times n}
$$

$$
T_i = (T_{ijk})_{n \times n}, \quad \Pi = (T_1 + T_1^{\mathrm{T}}, T_2 + T_2^{\mathrm{T}}, \cdots, T_n + T_n^{\mathrm{T}})
$$

$$
g(u(t-\tau)) = (g_1(u_1(t-\tau)), g_2(u_2(t-\tau)), \cdots, g_n(u_n(t-\tau)))^{\mathrm{T}}, \quad \varphi = (\varphi_1, \varphi_2, \cdots, \varphi_n)
$$

$$
L = \mathrm{diag}(L_1, L_2, \cdots, L_n), \quad M = \mathrm{diag}(M_1, M_2, \cdots, M_n)
$$

$$
\zeta = (\zeta_1, \zeta_2, \cdots, \zeta_n), \quad \Gamma = \mathrm{diag}(\zeta, \zeta, \cdots, \zeta)
$$

$$
f(x(t-\tau)) = (f_1(x_1(t-\tau_1)), f_2(x_2(t-\tau_2)), \cdots, f_n(x_n(t-\tau_n)))^{\mathrm{T}}
$$

$$
\delta(x(t), x_\tau(t), t) = (\delta_{ij}(x_j(t), x_{j\tau}(t), t))_{n \times m}, \quad \mathrm{d}w(t) = (\mathrm{d}w_1(t), \mathrm{d}w_2(t), \cdots, \mathrm{d}w_n(t))
$$

则系统 (6.45) 可改写成向量形式：

$$dx(t) = \sum_{i=1}^{n} \sum_{k=1}^{l} \frac{\partial}{\partial z_k} \left(D_{ik} \frac{\partial x_i(z,t)}{\partial z_k} \right) dt$$
$$+ [-Ax(t) + Bx(t)f(x(t-\tau)) + \Gamma^{\mathrm{T}} \Pi f(x(t-\tau))]dt \tag{6.46}$$
$$+ \delta(x(t), x_\tau(t), t)dw(t)$$

注 6.6　本节所使用的记号含义如下，y 在 **R** 的范数由 $|y| = \sqrt{y^{\mathrm{T}} y}$ 表示。矩阵 A 的向量范数 $|A| = \sqrt{\lambda_{\max}(A^{\mathrm{T}} A)}$。$A^{\mathrm{T}}$ 是矩阵 A 的转置。如果 A 对称，则 $A > 0$ 意味 A 是正定的。类似地，$A < 0$ 意味 A 是负定的。$\lambda_{\max}(A)$ 和 $\lambda_{\min}(A)$ 分别代表矩阵 A 的最大和最小特征值。让 $M^* = \sum_{k=1}^{n} M_k^2$，$L^2(\Omega)$ 是 Lebesgue 测度空间的实函数，对于 Banach 空间，范数 L^2 有 $\| x \| = \left(\int_X |x(t)|^2 \right)^{\frac{1}{2}}$。

引理 6.3（Schur Complement）[40]。

（1）假设 W, U 为任意矩阵，ϵ 是一个正数，矩阵 $D > 0$，则
$$W^{\mathrm{T}} U + U^{\mathrm{T}} W \leqslant \epsilon W^{\mathrm{T}} D W + \epsilon^{-1} U^{\mathrm{T}} D^{-1} U$$

（2）设 $Q(x) = Q^{\mathrm{T}}(x)$，$R(x) = R^{\mathrm{T}}(x)$，$Q(x), R(x)$ 和 $S(x)$ 依赖 x，则线性矩阵不等式（LMI）可表示为
$$B = \begin{bmatrix} Q(x) & S(x) \\ S^{\mathrm{T}}(x) & R(x) \end{bmatrix} > 0$$

等价于
$$R(x) > 0, \quad Q(x) - S(x)R^{-1}(x)S^{\mathrm{T}}(x) > 0$$

引理 6.4（非负半鞅收敛定理）[38,39]　设 $A(t)$ 和 $U(t)$ 是连续适应递增过程，且 $t \geqslant 0, A(0) = U(0) = 0$；$M(t)$ 是一个实值连续局部鞅，且 $M(0) = 0$；并记 ζ 是一个非负 $\mathcal{F}_0$-测度随机变量，且 $E\zeta < \infty$。对于 $t \geqslant 0$，定义 $X(t) = \zeta + A(t) - U(t) + M(t)$。如果 $X(t)$ 非负，则
$$\left\{ \lim_{t \to \infty} A(t) < \infty \right\} \subset \left\{ \lim_{t \to \infty} X(t) < \infty \right\} \bigcap \left\{ \lim_{t \to \infty} U(t) < \infty \right\}$$

其中，$B \subset D$ 表示 $\mathbb{P}(B \bigcap D^c) = 0$，$D^c$ 为 D 的补集。如果 $\lim_{t \to \infty} A(t) < \infty$，则对于所有 $\omega \in \Omega$，有 $\lim_{t \to \infty} X(t, \omega) < \infty$ 和 $\lim_{t \to \infty} U(t, \omega) < \infty$，即 $X(t)$ 和 $U(t)$ 是有限的随机变量。

6.4.2　均方指数稳定性分析

本节将显示在一定的条件下，系统（6.42）的平衡点是均方指数稳定的。

定理 6.5　在假设（H_6）下，系统（6.42）有唯一的平衡点（u^*），且几乎处处均方指

数稳定，如果存在正定矩阵 P、Σ 以及正定对角矩阵 W，$\mu,\nu,\varepsilon>0$，则有

$$
\begin{bmatrix}
AP+PA-LWL-\mu P & P & PB \\
P & \dfrac{\epsilon}{M^*}I_{n\times n} & 0 \\
B^{\mathrm{T}}P & 0 & \Sigma
\end{bmatrix}>0 \tag{6.47}
$$

$$
\operatorname{trace}(\delta^{\mathrm{T}}(x,x_\tau)\delta(x,x_\tau))\leqslant \mu x^{\mathrm{T}}(t)x(t)+\nu x^{\mathrm{T}}(t-\tau)x(t-\tau)L\Sigma L \\
+L\epsilon\Pi^{\mathrm{T}}\Pi L+\nu P-SWS<0 \tag{6.48}
$$

证明　根据引理 6.3，易知 (6.47) 的条件等价于

$$
AP+PA-LWL-\mu P-\frac{M^*}{\epsilon}P^2-PB\Sigma^{-1}B^{\mathrm{T}}P>0
$$

则存在实数 $k>0$ 使得

$$
2kP-PA-AP+LWL+PB\Sigma^{-1}B^{\mathrm{T}}P+\frac{M^*}{\epsilon}P^2+\mu P\leqslant 0 \tag{6.49}
$$

$$
L\Sigma L+L\epsilon\Pi^{\mathrm{T}}\Pi L+\nu P-\mathrm{e}^{-2k\tau^*}SWS\leqslant 0 \tag{6.50}
$$

定义 Lyapunov 函数如下：

$$
V(x(t))=\mathrm{e}^{2kt}x^{\mathrm{T}}(t)Px(t)+\int_{t-\tau}^{t}\mathrm{e}^{2ks}f^{\mathrm{T}}(x(s))Wf(x(s))\mathrm{d}s \tag{6.51}
$$

则由 LV 算子可得

$$
LV=2\mathrm{e}^{2kt}x^{\mathrm{T}}(t)P\Big[-Ax(t)+Bx(t)f(x(t-\tau))+\Gamma^{\mathrm{T}}\Pi f(x(t-\tau))\Big] \\
+2k\mathrm{e}^{2kt}x^{\mathrm{T}}(t)Px(t)+\mathrm{e}^{2kt}f^{\mathrm{T}}(x(t))Wf(x(t))-\mathrm{e}^{2k(t-\tau)}f^{\mathrm{T}}(x(t-\tau))Wf(x(t-\tau)) \\
+\frac{1}{2}\operatorname{trace}(\delta^{\mathrm{T}}V_{xx}\delta)+2\mathrm{e}^{2kt}P\sum_{i=1}^{n}\sum_{k=1}^{l}x_i\frac{\partial}{\partial z_k}\left(D_{ik}\frac{\partial x_i(z,t)}{\partial z_k}\right)
$$

进一步计算，由假设可得

$$
LV\leqslant \mathrm{e}^{2kt}[x^{\mathrm{T}}(t)(2kP-PA-AP+LWL)x(t)+2x^{\mathrm{T}}(t)PBf(x(t-\tau)) \\
+2x^{\mathrm{T}}(t)P\Gamma^{\mathrm{T}}\Pi f(x(t-\tau))-\mathrm{e}^{2k(-\tau)}f^{\mathrm{T}}(x(t-\tau))Wf(x(t-\tau)) \\
+\operatorname{trace}(\delta^{\mathrm{T}}(x,x_\tau)P\delta(x,x_\tau))]+2\mathrm{e}^{2kt}P\sum_{i=1}^{n}\sum_{k=1}^{l}x_i\frac{\partial}{\partial z_k}\left(D_{ik}\frac{\partial x_i(z,t)}{\partial z_k}\right) \tag{6.52}
$$

由引理 6.3，可以进一步得到

$$
2x^{\mathrm{T}}(t)PBf(x(t-\tau))\leqslant x^{\mathrm{T}}(t)PB\Sigma^{-1}B^{\mathrm{T}}Px(t)+f^{\mathrm{T}}(x(t-\tau))\Sigma f(x(t-\tau)) \tag{6.53}
$$

$$
2x^{\mathrm{T}}(t)P\Gamma^{\mathrm{T}}\Pi f(x(t-\tau))\leqslant \frac{1}{\epsilon}x^{\mathrm{T}}(t)P\Gamma^{\mathrm{T}}\Gamma Px(t)+\epsilon f^{\mathrm{T}}(x(t-\tau))\Pi^{\mathrm{T}}\Pi f(x(t-\tau)) \tag{6.54}
$$

由 $\Gamma^{\mathrm{T}}\Gamma =|\xi|^2 I_{n\times n}$ 和 $|\xi|^2 \leqslant \sum_{i=1}^{n} M^2 = M^*$ 可得到如下不等式：

$$x^{\mathrm{T}}(t)P\Gamma^{\mathrm{T}}\Gamma Px(t) \leqslant M^* x^{\mathrm{T}}(t)P^2 x(t) \tag{6.55}$$

$$\mathrm{trace}(\delta^{\mathrm{T}}(x,x_\tau)P\delta(x,x_\tau)) \leqslant \mu x^{\mathrm{T}}(t)Px(t) + \nu x^{\mathrm{T}}(t-\tau)Px(t-\tau) \tag{6.56}$$

$$S|x(t-\tau)| \leqslant |f(x(t-\tau))| \leqslant L|x(t-\tau)| \tag{6.57}$$

把式 $(6.53)\sim$ 式 (6.57) 代入式 (6.52)，以及来自式 (6.49) 和式 (6.50) 的条件，可得

$$\begin{aligned}
LV &\leqslant \mathrm{e}^{2kt}\Bigg[x^{\mathrm{T}}(t)\bigg(2kP - PA - AP + LWL + PB\Sigma^{-1}B^{\mathrm{T}}P + \frac{M^*}{\epsilon}P^2 + \mu P \bigg)x(t) \\
&\quad + x^{\mathrm{T}}(t-\tau)(L\Sigma L + L\epsilon\Pi^{\mathrm{T}}\Pi L + \nu P - \mathrm{e}^{-2k\tau}SWS)x(t-\tau) \Bigg] \\
&\quad + 2\mathrm{e}^{2kt}P\sum_{i=1}^{n}\sum_{k=1}^{l} x_i \frac{\partial}{\partial z_k}\bigg(D_{ik}\frac{\partial x_i(z,t)}{\partial z_k} \bigg) \\
&\leqslant \mathrm{e}^{2kt} x^{\mathrm{T}}(t)\bigg(2kP - PA - AP + LWL + PB\Sigma^{-1}B^{\mathrm{T}}P + \frac{1}{\epsilon}P^2 + \mu P \bigg)x(t) \\
&\quad + 2\mathrm{e}^{2kt}P\sum_{i=1}^{n}\sum_{k=1}^{l} x_i \frac{\partial}{\partial z_k}\bigg(D_{ik}\frac{\partial x_i(z,t)}{\partial z_k} \bigg) \\
&\leqslant -K_1 \mathrm{e}^{2kt} x^{\mathrm{T}}(t)x(t) + 2\mathrm{e}^{2kt}P\sum_{i=1}^{n}\sum_{k=1}^{l} x_i \frac{\partial}{\partial z_k}\bigg(D_{ik}\frac{\partial x_i(z,t)}{\partial z_k} \bigg)
\end{aligned} \tag{6.58}$$

其中，$K_1 = \lambda_{\min}\bigg(-2kP + PA + AP - LWL - PB\Sigma^{-1}B^{\mathrm{T}}P - \dfrac{1}{\epsilon}P^2 - \mu P \bigg)$。

应用 Itô 公式，可获得

$$\mathrm{d}V(x(t),t) = LV(x(t),t) + 2\mathrm{e}^{2kt}x^{\mathrm{T}}(t)P\delta(x(t),x_\tau(t),t)\mathrm{d}w(t)$$

从而有如下不等式：

$$\begin{aligned}
V(x(t),t) &\leqslant -K_1 \mathrm{e}^{2kt}x^{\mathrm{T}}(t)x(t) + 2\mathrm{e}^{2kt}P\sum_{i=1}^{n}\sum_{k=1}^{l} x_i \frac{\partial}{\partial z_k}\bigg(D_{ik}\frac{\partial x_i(z,t)}{\partial z_k} \bigg) \\
&\quad + 2\mathrm{e}^{2kt}x^{\mathrm{T}}(t)P\delta(x(t),x_\tau(t),t)\mathrm{d}w(t)
\end{aligned} \tag{6.59}$$

把式 (6.59) 两边从 0 到 $t>0$ 积分，可得

$$\begin{aligned}
V(x(t),t) &\leqslant V(x(0),0) - K_1 \int_0^t \mathrm{e}^{2ks}x^{\mathrm{T}}(s)x(s)\mathrm{d}s \\
&\quad + \int_0^t 2\mathrm{e}^{2ks}P\sum_{i=1}^{n}\sum_{k=1}^{l} x_i \frac{\partial}{\partial z_k}\bigg(D_{ik}\frac{\partial x_i(z,s)}{\partial z_k} \bigg)\mathrm{d}s + \int_0^t 2x^{\mathrm{T}}(s)P\delta(x(t),x_\tau(s),s)\mathrm{d}w(s)
\end{aligned} \tag{6.60}$$

$$\leqslant V(x(0),0) + \int_0^t 2e^{2ks}P\sum_{i=1}^n\sum_{k=1}^l x_i\frac{\partial}{\partial z_k}\left(D_{ik}\frac{\partial x_i(z,s)}{\partial z_k}\right)ds$$

$$+\int_0^t 2e^{2ks}x^{\mathrm{T}}(s)P\delta(x(t),x_\tau(s),s)dw(s)$$

由边界条件易知

$$\int_X\sum_{i=1}^n x_i(t)\sum_{k=1}^l\frac{\partial}{\partial z_k}\left(D_{ik}\frac{\partial x_i}{\partial z_k}\right)dz = \sum_{i=1}^n\int_X x_i(t)\nabla\cdot\left(D_{ik}\frac{\partial x_i}{\partial z_k}\right)_{k=1}^l dz$$

$$= \sum_{i=1}^n\int_X\nabla\cdot\left(x_i(t)D_{ik}\frac{\partial x_i}{\partial z_k}\right)_{k=1}^l dz - \sum_{i=1}^n\int_X\left(D_{ik}\frac{\partial x_i}{\partial z_k}\right)_{k=1}^l\nabla x_i(t)dz$$

$$= \sum_{i=1}^n\int_{\partial X}\left(x_i(t)D_{ik}\frac{\partial x_i}{\partial z_k}\right)_{k=1}^l dz - \sum_{i=1}^n\sum_{k=1}^l\int_X D_{ik}\left(\frac{\partial x_i}{\partial z_k}\right)^2 dz$$

$$= -\sum_{i=1}^n\sum_{l=1}^l\int_X D_{ik}\left(\frac{\partial x_i}{\partial z_k}\right)^2 dz$$

$$(6.61)$$

其中，" $\cdot$ "表示内积， $\nabla = \left(\frac{\partial}{\partial z_1},\frac{\partial}{\partial z_2},\cdots,\frac{\partial}{\partial z_l}\right)$ 是梯度算子，而

$$\left(D_{ik}\frac{\partial x_i}{\partial z_k}\right)_{k=1}^l := \left(D_{i1}\frac{\partial x_i}{\partial z_1},D_{i2}\frac{\partial x_i}{\partial z_2},\cdots,D_{il}\frac{\partial x_i}{\partial z_l}\right)$$

因此，由式 (6.60) 和式 (6.61)，易知

$$\int_X V(x(t),t)dz \leqslant \int_X V(x(0),0)dz + \int_X\int_0^t 2e^{2ks}x^{\mathrm{T}}(s)P\delta(x(t),x_\tau(s),s)dw(s)dz$$

$$+\int_X\int_0^t 2e^{2ks}P\sum_{i=1}^n\sum_{k=1}^l x_i\frac{\partial}{\partial z_k}\left(D_{ik}\frac{\partial x_i(z,s)}{\partial z_k}\right)dsdz$$

$$(6.62)$$

$$\leqslant \int_X V(x(0),0)dz + \int_X\int_0^t 2e^{2ks}x^{\mathrm{T}}(s)P\delta(x(t),x_\tau(s),s)dw(s)\,dz$$

$$\leqslant \int_X \Lambda\sup_{-\tau\leqslant\theta\leqslant 0}x^2(0)dz + \int_X\int_0^t 2e^{2ks}x^{\mathrm{T}}(s)P\delta(x(t),x_\tau(s),s)dw(s)\,dz$$

其中

$$\Lambda = \lambda_{\max}(P) + \lambda_{\max}(LML)$$

明显式 (6.62) 最后一个不等式右边是非负半鞅。由引理 6.4，易得

$$\limsup_{t\to\infty}V(x(t),t) < +\infty$$

由于

$$\int_X V(x(t),t)\mathrm{d}z \geq \lambda_{\min}(P)\mathrm{e}^{kt}\int_X x^2(t)\mathrm{d}z = \lambda_{\min}(P)\mathrm{e}^{kt}\|x(t)\|^2$$

因此，有

$$\limsup_{t\to\infty}\left[\lambda_{\min}(P)\mathrm{e}^{kt}\|x(t)\|^2\right] < +\infty$$

这意味着

$$\limsup_{t\to\infty}\frac{1}{t}\ln\left(\|x(t)\|^2\right) < -k$$

证毕。

定理 6.6   假设 (H_6) 下，假如存在正定矩阵 P 和正定对角矩阵：

$$Q = \mathrm{diag}(q_1,q_2,\cdots,q_n) > 0, \quad H = \mathrm{diag}(h_1,h_2,\cdots,h_n) > 0, \quad E_h = (e_ih_i)_{n\times n}$$

和正常数 $\varepsilon_1,\varepsilon_2,\varepsilon_3,\varepsilon_4$ 使得

$$\begin{bmatrix} 2LQL - 2SAH - PA \\ -AP + \mu P + E_h & PB & P & LH & LH \\ B^\mathrm{T}P & -\varepsilon_1 I_{n\times n} & 0 & 0 & 0 \\ P & 0 & -\dfrac{\varepsilon_2 I_{n\times n}}{M^*} & 0 & 0 \\ HL & 0 & 0 & -\varepsilon_3 I_{n\times n} & 0 \\ HL & 0 & 0 & 0 & -\dfrac{\varepsilon_4 I_{n\times n}}{M^*} \end{bmatrix} < 0 \tag{6.63}$$

$$\mathrm{trace}(\delta^\mathrm{T}(x,x_\tau)\delta(x,x_\tau)) \leq \mu x^\mathrm{T}(t)x(t) + \nu x^\mathrm{T}(t-\tau)x(t-\tau)$$

$$\left|\frac{\partial f_i(x_i(t))}{\partial x_i(t)}\right| \leq e_i \tag{6.64}$$

$$\varepsilon_1 L^2 I_{n\times n} + L^2\varepsilon_3 B^\mathrm{T}B + (\varepsilon_2 + \varepsilon_4)L\Pi^\mathrm{T}\Pi L - 2SQS + \nu P + E_h \leq 0$$

则

$$E\|x(t;\xi)\|^2 \leq \Theta\mathrm{e}^{-kt}\sup_{-\tau\leq\theta\leq 0}\|x(\theta)\|^2$$

其中，$\xi \in L_{\mathcal{F}_0}^2([-\tau,0];\mathbf{R}^n)$；$\Theta$ 是一个正常数；$k > 0$ 是式 (6.65) 的唯一根：

$$K_3 - k\lambda_{\max}(P) - \lambda_{\max}(2HL) - k\tau\mathrm{e}^{kt}\lambda_{\max}(2LQL) = 0 \tag{6.65}$$

换言之，式 (6.42) 的平凡解是均方指数稳定的。

证明   构造 Lyapunov 函数如下：

$$V(x(t)) = x(t)Px(t) + 2\sum_{i=1}^{n}q_i\int_{t-\tau}^{t}f_i^2(x(s))\mathrm{d}s + 2\sum_{i=1}^{n}h_i\int_0^{x_i(t)}f_i(x(s))\mathrm{d}s \tag{6.66}$$

根据 Itô 公式有如下形式：

$$
\begin{aligned}
LV(x(t)) = {} & 2x^{\mathrm{T}}(t)P\Big[-Ax(t)+Bf(x(t-\tau))+\varGamma^{\mathrm{T}}\varPi f(x(t-\tau))\Big] \\
& + 2f^{\mathrm{T}}(x(t))H\Big[-Ax(t)+Bf(x(t-\tau))+\varGamma^{\mathrm{T}}\varPi f(x(t-\tau))\Big] \\
& + 2f^{\mathrm{T}}(x(t))Qf(x(t))-f^{\mathrm{T}}(x(t-\tau))Qf^{\mathrm{T}}(x(t-\tau)) \\
& + \frac{1}{2}\mathrm{trace}(\delta^{\mathrm{T}}(x,x_{\tau})V_{xx}\delta(x,x_{\tau})) + 2\sum_{i=1}^{n}\sum_{k=1}^{l}p_i x_i \frac{\partial}{\partial z_k}\left(D_{ik}\frac{\partial x_i(z,t)}{\partial z_k}\right) \\
& + 2\sum_{i=1}^{n}h_i f_i(x_i(t))\sum_{k=1}^{l}\frac{\partial}{\partial z_k}\left(D_{ik}\frac{\partial x_i(z,t)}{\partial z_k}\right)
\end{aligned}
\tag{6.67}
$$

进一步应用引理 6.3，易得

$$
2x^{\mathrm{T}}(t)PBf(x(t-\tau)) \leqslant \frac{1}{\varepsilon_1}x^{\mathrm{T}}(t)PBB^{\mathrm{T}}Px(t)+\varepsilon_1 f^{\mathrm{T}}(x(t-\tau))f(x(t-\tau))
\tag{6.68}
$$

$$
2x^{\mathrm{T}}(t)P\varGamma^{\mathrm{T}}\varPi f(x(t-\tau)) \leqslant \frac{1}{\varepsilon_2}x^{\mathrm{T}}(t)P\varGamma^{\mathrm{T}}\varGamma Px(t)+\varepsilon_2 f^{\mathrm{T}}(x(t-\tau))\varPi^{\mathrm{T}}\varPi f(x(t-\tau))
\tag{6.69}
$$

$$
2f^{\mathrm{T}}(x(t))HBf(x(t-\tau)) \leqslant \frac{1}{\varepsilon_3}f^{\mathrm{T}}(x(t))H^{\mathrm{T}}Hf(x(t)+\varepsilon_3 f(x(t-\tau))B^{\mathrm{T}}Bf(x(t-\tau))
\tag{6.70}
$$

$$
\begin{aligned}
2f^{\mathrm{T}}(x(t))H\varGamma^{\mathrm{T}}\varPi f(x(t-\tau)) \leqslant {} & \frac{1}{\varepsilon_4}f^{\mathrm{T}}(x(t))H^{\mathrm{T}}\varGamma^{\mathrm{T}}\varGamma Hf(x(t)) \\
& + \varepsilon_4 f(x(t-\tau))\varPi^{\mathrm{T}}\varPi f(x(t-\tau))
\end{aligned}
\tag{6.71}
$$

$$
f^{\mathrm{T}}(x(t))H\varGamma^{\mathrm{T}}\varGamma Hf(x(t)) \leqslant M^{*}f^{\mathrm{T}}(x(t))H^{2}Hf(x(t))
\tag{6.72}
$$

由 ($\mathrm{H_6}$) 假设，易知

$$
x_i(t)f_i(x_i) \geqslant \frac{f_i^2(x_i)}{L_i}, \quad i=1,2,\cdots,n
\tag{6.73}
$$

和

$$
x^{\mathrm{T}}(t)AHf(x(t)) \geqslant x^{\mathrm{T}}(t)ASHx(t)
\tag{6.74}
$$

把式 (6.55)、式 (6.68)～式 (6.74) 代入式 (6.67)，获得如下不等式：

$$
\begin{aligned}
LV(x(t)) \leqslant {} & x^{\mathrm{T}}(t)\left(\frac{1}{\varepsilon_1}PB^{\mathrm{T}}BP+\frac{M^{*}}{\varepsilon_2}P^2-PA-AP\right)x(t) \\
& + f^{\mathrm{T}}(x(t))\left[\left(\frac{1}{\varepsilon_3}+\frac{M^{*}}{\varepsilon_4}\right)H^{\mathrm{T}}H-2AL^{-1}H+2Q\right]f(x(t)) \\
& + f^{\mathrm{T}}(x(t-\tau))\Big[\varepsilon_1 I_{n\times n}+\varepsilon_3 B^{\mathrm{T}}B+(\varepsilon_2+\varepsilon_4)\varPi^{\mathrm{T}}\varPi-2Q\Big]f(x(t-\tau))
\end{aligned}
\tag{6.75}
$$

$$+ \frac{1}{2}\text{trace}(\delta^{\mathrm{T}}(x, x_\tau) V_{xx} \delta(x, x_\tau)) + 2\sum_{i=1}^{n}\sum_{k=1}^{l} p_i x_i \frac{\partial}{\partial z_k}\left(D_{ik} \frac{\partial x_i(z,t)}{\partial z_k}\right)$$

$$+ 2\sum_{i=1}^{n} h_i f_i(x_i(t)) \sum_{k=1}^{l} \frac{\partial}{\partial z_k}\left(D_{ik} \frac{\partial x_i(z,t)}{\partial z_k}\right)$$

$$\leqslant x^{\mathrm{T}}(t)\left(\frac{1}{\varepsilon_1} PB^{\mathrm{T}} BP + \frac{M^*}{\varepsilon_2} P^2 - PA - AP \right) x(t)$$

$$+ x^{\mathrm{T}}(t) L\left[\left(\frac{1}{\varepsilon_3} + \frac{M^*}{\varepsilon_4} \right) H^{\mathrm{T}} H - 2AL^{-1}H + 2Q \right] Lx(t)$$

$$+ f^{\mathrm{T}}(x(t-\tau))\left[\varepsilon_1 I_{n \times n} + \varepsilon_3 B^{\mathrm{T}} B + (\varepsilon_2 + \varepsilon_4) \Pi^{\mathrm{T}} \Pi - 2Q \right] f(x(t-\tau))$$

$$+ \frac{1}{2}\text{trace}(\delta^{\mathrm{T}}(x, x_\tau) V_{xx} \delta(x, x_\tau)) + 2\sum_{i=1}^{n}\sum_{k=1}^{l} p_i x_i \frac{\partial}{\partial z_k}\left(D_{ik} \frac{\partial x_i(z,t)}{\partial z_k}\right)$$

$$+ 2\sum_{i=1}^{n} h_i f_i(x_i(t)) \sum_{k=1}^{l} \frac{\partial}{\partial z_k}\left(D_{ik} \frac{\partial x_i(z,t)}{\partial z_k}\right)$$

由于

$$\frac{1}{2}\text{trace}(\delta^{\mathrm{T}}(x, x_\tau) V_{xx} \delta(x, x_\tau)) \leqslant x^{\mathrm{T}}(t)(\mu P + E_h)x(t) + x^{\mathrm{T}}(t-\tau)(\nu P + E_h)x(t-\tau) \quad (6.76)$$

从而得到

$$LV(x(t)) \leqslant x^{\mathrm{T}}(t)\left(\frac{1}{\varepsilon_1} PB^{\mathrm{T}} BP + \frac{M^*}{\varepsilon_2} P^2 - PA - AP + \mu P + E_h \right) x(t)$$

$$+ x^{\mathrm{T}}(t)\left[\left(\frac{1}{\varepsilon_3} + \frac{M^*}{\varepsilon_4} \right) LH^{\mathrm{T}} HL - 2ASH + 2LQL \right] x(t)$$

$$+ x^{\mathrm{T}}(t-\tau)\left[\varepsilon_1 L^2 I_{n \times n} + L^2 \varepsilon_3 B^{\mathrm{T}} B + (\varepsilon_2 + \eta^2 \varepsilon_4) L\Pi^{\mathrm{T}} \Pi L - 2SQS + \nu P + E_h \right] x(t-\tau)$$

$$+ 2\sum_{i=1}^{n}\sum_{k=1}^{l} p_i x_i \frac{\partial}{\partial z_k}\left(D_{ik} \frac{\partial x_i(z,t)}{\partial z_k}\right) + 2\sum_{i=1}^{n} h_i f_i(x_i(t)) \sum_{k=1}^{l} \frac{\partial}{\partial z_k}\left(D_{ik} \frac{\partial x_i(z,t)}{\partial z_k}\right)$$

$$\leqslant x^{\mathrm{T}}(t)\left[\frac{1}{\varepsilon_1} PB^{\mathrm{T}} BP + \frac{M^*}{\varepsilon_2} P^2 - PA - AP + \mu P + E_h \right.$$

$$+ \left(\frac{1}{\varepsilon_3} + \frac{M^*}{\varepsilon_4} \right) LH^{\mathrm{T}} HL - 2ASH + 2LQL \Bigg] x(t)$$

$$+ 2\sum_{i=1}^{n}\sum_{k=1}^{l} p_i x_i \frac{\partial}{\partial z_k}\left(D_{ik} \frac{\partial x_i(z,t)}{\partial z_k}\right) + 2\sum_{i=1}^{n} h_i f_i(x_i(t)) \sum_{k=1}^{l} \frac{\partial}{\partial z_k}\left(D_{ik} \frac{\partial x_i(z,t)}{\partial z_k}\right)$$

$$(6.77)$$

进一步，由引理 6.3 可知，式(6.63)等价于

$$\frac{1}{\varepsilon_1}PB^\mathrm{T}BP + \frac{M^*}{\varepsilon_2}P^2 - PA - AP + \mu P + E_h + \left(\frac{1}{\varepsilon_3} + \frac{M^*}{\varepsilon_4}\right)LH^\mathrm{T}HL - 2ASH + 2LQL < 0 \quad (6.78)$$

令

$$K_3 = -\lambda_{\min}\left[\frac{1}{\varepsilon_1}PB^\mathrm{T}BP + \frac{M^*}{\varepsilon_2}P^2 - PA - AP + \mu P + \left(\frac{1}{c_3} + \frac{M^*}{\varepsilon_4}\right)LH^\mathrm{T}HL - 2ASH + 2LQL\right]$$

则可以得到

$$LV(x(t)) \leqslant -K_3 x^\mathrm{T}(t)x(t) + 2\sum_{i=1}^n\sum_{k=1}^l p_i x_i \frac{\partial}{\partial z_k}\left(D_{ik}\frac{\partial x_i(z,t)}{\partial z_k}\right) \\ + 2\sum_{i=1}^n h_i f_i(x_i(t))\sum_{k=1}^l \frac{\partial}{\partial z_k}\left(D_{ik}\frac{\partial x_i(z,t)}{\partial z_k}\right) \quad (6.79)$$

$$\mathrm{d}V(x(t),t) \leqslant -K_3 x^\mathrm{T}(t)x(t) + 2\sum_{i=1}^n\sum_{k=1}^l p_i x_i \frac{\partial}{\partial z_k}\left(D_{ik}\frac{\partial x_i(z,t)}{\partial z_k}\right) \\ + 2\sum_{i=1}^n h_i f_i(x_i(t))\sum_{k=1}^l \frac{\partial}{\partial z_k}\left(D_{ik}\frac{\partial x_i(z,t)}{\partial z_k}\right) \\ + 2[x(t)P + Hf(x(t))]\delta(x(t),x_\tau(t),t)\mathrm{d}w(t) \quad (6.80)$$

令 $k>0$ 是式(6.65)的唯一解，采用分步积分公式[41]和式(6.79)可以得到

$$\mathrm{d}[\mathrm{e}^{kt}V(x(t),t)] = \mathrm{e}^{kt}[kV(x(t),t)\mathrm{d}t + \mathrm{d}V(x(t),t)] \\ \leqslant \mathrm{e}^{kt}\left[-(K_3 - k\lambda_{\max}(P))\,|\,x(t)\,|^2 + \int_\theta^{x(t)} 2HL^2\theta\mathrm{d}\theta \\ + 2k\lambda_{\max}(QL^2)\int_{t-\tau}^t |\,x(\theta)\,|^2\,\mathrm{d}\theta\right]\mathrm{d}t \\ + 2\mathrm{e}^{kt}[x(t)P + Hf(x(t))]\delta(x(t),x_\tau(t),t)\mathrm{d}w(t) \\ + 2\mathrm{e}^{kt}\sum_{i=1}^n\sum_{k=1}^l p_i x_i \frac{\partial}{\partial z_k}\left(D_{ik}\frac{\partial x_i(z,t)}{\partial z_k}\right) \\ + 2\mathrm{e}^{kt}\sum_{i=1}^n h_i f_i(x_i(t))\sum_{k=1}^l \frac{\partial}{\partial z_k}\left(D_{ik}\frac{\partial x_i(z,t)}{\partial z_k}\right) \quad (6.81)$$

将式(6.81)两边从 0 到 $t>0$ 积分，从而得到

$$\mathrm{e}^{kt}V(x(t),t) \leqslant V(x(0),0) - \left[K_3 - k\lambda_{\max}(P) - \lambda_{\max}(2HL^2)\right]\int_0^t \mathrm{e}^{ks}x^\mathrm{T}(s)x(s)\mathrm{d}s \\ + k\lambda_{\max}(2QL^2)\int_0^t \mathrm{e}^{2ks}\int_{s-\tau}^s |\,x(\theta)\,|^2\,\mathrm{d}\theta\mathrm{d}s \quad (6.82)$$

$$+ \int_0^t \Big[2\mathrm{e}^{ks} x^{\mathrm{T}}(s) P + 2\mathrm{e}^{ks} R f(x(s)) \Big] \delta(x(s), x_\tau(s), s) \mathrm{d}w(s)$$

$$+ \int_0^t 2\mathrm{e}^{ks} P \sum_{i=1}^n \sum_{k=1}^l x_i \frac{\partial}{\partial z_k} \left(D_{ik} \frac{\partial x_i(z,s)}{\partial z_k} \right) \mathrm{d}s$$

$$+ \int_0^t 2\mathrm{e}^{ks} \sum_{i=1}^n r_i f_i(x_i(s)) \sum_{k=1}^l \frac{\partial}{\partial z_k} \left(D_{ik} \frac{\partial x_i(z,s)}{\partial z_k} \right) \mathrm{d}s$$

进一步计算:

$$\int_0^t \mathrm{e}^{kt} \int_{s-\tau}^s |x(\theta)|^2 \, \mathrm{d}\theta \mathrm{d}t \leq \int_{-\tau}^s \left(\int_{\theta \vee 0}^{(\theta+\tau)\wedge T} \mathrm{e}^{kt} \mathrm{d}t \right) |x(\theta)|^2 \, \mathrm{d}\theta$$

$$\leq \int_{-\tau}^t \tau \mathrm{e}^{k(\theta+\tau)} |x(\theta)|^2 \, \mathrm{d}\theta \qquad (6.83)$$

$$\leq \tau \mathrm{e}^{k\tau} \int_0^t \mathrm{e}^{kt} |x(s)|^2 \, \mathrm{d}s + \int_{-\tau}^0 |x(\theta)|^2 \, \mathrm{d}\theta$$

从而, 由式 (6.83) 和式 (6.65) 易知

$$\mathrm{e}^{kt} V(x(t),t) \leq V(x(0),0) + 2k\lambda_{\max}(QL^2) \int_{-\tau}^0 |\xi(\theta)|^2 \, \mathrm{d}\theta$$

$$+ \int_0^t (2\mathrm{e}^{ks} x^{\mathrm{T}}(s) P + 2\mathrm{e}^{2ks} R f(x(s))) \delta(x(s), x_\tau(s), s) \mathrm{d}w(s)$$

$$+ \int_0^t 2\mathrm{e}^{ks} P \sum_{i=1}^n \sum_{k=1}^l x_i \frac{\partial}{\partial z_k} \left(D_{ik} \frac{\partial x_i(z,s)}{\partial z_k} \right) \mathrm{d}s \qquad (6.84)$$

$$+ \int_0^t 2\mathrm{e}^{ks} \sum_{i=1}^n r_i f_i(x_i(s)) \sum_{k=1}^l \frac{\partial}{\partial z_k} \left(D_{ik} \frac{\partial x_i(z,s)}{\partial z_k} \right) \mathrm{d}s$$

因此, 根据式 (6.84) 和式 (6.61), 可得

$$\int_X \mathrm{e}^{kt} V(x(t),t) \mathrm{d}z \leq \int_X V(x(0),0) \mathrm{d}z + 2k\lambda_{\max}(QL^2) \int_X \int_{-\tau}^0 |\xi(\theta)| \, \mathrm{d}\theta \mathrm{d}z$$

$$+ \int_X \int_0^t 2\mathrm{e}^{ks} P \sum_{i=1}^n \sum_{k=1}^l x_i \frac{\partial}{\partial z_k} \left(D_{ik} \frac{\partial x_i(z,s)}{\partial z_k} \right) \mathrm{d}s \mathrm{d}z$$

$$+ \int_X \int_0^t 2\mathrm{e}^{ks} \sum_{i=1}^n r_i f_i(x_i(s)) \sum_{k=1}^l \frac{\partial}{\partial z_k} \left(D_{ik} \frac{\partial x_i(z,s)}{\partial z_k} \right) \mathrm{d}s \mathrm{d}z \qquad (6.85)$$

$$+ \int_X \int_0^t [2\mathrm{e}^{ks} x^{\mathrm{T}}(s) P + 2\mathrm{e}^{ks} R f(x(s))] \delta(x(s), x_\tau(s), s) \mathrm{d}w(s) \mathrm{d}z$$

$$\leq \int_X V(x(0),0) \mathrm{d}z + 2k\lambda_{\max}(QL^2) \int_X \int_{-\tau}^0 |\xi(\theta)|^2 \, \mathrm{d}\theta \mathrm{d}z$$

$$+ \int_X \int_0^t [2\mathrm{e}^{ks} x^{\mathrm{T}}(s) P + 2\mathrm{e}^{ks} R f(x(s))] \delta(x(s), x_\tau(s), s) \mathrm{d}w(s) \mathrm{d}z$$

由

$$\int_X \mathrm{e}^{kt} V(x(t),t)\mathrm{d}z \geq \lambda_{\min}(P)\mathrm{e}^{kt}\int_X x^2(t)\mathrm{d}z = \lambda_{\min}(P)\mathrm{e}^{kt} \parallel x(t) \parallel^2$$

并对式 (6.85) 两边取期望值，易获得

$$\lambda_{\min}(P)\mathrm{e}^{kt} E \parallel x(t) \parallel^2 \leq (M_1 + M_2) \sup_{-\tau \leq \theta \leq 0} \parallel x(\theta) \parallel^2$$

其中

$$M_1 = \lambda_{\max}(P) + \lambda_{\max}(LHL) + \lambda_{\max}(LQL), \quad M_2 = k\tau \mathrm{e}^{k\tau}\lambda_{\max}(Q)L^2$$

因此，有

$$E \parallel x(t) \parallel^2 \leq \frac{M_1 + M_2}{\lambda_{\min}(P)}\mathrm{e}^{-kt} \sup_{-\tau \leq \theta \leq 0} \parallel x(\theta) \parallel^2$$

证毕。

6.5　本　章　总　结

　　本章主要研究了一类时滞脉冲神经网络模型和二类不同的时滞随机 Hopfield 神经网络模型平衡点的稳定性问题，获得了一些新的结果。具体地说，本章主要研究了以下三方面内容[42,43]。

　　(1) 讨论一类具有变时滞脉冲 Hopfield 神经网络模型平衡点的全局指数稳定性问题。通过构造恰当的 Lyapunov 泛函并结合不等式技巧等方法获得了全局指数稳定性的一些新条件。所得到的全局稳定性结果比以往文献研究的结论所要求的条件更加宽松，且与相关的文献研究比较，所探讨的神经网络模型的激活函数既可以是不可微的，也可以是不严格单调有界函数，而且进一步推广和改进了已有文献中的相关结果。

　　(2) 研究一类变时滞随机区间 Hopfield 神经网络具有马尔可夫链模型平衡点的均方指数稳定性问题。为了解决由变时滞引起的困难，本章综合利用了马尔可夫性质、区间矩阵不等式、Lyapunov 泛函法等方法和技巧，给出平衡点均方指数稳定的一些新结果。所得的结论即使对一般的变时滞 Hopfield 神经网络的指数稳定性问题也是正确的，而且这些结论可以进一步应用到控制系统、一般神经网络系统以及生物神经系统等领域。

　　(3) 深入研究了变时滞反应扩散高阶随机 Hopfield 神经网络模型平衡点的均方指数稳定性问题。通过采用线性矩阵不等式、Young 不等式、边界条件、Lyapunov 泛函以及非负半鞅收敛定理等技巧和方法，得到均方指数稳定的一些新条件。同时所得结果更加有助于选择更一般的激活函数，如一般的 Sigmoid 函数、分段先行函

数等。另外所利用的方法也适合一般时滞随机神经网络模型，包括随机延迟反应扩散递归神经网络。

本章主要讨论了基于 Hopfield 神经网络模型的三种相关模型平衡点的全局指数稳定性问题，即时滞脉冲神经网络平衡的全局指数稳定性问题、变时滞随机区间 Hopfield 神经网络具有马尔可夫链平衡的均方指数稳定性问题以及变时滞反应扩散高阶随机神经网络平衡的均方指数稳定性问题。通过构造适当的 Lyapunov 泛函，结合基本不等式、线性矩阵不等式、马尔可夫性质以及非负半鞅收敛定理等相关理论，得到了相应系统平衡点的全局指数稳定性或者随机细胞神经网络模型的全局指数稳定性，所得结果推广和改进了已有相关文献中的结果，这些结论即使对某些常微分方程也是有价值的。同时所得结论也对于人工纹理生成(artificial texture generation)、磁共振图像特征信息抽取(feature information extraction of MRI)、图像编码器(image coder)、增强图像放大(enhanced image enlargement)等实际问题中设计随机神经网络具有一定的指导作用。

应该指出，对于 Hopfield 神经网络模型，还有许多问题值得进行深入探讨。

(1)由于我们仅仅考虑 Hopfield 神经网络的稳定性，而对于模型本身，我们只考虑加入适当的噪声，那么对于该模型具有马尔可夫链或泊松过程的情况下，渐近稳定的条件如何给出？对该模型进行自然扩展而获得的新的模型(如随机神经网络具有马尔可夫链或泊松过程)，这种新的数学模型是否还拥有分析计算上的易操作性？这些新模型是否能发展出一个有效的学习算法来应用于实际工程？

(2)对于随机神经网络模型和脉冲神经网络模型，它们有着许多复杂的动力系统行为。因此，有少数学者开始用神经网络模拟生命现象(如 HBV 模型、Nowak 模型、Allison 模型等)。目标是提供一个实验科学框架预测分析评估各种生命现象模拟效果。研究表明，细胞神经网络模型对研究复杂生命现象是一个良好工具，生命动力系统比较适合用局部神经网络连接描述。这是有应用价值的研究课题之一。

(3)众所周知，混沌现象可以解释大脑中某些不规则的活动，因此混沌动力学行为为人们研究神经网络提供了新的契机。但是混沌理论在神经网络中的应用需要进一步深入研究，且目前大多数学者仅仅研究了低维情况下产生混沌的条件。在高维的情况下混沌如何判断，在应用中如何构造混沌神经网络，等等，这些课题是值得研究的方向。

参 考 文 献

[1]　McCulloch W S, Pitts W H. A logical calculus of ideas immanent in nervous activity[J]. The Bulletin of Mathematical Biophysics, 1942, 5: 115-133.

[2]　Hebb D D. Organization of Behavior[M]. New York: Wiley, 1949.

[3]　Rosenblatt F. The perceptron: A probabilistic model for information storage and organization in the brain[J]. Psychological Review, 1958, 65 (6): 386-408.

[4]　Minsky M, Papert S A. Perceptions[M]. Cambridge: MIT Press, 1969.

[5]　Hopfield J J. Neural networks and physical systems with emergent collective computational abilities[J]. Proceedings of the National Academy of Sciences, 1982, 79 (8): 2554-2558.

[6]　Hopfield J J. Neurons with graded response have collective computational properties like those of two-state neurons[J]. Proceedings of the National Academy of Sciences, 1984, 81 (10): 3088-3092.

[7]　Adachi M, Aihara K. Associative dynamics in a chaotic neural network[J]. Neural Networks, 1997, 10 (1): 83-98.

[8]　Aihara K, Takabe T, Toyoda M. Chaotic neural networks[J]. Physics Letters A, 1990, 144 (6/7): 333-340.

[9]　Gelenbe E. Random neural networks with negative and positive signals and product form solution[J]. Neural Computation, 1989, 1 (4): 502-510.

[10]　Gelenbe E, Koubi V, Perkergin F. Dynamical random neural network approach to the traveling salesman problem[J]. Elektrik, 1994, 2 (1): 1-10.

[11]　Gelenbe E, Fourneau J M. Random neural networks with multiple classes of signals[J]. Neural Computation, 1999, 11 (4): 721-731.

[12]　Samoilenko A M, Prestyak N A. Impulsive Differential Equation[M]. Singapore: World Scientific, 1995.

[13]　Lakshmikanthan V, Bainov D D, Simeonov P S. Theory of Impulsive Differential Equations[M]. Singapore: World Scientific, 1989.

[14]　Guan Z H, Chen G R. On delayed impulsive Hopfield neural networks[J]. Neural Networks, 1999, 12: 273-280.

[15]　Gopalsamy K. Stability of artificial neural networks with impulses[J]. Applied Mathematics and Computation, 2004, 154 (3): 783-813.

[16]　Haykin S. Neural Networks: A Comprehensive Foundation[M]. Englewood Cliffs: Prentice-Hall, 1994.

[17]　Liao X X, Mao X. Exponential stability and instability of stochastic neural networks[J]. Stochastic Analysis and Applications, 1996, 14 (2): 165-185.

[18]　Liao X X, Mao X. Stability of stochastic neural networks[J]. Journal of Central China Normal University, 1996, 4 (2): 295-224.

[19]　Blythe S, Mao X R, Liao X X. Stability of stochastic delay neural networks[J]. Journal of the Franklin Institute, 2001, 338: 481-495.

[20]　Wan L, Sun J H. Mean square exponential stability of stochastic delayed Hopfield neural

networks[J]. Physics Letters A, 2005, 343: 306-318.

[21] Sun J H, Wan L. Convergence dynamics of stochastic reaction-diffusion recurrent neural networks with delays[J]. International Journal of Bifurcation and Chaos, 2005, 15(7): 2131-2144.

[22] Basak G K, Bisi A, Ghosh M K. stability of a random diffusion with linear drift[J]. Journal of Mathematical Analysis and Applications, 1996, 202(2): 604-622.

[23] Wang Z D. Robust stability for stochastic Hopfield neural networks with time delays[J]. Nonlinear Analysis Real World Applications, 2006, 7: 1119-1128.

[24] Wang Z D. Exponential stability of delayed recurrent neural networks with Markovian jumping parameters[J]. Physic Letters A, 2006, 10: 1120-1127.

[25] Guan Z H, Chen G R. On impulsive autoassociative neural networks[J]. Neural Networks, 2000, 13: 63-69.

[26] Li Y K. Existence and global exponential stability of periodic solution of a class of neural networks with impulses[J]. Chaos, Solitons and Fractals, 2006, 27: 437-445.

[27] Li Y K. Global exponential stability and existence of periodic solution of Hopfield-type neural networks with impulses[J]. Physic Letters A, 2004, 333: 62-71.

[28] Akça H, Alassar R, Valéry C, et al. Continuous-time additive Hopfield-type neural networks with impulses[J]. Journal of Mathematical Analysis and Applications, 2004, 290(2): 436-451.

[29] Yang X F. Existence and stability of periodic solution in impulsive Hopfield neural networks with finite distribute delays[J]. Physic Letters A, 2005, 343: 108-116.

[30] Li Y K. Global exponential stability of BAM neural networks with delays and impulses[J]. Chaos, Solitions and Fractals, 2005, 24: 279-285.

[31] Mao X R. Exponential stability of stochastic delay interval system with Markovian switching[J]. IEEE Transactions on Automatic Control, 2002, 47(10): 1604-1612.

[32] Øksendal B. Stochastic Differential Equations: An Introduction with Applications[M]. 6th ed. New York: Springer-Verlag, 2003.

[33] Willsky A S, Rogers B C. Stochastic Stability Research for Complex Power Systems[M]. Cambridge: MIT Press, 1979.

[34] Ji Y, Chizeck H J. Controllability, stabilizability, and continuous-time Markovian jump linear quadratic control[J]. IEEE Transactions on Automatic Control, 1990, 35(7): 777-788.

[35] Han H S, Lee J G. Stability analysis of interval matrices by Lyapunov function approach including ARE[J]. Control Theory and Advanced Technology, 1993, 9: 745-757.

[36] Wang K, Michel A N, Liu D. Necessary and sufficient conditions for the Hurwitz and Schur stability of interval matrices[J]. IEEE Transactions on Automatic Control, 1994, 39(6): 1251-1255.

[37] Boyd S, Ghaoui L E, Feron E, et al. Linear Matrix Inequalities in System and Control Theory[M]. Philadephia: SIAM, 1994.

[38] Friedman A. Stochastic Differential Equations and Applications[M]. New York: Academic Press, 1976.

[39] Arnold L. Stochastic Differential Equations: Theory and Applications[M]. New York: Wiley, 1972.

[40] Lecun Y, Galland C C, Geoffrey E H. GEMINI: Gradient Estimation through Matrix Inversion after Noise Injection[M]. San Mateo: Morgan Kaufmann Publishers Inc., 1989.

[41] 龚光鲁. 随机微分方程引论[M]. 北京: 北京大学出版社, 1995.

[42] Huang Z T, Yang Q G, Luo X S. Exponential stability of impulsive neural networks with time-varying delays[J]. Chaos, Solitons and Fractals, 2008, 35: 770-780.

[43] Huang Z T, Luo X S, Yang Q G. Global asymptotic stability analysis of bidirectional associative memory neural networks with distributed delays and impulse[J]. Chaos, Solitons and Fractals, 2007, 34（3）: 878-885.

第 7 章 复杂动力网络的稳定性条件和混沌涌现

7.1 引 言

对于复杂动力网络的稳定性,可以分为狭义的 Lyapunov 渐近稳定和广义的 Lyapunov 意义下的稳定。狭义的 Lyapunov 渐近稳定是指渐近稳定在平衡点处,这在工程上有很大的应用,如人工神经网络的联想记忆和最优化、神经控制和信号处理等[1-3]。目前,在复杂动力网络中的稳定性研究也有些报道[4-8],这些研究大多集中在网络的结构对稳定性的影响上,例如,文献[7]研究了网络的连接矩阵对稳定性的影响,文献[8]研究了无标度网络中的距离对稳定性的影响,等等。在目前已有的网络模型中,网络的稳定性都强烈地依靠网络的结构,而本章提出了一个连续时间的复杂动力网络模型,这种模型的稳定性并不依赖于网络的结构,该模型在所有的复杂动力网络类型中都一致渐近地稳定在平衡点处。本章进行了理论分析和数值模拟,从两个方面来验证这种模型的稳定性[9]。

另外,广义的 Lyapunov 意义下的稳定是构造复杂动力网络的前提,没有整个网络的 Lyapunov 意义下的稳定,网络的其他动力学特性都不存在,然而,到目前为止关于这种稳定性研究却很少报道,这是因为在一部分复杂动力网络模型中,这种稳定基本上是成立的。随着复杂网络研究的不断深入,已有的复杂动力网络模型呈现出不稳定情况,即网络中节点的动力学方程的解将趋于无限大,这种无限大在物理上是没有意义的,因此研究这种复杂动力网络的广义稳定性极其重要,首先通过耗散系统判据理论分析并数值模拟了无标度网络和小世界网络耦合方式的复杂动力网络的稳定性[10]。

7.2 一个狭义 Lyapunov 渐近稳定的复杂动力网络模型

7.2.1 模型描述

考虑由 N 个式 (7.1) 描述的网络节点方程构成的复杂动力网络模型:

$$\dot{u}_i(t) = -b_i u_i(t) - \frac{C}{N} \sum_{j=1}^{N} a_{ij} g_j(u_j(t)) + d_i, \quad i = 1, 2, \cdots, N \tag{7.1}$$

式(7.1)可以重写成向量表示形式：

$$\dot{u}(t) = -Bu(t) - \frac{C}{N} Ag(u(t)) + D \tag{7.2}$$

其中，$u(t) = [u_1(t), u_2(t), \cdots, u_N(t)]^T \in \mathbf{R}^N$ 是节点状态向量；$B = \text{diag}\{b_1, b_2, \cdots, b_N\} \in \mathbf{R}^{N \times N}$ 是正定对角矩阵，并且 $|B| > 0$；常量 $C > 0$ 表示耦合强度；$g(u(t)) = [g_1(u_1(t)), g_2(u_2(t)), \cdots, g_N(u_N(t))]^T \in \mathbf{R}^N$ 表示节点的耦合函数，并且 $g_i(0) = 0$ $(i = 1, 2, \cdots, N)$；$D = [d_1, d_2, \cdots, d_N]^T \in \mathbf{R}^N$ 是常向量；$A = (a_{ij})_{N \times N} \in \mathbf{R}^{N \times N}$ 是耦合矩阵，其中 a_{ij} 可表示如下，如果节点 i 与 j $(i \neq j)$ 有连接，则 $a_{ij} = a_{ji} = 1$，否则 $a_{ij} = a_{ji} = 0$ $(i \neq j)$。矩阵 A 的对角元素满足

$$a_{ii} = -\sum_{j=1; j \neq i}^{N} a_{ij} = -\sum_{j=1; j \neq i}^{N} a_{ji}, \quad i = 1, 2, \cdots, N \tag{7.3}$$

这里要求网络是全连接的，即网络中没有孤立的族[11,12]，很明显，零是矩阵 A 的最大本征值，且相应的本征函数为 $[1, 1, \cdots, 1]^T$ [12, 13]。

在下面的讨论中，式(7.2)的耦合函数满足如下扇区(sector)条件：存在一个负实常量 $k < 0$，使得

$$k \leqslant \frac{g_i(x) - g_i(y)}{x - y} \leqslant 0, \quad \forall x, y \in \mathbf{R}, \quad i = 1, 2, \cdots, N \tag{7.4}$$

这个条件表明每一个耦合函数 $g_i(x)$ 都是非增函数，且 x-$g_i(x)$ 平面中的斜率都是有限值。

7.2.2　稳定性分析

为了研究复杂动力网络模型(7.1)的稳定性，这里假设网络的平衡点为 u^*，因此，有

$$-Bu^* - \frac{C}{N} Ag(u^*) + D = 0 \tag{7.5}$$

下面通过进行 $x(t) = u(t) - u^*$ 变换将复杂动力网络的平衡点移到坐标原点，这样，模型(7.2)可转化为

$$\dot{x}(t) = -Bx(t) - \frac{C}{N} Af(x(t)) \tag{7.6}$$

其中

$$f(x(t)) = g(x(t) + u^*) - g(u^*) \tag{7.7}$$

这里，$f(0) = 0$，且 $f(x(t)) = [f_1(x_1(t)), f_2(x_2(t)), \cdots, f_N(x_N(t))]^T \in \mathbf{R}^N$，把式(7.7)代入式(7.4)，可以得到如下扇区条件：

$$f^{\mathrm{T}}(x(t))f(x(t)) \leqslant f^{\mathrm{T}}(x(t))kx(t) \tag{7.8}$$

其中，$f^{\mathrm{T}}(x(t))f(x(t))$ 和 $f^{\mathrm{T}}(x(t))kf(x(t))$ 是两个实数，且 $k<0$ 和 $|B|>0$，因此，有

$$f^{\mathrm{T}}(x(t))Bx(t) \leqslant f^{\mathrm{T}}(x(t))\frac{B}{k}f(x(t)) \tag{7.9}$$

因此对于复杂动力网络模型(7.1)在平衡点处的稳定情况就可以通过复杂动力网络模型(7.6)的原点稳定情况来探讨。对于模型(7.6)，通过理论分析，获得了如下结果。

引理 7.1　记矩阵 M 的最大特征值为 $\lambda_{\max}(M)$，如果 $\lambda_{\max}\left(\dfrac{B}{k}+\dfrac{C}{N}A\right)<0$，那么复杂动力网络(式(7.6))的原点是渐近稳定的。

证明　选择 Lyapunov 函数如下：

$$V(x(t)) = -\sum_{i=1}^{N}\int_{0}^{x_i} f_i(y)\mathrm{d}y \tag{7.10}$$

运用文献[14]中的方法，非常容易验证 $V(x(t))$ 是一个 Lyapunov 函数。沿着方程(7.6)的轨线对 $V(x(t))$ 求微分，并利用不等式(7.9)得

$$\begin{aligned}
\dot{V}(x(t)) &= -\sum_{i=1}^{N} f_i(x_i)\dot{x}_i \\
&= -[f_1(x_1),f_2(x_2),\cdots,f_N(x_N)][\dot{x}_1,\dot{x}_2,\cdots,\dot{x}_N]^{\mathrm{T}} \\
&= -f^{\mathrm{T}}(x(t))\dot{x}(t) \\
&= -f^{\mathrm{T}}(x(t))\left[-Bx(t)-\frac{C}{N}Af(x(t))\right] \\
&= f^{\mathrm{T}}(x(t))Bx(t)+f^{\mathrm{T}}(x(t))\frac{C}{N}Af(x(t)) \\
&\leqslant f^{\mathrm{T}}(x(t))\frac{B}{k}f(x(t))+f^{\mathrm{T}}\frac{C}{N}Af(x(t)) \\
&= f^{\mathrm{T}}(x(t))\left(\frac{B}{k}+\frac{C}{N}A\right)f(x(t)) \\
&\leqslant \lambda_{\max}\left(\frac{B}{k}+\frac{C}{N}A\right)\|f(x(t))\|^2
\end{aligned}$$

因而，只要 $\lambda_{\max}(B/k+AC/N)<0$，我们就有 $\dot{V}(x(t))<0$，也就是说复杂动力网络(式(7.6))的原点是渐近稳定的，证毕。

因为 B 是对角的正定阵，容易导出如下推论。

推论 7.1　如果 $\lambda_{\max}(AC/N)<\min\{-b_i/k\}$，即 $\lambda_{\max}(A)<\min\{-Nb_i/(Ck)\}$，那么复杂动力网络(式(7.6))关于原点是渐近稳定的。

很明显，因为 $C > 0$，$k < 0$ 和 $b_i > 0$ $(i = 1, 2, \cdots, N)$，我们有 $\min\{-Nb_i/(Ck)\} > 0$，另外，复杂动力网络（式 (7.6)）中 $\lambda_{\max}(A) = 0^{[12, 13]}$，因此，有 $\lambda_{\max}(A) < \min\{-Nb_i/(Ck)\}$。根据上面的推理，很自然地得到复杂动力网络（式 (7.6)）关于原点是渐近稳定的，即复杂动力网络模型 (7.1) 在平衡点处是渐近稳定的。下面通过一个数值例子来验证理论分析结果的正确性。

7.2.3　数值模拟结果及分析

对于复杂动力网络模型 (7.6)，我们考虑一个简单的复杂动力网络例子，假设式 (7.6) 中 $C = 0.1$，$N = 100$，$b_i = 0.5 + 2i/100$ 和 $f_i(x_i) = -ix_i^{1/3}$ $(i = 1, 2, \cdots, N)$，很显然，存在一个常量 $k < -N$ 满足条件 (7.8)，即 $f^{\mathrm{T}}(x(t))f(x(t)) \leqslant f^{\mathrm{T}}(x(t))kx(t)$，因此，根据前面的理论分析，可以得到这种复杂动力网络在原点处是渐近稳定的。

采用四阶 RK 方法且以 0.01 的步长值模拟了这种复杂动力网络在四种常见的网络类型上的稳定性，如图 7.1 所示。在含有 100 个节点的网络中，我们随机地选择了 6 个节点，它们在这四种常见的复杂动力网络中都是关于原点渐近稳定的，模拟结果验证了上述理论分析结果的正确性。

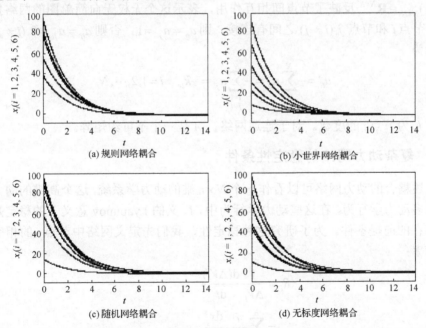

图 7.1　在四种含有 100 个节点的复杂动力网络中随机选出的 6 个节点的稳定过程图

7.2.4　小结

本节构造了一个不受网络拓扑结构影响的恒定 Lyapunov 渐近稳定的复杂动力

网络模型，该模型的稳定性并不依赖于网络的结构，它在所有的复杂网络类型中都一致渐近地稳定在平衡点处。这种模型在科学和技术中会有很好的应用价值，如在神经网络的优化、联想记忆和图像处理等领域中。

7.3　两种典型复杂动力网络的广义 Lyapunov
意义下的稳定性分析

7.3.1　复杂动力网络模型

考虑由 N 个相同的网络节点构成的一般复杂动力网络模型，该模型的每一个节点都可用下面的 n 维非线性动力学系统描述：

$$\dot{X}_i(t) = F(X_i(t)) - C\sum_{j=1}^{N} a_{ij}X_j(t), \quad i=1,2,\cdots,N \tag{7.11}$$

其中，$X_i(t) = [x_{i1}(t), x_{i2}(t), \cdots, x_{in}(t)]^T \in \mathbf{R}^n$ 是节点 i 的状态向量；$F(\cdot) = [f_1(\cdot), f_2(\cdot), \cdots, f_n(\cdot)]^T \in \mathbf{R}^n$ 是节点的非线性函数；耦合强度 C 是正的常量。外部耦合矩阵 $A = (a_{ij})_{N\times N} \in \mathbf{R}^{N\times N}$ 反映了节点间相互作用，表示这个无权无向简单图的网络拓扑结构：若节点 i 和节点 j $(i \neq j)$ 之间有连接，则 $a_{ij} = a_{ji} = 1$，否则 $a_{ij} = a_{ji} = 0$ $(i \neq j)$，其对角元为

$$a_{ii} = -\sum_{\substack{j=1\\j\neq i}}^{N} a_{ij} = -\sum_{\substack{j=1\\j\neq i}}^{N} a_{ji} = -k_i, \quad i=1,2,\cdots,N \tag{7.12}$$

其中，k_i 为节点 i 的度数。对于连通网络，A 是一个不可约矩阵。

7.3.2　复杂动力网络的稳定性条件

上述耦合的动力网络可以看作一个 $N\times n$ 维的动力学系统，这个高维的动力学系统有很多动力学行为，在这些动力学行为中，广义的 Lyapunov 意义下的稳定是这些行为存在的前提条件。为了研究这种稳定性，我们先定义网络中节点 i 的相空间体积收缩率：

$$\begin{aligned}
R_i &= \frac{1}{\Delta V_i}\frac{\mathrm{d}(\Delta V_i)}{\mathrm{d}t} \\
&= \sum_{j=1}^{n}\frac{\partial}{\partial x_{ij}}\frac{\mathrm{d}x_{ij}}{\mathrm{d}t} \\
&= \sum_{j=1}^{n}\frac{\partial\left(f_j - C\sum_{k=1}^{N} a_{ik}x_{kj}\right)}{\partial x_{ij}}
\end{aligned} \tag{7.13}$$

$$= \sum_{j=1}^{n} \frac{\partial f_j}{\partial x_{ij}} - nCa_{ii}$$

$$= \sum_{j=1}^{n} \frac{\partial f_j}{\partial x_{ij}} + nCk_i, \quad i=1,2,\cdots,N$$

其中，ΔV_i 表示节点 i 的相空间体积单元，根据耗散系统判据，如果 $R_i < 0$，即

$$\sum_{j=1}^{n} \frac{\partial f_j}{\partial x_{ij}} + nCk_i < 0, \quad i=1,2,\cdots,N \tag{7.14}$$

那么节点 i 将是 Lyapunov 意义下稳定的，否则，节点 i 将可能处于发散状态，即 $\lim_{t \to +\infty} X_i(t) = \infty$。由于动力网络中各节点的耦合作用，只要有一个节点发散，那么整个网络就会发散。很明显，这种复杂动力网络的稳定性依赖于网络中节点的最大度数 k_{max}，也就是说，当

$$k_{max} < -\frac{\sum_{j=1}^{n} \dfrac{\partial f_j}{\partial x_{ij}}}{nC} \tag{7.15}$$

时，复杂动力网络就会处于这种 Lyapunov 意义下的稳定态，这里节点 i 为网络中度最大所对应的节点。在复杂网络中，小世界网络和无标度网络是更一般、更普遍的网络类型，下面我们就来分别讨论这两种典型复杂动力网络的这种稳定性[10]。

7.3.3　NW 小世界复杂动力网络的稳定性分析

为了使网络为连通网络，本节所采用的小世界网络模型为 NW 模型[15]，考虑从有四个邻接节点的近邻耦合网络开始(每边两个)，非局部连接的增加概率 $0 \leqslant p \leqslant 1$。根据前面的讨论，复杂动力网络的稳定性依赖于网络中节点的最大度，下面我们利用数值统计方法研究最大度 k_{max} 与概率 p 以及节点个数 N 间的关系。在图 7.2 和图 7.3 中给出了 $k_{max}(p,N)$ 作为概率 p 以及节点个数 N 的函数曲线图，对于给定一对 p 和 N 值，$k_{max}(p,N)$ 是计算 20 次的平均值。由图 7.2 和图 7.3 可以得出如下结论：

(1) 对于任意的 $N \geqslant 5$，当 p 由 0 增加到 1 时，$k_{max}(p,N)$ 从 4 增加到 $N-1$；

(2) 对于任意给定的 $0 \leqslant p \leqslant 1$，随着 N 趋向于 $+\infty$，$k_{max}(p,N)$ 几乎线性地增加且趋向于 $+\infty$。

结合不等式(7.15)，上述结果表明，如果耦合强度 C 满足 $-\sum_{j=1}^{n} \dfrac{\partial f_j}{\partial x_{ij}} \Big/ (nC) > 4$，

其中 i 为最大度的节点，那么：

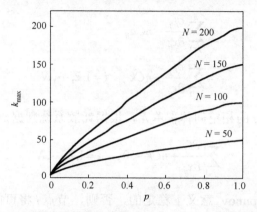

图 7.2　NW 小世界复杂动力网络的 k_{max} 和 p 之间的关系曲线

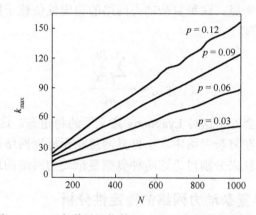

图 7.3　NW 小世界网络的 k_{max} 和 N 之间的关系曲线

（1）对于任意的 $N \geqslant 5$，存在着一个临界值 p^* 使得当 $0 \leqslant p \leqslant p^*$ 时，小世界复杂动力网络是 Lyapunov 意义下稳定的（在统计意义下）；

（2）对于任意给定的 $0 \leqslant p \leqslant 1$，存在着一个临界值 N^* 使得当 $5 \leqslant N \leqslant N^*$ 时，小世界复杂动力网络是 Lyapunov 意义下稳定的（在统计意义下）。

根据以上理论和统计分析，显然小世界复杂动力网络要比全局耦合的复杂动力网络更容易达到稳定。

7.3.4　无标度复杂动力网络的稳定性分析

本节采用 BA 模型[16, 17]的无标度复杂动力网络进行研究，考虑网络从初始 m_0 个节点开始增长，每次新增加的节点连接 m 条边，这里为了方便研究，我们取 $m_0 = m$。下面我们数值统计地研究最大度 k_{max} 与 m 以及节点个数 N 间的关系。在图 7.4 和图 7.5 中给出了 $k_{max}(m, N)$ 作为 m 和 N 的函数曲线图。对于给定一对 m 和 N 值，

$k_{\max}(m,N)$ 也是通过统计平均 20 次得到的。由图 7.4 和图 7.5 可以得出如下结论：

(1) 对于任意的 $N>m$，随着 m 趋向于 $+\infty$，$k_{\max}(m,N)$ 逐步增加趋向于 $+\infty$；

(2) 对于任意给定的 $m\geqslant 1$，随着 N 趋向于 $+\infty$，$k_{\max}(m,N)$ 也逐步增加趋向于 $+\infty$。

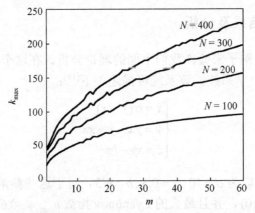

图 7.4　BA 模型的无标度复杂动力网络中 $k_{\max}$ 和 m 之间的关系曲线

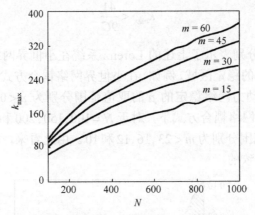

图 7.5　BA 模型的无标度复杂动力网络中 $k_{\max}$ 和 N 之间的关系曲线

结合不等式 (7.15)，上述结果表明，如果耦合强度 C 满足 $-\sum\limits_{j=1}^{n}\dfrac{\partial f_j}{\partial x_{ij}}\bigg/(nC)$ 为有限大，其中，i 为网络中最大度对应的节点，那么：

(1) 对于任意给定的足够大的 N，存在着一个临界值 m^* 使得当 $1\leqslant m\leqslant m^*$ 时，无标度复杂动力网络是 Lyapunov 意义下稳定的(在统计意义下)；

(2) 对于任意给定的 $m\geqslant 1$，存在着一个临界值 N^* 使得当 $m<N\leqslant N^*$ 时，无标度复杂动力网络是 Lyapunov 意义下稳定的(在统计意义下)。

很显然，对于无标度网络耦合方式，m 越大，这种复杂动力网络的稳定性越差，另外，网络的节点数对网络的稳定性也有影响，并且，在节点的总连接边相同的条件下，网络的节点度越均匀，网络越容易稳定。

7.3.5　数值模拟结果及分析

下面用一个数值例子来验证我们上面的理论分析。在这个例子中复杂动力网络的节点为 Lorenz 动力学系统，该系统可描述如下[18]：

$$
\begin{cases}
\dot{x} = \sigma(y - x) \\
\dot{y} = \gamma x - y - xz \\
\dot{z} = xy - bz
\end{cases}
\tag{7.16}
$$

其中，系统的参量可取为 $\sigma = 10$，$\gamma = 0.5$，$b = 8/3$，对于这些参量值，系统 (7.16) 有一个稳定的平衡点 $(0,0,0)$，并且最大的 Lyapunov 指数 $h_{\max} \approx -0.69$。

根据不等式 (7.15)，我们可以计算得到这样一个动力网络的稳定性条件为

$$
k_{\max} < \frac{41}{9C}
\tag{7.17}
$$

图 7.6 和图 7.7 分别表示了上述的 Lorenz 系统在小世界网络耦合方式下和在无标度网络耦合方式下的稳定区域，例如，在小世界网络耦合方式下，对于 $N = 50, 100,$ 150 和 200，该复杂动力网络稳定的 p 的取值范围分别为 $p < 0.1032, 0.0491, 0.0308$ 和 0.0200；在无标度网络耦合方式下，对于 $N = 100, 150, 200$ 和 250，该复杂动力网络稳定的 m 的取值范围分别为 $m < 23, 16, 12$ 和 10。由此看来，本节数值模拟结果与前面的理论分析是一致的。

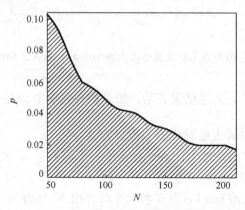

图 7.6　例子中的小世界网络的稳定区域

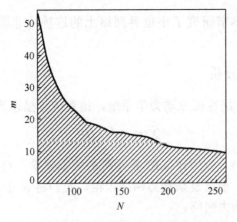

图 7.7　例子中的无标度网络的稳定区域

7.3.6　小结

本节研究了网络的广义 Lyapunov 意义下的稳定，发现了复杂动力网络的稳定性条件，这对于网络的构造具有一定的指导意义，为选用网络参数提供一定的理论依据。

7.4　小世界复杂动力网络的混沌涌现

7.4.1　引言

随着复杂网络研究的兴起，复杂网络的集体动力学行为已成为当今研究的热点[5,8,12,19-29]，如复杂网络的稳定、同步以及复杂网络上的信息传播等。在这些集体动力学行为中，有一种特别有趣的行为——复杂网络混沌已经得到了广泛的研究[5,12,21-29]，这些研究结果在很多领域都有一定的潜在价值，如在混沌神经网络、电力系统以及保密通信技术等领域。

在目前已有的复杂网络混沌文献中，研究大多集中在从混沌到超混沌的转变[21,22]以及混沌同步[12,23-26]上。近年来，又有从非混沌到混沌转变的研究报道，报道指出，当单个非混沌的孤立系统耦合成网络时，可望产生混沌现象。例如，文献[27]发现复杂网络的拓扑结构越不均匀，网络产生混沌所需要的耦合强度就越小；文献[28]研究了由几个节点构成的网络上的这种非混沌到混沌的转变；文献[29]研究了在量子网络中从集体有序到集体混沌的现象。然而，这几篇仅有的文献都没有考虑小世界效应（小的平均距离和大的簇类系数）的影响。自从 Watts 和 Strogatz 在1998 年的开创性工作[30]以来，小世界网络的理论与应用研究吸引了广大研究者的兴趣[5, 26, 31-33]。为此本节研究了小世界网络上的这种从非混沌到混沌的集体涌现行为[34]。

7.4.2　模型及理论分析

考虑一个 n 维的非线性孤立动力学系统，该系统可描述为

$$\dot{X}(t) = f(X(t)) \tag{7.18}$$

其中，$X(t) = [x_1(t), x_2(t), \cdots, x_n(t)]^T \in \mathbf{R}^n$ 是系统的状态变量；$f(\cdot)$ 是描述系统动力学特性的非线性矢量函数。根据复杂动力网络理论，我们将 N 个相同的系统(7.18)线性耦合得到一般的复杂动力网络：

$$\dot{X}_i(t) = f(X_i(t)) - C \sum_{j=1}^{N} a_{ij} X_j(t), \quad i = 1, 2, \cdots, N \tag{7.19}$$

其中，$X_i(t) = [x_{i1}(t), x_{i2}(t), \cdots, x_{in}(t)]^T \in \mathbf{R}^n$ 是网络节点 i 的状态变量；C 是耦合强度。$A = (a_{ij})_{N \times N} \in \mathbf{R}^{N \times N}$ 是复杂网络的耦合矩阵，可描述为：若节点 i 和节点 j $(i \neq j)$ 之间有连接，则 $a_{ij} = a_{ji} = 1$，否则 $a_{ij} = a_{ji} = 0$ $(i \neq j)$，其对角元为

$$a_{ii} = -\sum_{j=1; j \neq i}^{N} a_{ij} = -\sum_{j=1; j \neq i}^{N} a_{ji}, \quad i = 1, 2, \cdots, N \tag{7.20}$$

我们假定节点(7.18)的参数值使孤立节点不在混沌区，并且它的一个解 $s(t)$ 满足

$$\dot{s}(t) = f(s(t)) \tag{7.21}$$

其中，$s(t) = [s_1(t), s_2(t), \cdots, s_n(t)]^T \in \mathbf{R}^n$ 可以是平衡点也可以是周期轨道。系统(7.18)的所有 Lyapunov 指数 h_i $(i = 1, 2, \cdots, n)$ 都是非正的，我们可以排列如下：

$$0 \geq h_{max} = h_1 > h_2 \geq \cdots \geq h_n \tag{7.22}$$

其中，h_{max} 是最大 Lyapunov 指数。

为了研究复杂网络(7.19)的动力学行为，令

$$X_i(t) = s(t) + \xi_i(t), \quad i = 1, 2, \cdots, N \tag{7.23}$$

线性化方程(7.19)，得到

$$\dot{\xi}(t) = \xi(t)[Df(s(t))] - CA\xi(t) \tag{7.24}$$

其中，$\xi(t) = [\xi_1(t), \xi_2(t), \cdots, \xi_N(t)]^T \in \mathbf{R}^{N \times n}$ 是一个矩阵；$Df(s(t)) \in \mathbf{R}^{n \times n}$ 是 $f(\cdot)$ 在 $s(t)$ 处的雅可比(Jacobian)矩阵。利用文献[26]和[27]的方法，可得

$$\dot{\omega}(t) = [Df(s(t)) - C\lambda_k I]\omega, \quad k = 1, 2, \cdots, N \tag{7.25}$$

其中，$\omega \in \mathbf{R}^{n \times N}$ 是一个矩阵；$I \in \mathbf{R}^{n \times n}$ 是单位阵；λ_k 是耦合矩阵 A 的本征值。A 是一个实对称的不可约矩阵，所以有[13]：

$$0 = \lambda_1 > \lambda_2 \geqslant \cdots \geqslant \lambda_N \tag{7.26}$$

依据文献[24]和[28]的方法，我们可以得到式 (7.25) 的横截 Lyapunov 指数：

$$\mu_i(\lambda_k) = h_i - C\lambda_k, \quad i = 1, 2, \cdots, n \tag{7.27}$$

一般来说，如果复杂网络 (式 (7.19)) 是混沌的，那么式 (7.27) 中至少有一个正的横截 Lyapunov 指数，也就是说 $\mu_1(\lambda_N) = h_{max} - C\lambda_N > 0$，即

$$C > \frac{|h_{max}|}{|\lambda_N|} \tag{7.28}$$

7.4.3　混沌涌现条件

式 (7.28) 为复杂网络产生混沌的条件，根据这个条件，我们可以得出如下结论。

(1) 对于任意给定的复杂网络耦合矩阵 A 的本征值 λ_N，存在着一个临界的耦合强度 $C^* = |h_{max}|/|\lambda_N|$ 使得当 $C > C^*$ 时，复杂网络是混沌的，即便是复杂网络中的节点在孤立时不混沌。

(2) 对于任意给定的耦合强度 C，存在着一个临界的网络本征值 $\lambda_N^* = h_{max}/C$ 使得当 $\lambda_N < \lambda_N^*$ 时，复杂网络是混沌的，即便是复杂网络中的节点在孤立时不混沌。

7.4.4　混沌涌现能力

从上面的分析可以看到，网络的拓扑结构对这种网络上的混沌转变有一定的影响。由式 (7.27) 可以得到网络 (式 (7.19)) 的 $N \times n$ 个横截 Lyapunov 指数，其中 h_{max} 对应的 N 个横截 Lyapunov 指数可以排序为

$$\mu_1(\lambda_N) = h_{max} - C\lambda_N \geqslant \mu_1(\lambda_{N-1}) = h_{max} - C\lambda_{N-1} \geqslant \cdots > \mu_1(\lambda_1) = h_{max} \leqslant 0 \tag{7.29}$$

假定网络 (式 (7.19)) 是混沌的，则上面 N 个横截 Lyapunov 指数满足：

$$\mu_1(\lambda_N) \geqslant \mu_1(\lambda_{N-1}) \geqslant \cdots \geqslant \mu_1(\lambda_{M+1}) > 0 > \mu_1(\lambda_M) \geqslant \cdots \geqslant \mu_1(\lambda_2) > \mu_1(\lambda_1) = h_{max} \tag{7.30}$$

其中，M $(1 \leqslant M \leqslant N-1)$ 是一个正整数。把式 (7.27) 代入式 (7.30) 可得

$$C_1 = \frac{|h_{max}|}{|\lambda_N|} < C < \frac{|h_{max}|}{|\lambda_M|} = C_2 \tag{7.31}$$

我们引入一个量[27]：

$$\frac{1}{R} = \frac{C_2 - C_1}{C_1} = \frac{|\lambda_N| - |\lambda_M|}{|\lambda_M|} \tag{7.32}$$

这个量可以用来反映网络产生满足式(7.30)的混沌所需的耦合强度范围，也就是说，可以用来描述网络的这种从非混沌到混沌的转变能力。既然$1/R$依靠网络的耦合矩阵本征值，那么不同拓扑的网络就会有不同的混沌转变能力。

7.4.5 小世界复杂动力网络的混沌涌现特性

小世界连接是很多实际网络的共性，本节就来研究小世界网络的这种混沌转变特性。这里我们采用NW[15]小世界网络，该网络是从原始的近邻为2的网络开始，以概率p连上所有的未连接的边而生成的。对于$p=0$，它就是原始的近邻耦合网络，对于$0 < p < 1$，它为NW小世界网络。

对于近邻耦合网络，它的N个本征值为$\lambda(k) = -4\sin^2\left(k\pi/N\right)$ $(k=0,1,\cdots,N-1)$[28]，当N为偶数时，它的最小本征值$\lambda_N = -4$，否则，$\lambda_N = -4\sin^2\left(\frac{N-1}{2N}\pi\right)$。很明显，有$-4 \leqslant \lambda_N < 0$，所以，对于任意的耦合强度$C < |h_{\max}|/4$，无论近邻耦合网络的规模多么大，这种网络上的混沌都不可能产生。下面我们研究在NW小世界网络上的这种混沌涌现特性。

图7.8和图7.9数值模拟了$\lambda_2(p,N)$和$\lambda_N(p,N)$随着p和N的变化曲线图，对于每一对p和N，$\lambda_2(p,N)$和$\lambda_N(p,N)$都是计算20次的平均值。由图7.8和图7.9可以看到：

(1)对于任意的$N \geqslant 3$，当p由0增加到1，$\lambda_N(p,N)$几乎线性地从-4减小到$-N$；

(2)对于任意给定的$0 < p \leqslant 1$，随着N趋向于$+\infty$，$\lambda_N(p,N)$几乎线性地减小且趋向于$-\infty$。

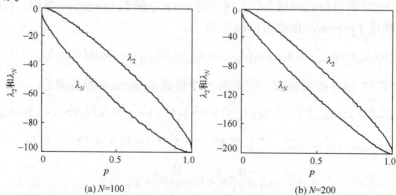

(a) N=100　　　　　　　　　(b) N=200

图7.8　λ_2和λ_N随着加边概率p的变化

结合网络产生混沌的条件(式(7.28)),可以推断,对于任意给定的 p 和 N,存在一个临界的耦合强度 C^* 使得当 $C > C^*$ 时,小世界复杂动力网络将会产生混沌(在统计平均意义下)。

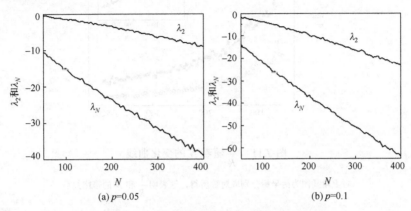

(a) $p=0.05$ (b) $p=0.1$

图 7.9 λ_2 和 λ_N 随着网络的节点数 N 的变化

下面我们再来看一下在小世界动力网络上产生混沌的能力。在式(7.32)中假设 $M = 2$,则

$$\frac{1}{R} = \frac{C_2 - C_1}{C_1} = \frac{|\lambda_N| - |\lambda_2|}{|\lambda_2|} \tag{7.33}$$

该量可以用来衡量在复杂网络上产生 $M = 2$ 的混沌转变能力。图 7.10 和图 7.11 很明显地表明,$1/R$ 随着 p 和 N 的增加急剧减小,更有趣的是,这种减小呈现幂律形式,这说明在小世界网络中,随着概率 p 的减小,复杂网络的混沌转变能力增强。

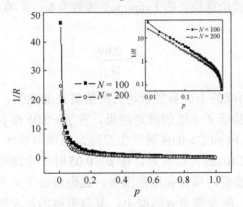

图 7.10 $\dfrac{1}{R}$ 随着 p 的变化曲线

右上角插图为两坐标分别取对数所得,这表明 $\dfrac{1}{R}$ 和 p 的幂律关系

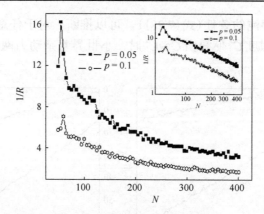

图 7.11　$\dfrac{1}{R}$ 随着 N 的变化曲线

右上角插图为两坐标分别取对数所得，这表明 $\dfrac{1}{R}$ 和 N 的幂律关系

7.4.6　数值模拟结果及分析

为了验证上面的分析结果，我们研究一个数值模拟例子。假定系统(7.18)是 Lorenz 系统[18]:

$$\begin{cases} \dot{x} = \sigma(y-x) \\ \dot{y} = \gamma x - y - xz \\ \dot{z} = xy - bz \end{cases} \tag{7.34}$$

这里选各参量为：$\sigma = 10$，$\gamma = 0.5$ 和 $b = 8/3$，在该参量下，该系统有一个稳定的平衡点 $(0,0,0)$，我们可以计算最大的 Lyapunov 指数为 $h_{\max} \approx -0.69$。根据条件(7.28)，当满足

$$C > \frac{0.69}{|\lambda_N|} \tag{7.35}$$

时，由式(7.34)耦合而成的小世界复杂动力网络将是混沌的。

图 7.12(a) 和 (b) 验证了上述的理论结果，在 $p = 0.05$ 和 $p = 0.1$ 时，小世界复杂动力网络分别在 $C > 0.14$ 和 $C > 0.09$ 时产生混沌，插图中描述了相应的混沌吸引子。另外，对比图 7.12(a) 和 (b) 可以看到，在 $p = 0.05$ 时产生混沌所需要的耦合强度范围要比在 $p = 0.1$ 时所需要的耦合强度范围宽，这也验证了本章的结论：如果是小世界复杂网络耦合方式，随着概率 p 的减小，复杂网络的混沌转变能力增强。最后，还可以知道，当耦合强度 C 超过一定值时，复杂网络将失去 Lyapunov 意义下的稳定，节点的值将趋向无限大(图 7.13)，这一点可用本章的理论进行解释。

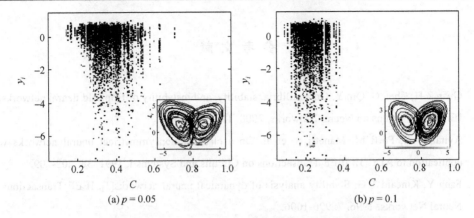

(a) $p = 0.05$　　　　　　　　　　　　　　(b) $p = 0.1$

图 7.12　在含有 100 个节点的小世界连接的 Lorenz 系统复杂动力
网络中任选一个节点 i 的庞加莱(Poincare)截面相图

插图为节点 i 在 (a) $p = 0.05$、$C = 0.3$ 和 (b) $p = 0.1$、$C = 0.15$ 时的混沌吸引子

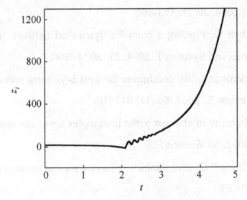

图 7.13　从含有 100 个节点的小世界连接的 Lorenz 系统复杂动力网络中任选一个节点 i
在 $p = 0.05$ 和 $C = 0.7$ 时的不稳定时间变化图

7.4.7　小结

　　本节通过理论分析和数值模拟了在小世界复杂动力网络上从非混沌到混沌的转变过程。研究结果发现，对于任意给定一个耦合强度 C 和足够大的节点数 N，小世界复杂动力网络可以通过调节概率 p 来使复杂动力网络获得混沌行为，即便是原始的近邻复杂动力网络不具有混沌行为，也就是说，原始的近邻耦合复杂动力网络可以通过简单地加一些少量的新边来使复杂动力网络更容易达到混沌行为，这正是小世界复杂动力网络的优点。本节的研究结果可以为构造复杂混沌动力网络提供一定的理论依据。

参 考 文 献

[1] Guan Z H, Chen G, Qin Y. On equilibria, stability, and instability of Hopfield neural networks[J]. IEEE Transactions on Neural Networks, 2000, 11: 534-540.

[2] Avitabile G, Forti M, Manetti S, et al. On a class of nonsymmetrical neural networks with application to ADC[J]. IEEE Transactions on Circuits and Systems I, 1991, 38: 202-209.

[3] Fang Y, Kincaid T G. Stability analysis of dynamical neural networks[J]. IEEE Transactions on Neural Networks, 1996, 7: 996-1006.

[4] Li C, Chen G. Stability of a neural network model with small-world connections[J]. Physical Review E, 2003, 68(5): 052901.

[5] Li C, Chen G. Local stability and Hopf bifurcation in small-world delayed networks[J]. Chaos, Solitons and Fractals, 2004, 20(2): 353-361.

[6] Li X, Wang X F, Chen G. Pinning a complex dynamical network to its equilibrium[J]. IEEE Transactions on Circuits and Systems I, 2004, 51: 2074-2087.

[7] Yi Z, Tan K K. Dynamic stability conditions for Lotka-Volterra recurrent neural networks with delays[J]. Physical Review E, 2002, 66(1): 011910.

[8] Noh J D, Rieger H. Stability of shortest paths in complex networks with random edge weights[J]. Physical Review E, 2002, 66(6): 066127.

[9] Yuan W J, Luo X S, Jiang P Q, et al. Stability of a complex dynamical network model[J]. Physica A, 2007, 374(1): 478-482.

[10] Yuan W J, Luo X S, Jiang P Q, et al. Stability of two typical complex dynamical networks[J]. International Journal of Modern Physics B, 2008, 22(5): 553-560.

[11] Wang X F. Complex networks: Topology, dynamics and synchronization[J]. International Journal of Bifurcation and Chaos, 2002, 12(5): 885-916.

[12] Wang X F, Chen G. Synchronization in scale-free dynamical networks: Robustness and fragility[J]. IEEE Transactions on Circuits and Systems I, 2002, 49: 54-62.

[13] Wu C W, Chua L O. Synchronization in an array of linearly coupled dynamical systems[J]. IEEE Transactions on Circuits and Systems I, 1995, 42: 430-447.

[14] Joy M, Math J. On the global convergence of a class of functional differential equations with applications in neural network theory[J]. Journal of Mathematical Analysis and Applications, 1999, 232: 61-81.

[15] Newman M E J, Watts D J. Scaling and percolation in the small-world network model[J]. Physical Review E, 1999, 60(6): 7332-7342.

[16] Barabási A L, Albert R. Emergence of scaling in random networks[J]. Science, 1999, 286: 509-512.

[17] Barabási A L, Albert R, Jeong H. Mean-field theory for scale-free random networks[J]. Physica A, 1999, 272: 173-187.

[18] Lorenz E N. Deterministic nonperiodic flow[J]. Journal of Atmospheric Sciences, 2004, 20(2):130-141.

[19] Chen Y, Rangarajan G, Ding M. General stability analysis of synchronized dynamics in coupled systems[J]. Physical Review E, 2003, 67(2): 026209.

[20] Li X, Wang X, Chen G. Pinning a complex dynamical network to its equilibrium[J]. IEEE Transactions on Circuits and Systems I, 2004, 51: 2074-2087.

[21] Yanchuk S, Kapitaniak T. Symmetry-increasing bifurcation as a predictor of a chaos-hyperchaos transition in coupled systems[J]. Physical Review E, 2001, 64(5): 056235.

[22] Harrison M A, Lai Y C. Route to high-dimensional chaos[J]. Physical Review E, 1999, 59(4): R3799-R3802.

[23] Rangarajan G, Ding M. Stability of synchronized chaos in coupled dynamical systems[J]. Physics Letters A, 2002, 296: 204-209.

[24] Li X, Chen G. Synchronization and desynchronization of complex dynamical networks: An engineering viewpoint[J]. IEEE Transactions on Circuits and Systems I, 2003, 50: 1381-1390.

[25] Lü J, Yu X, Chen G. Chaos synchronization of general complex dynamical networks[J]. Physica A, 2004, 334(1/2): 281-302.

[26] Wang X F, Chen G. Synchronization in small-world dynamical networks[J]. International Journal of Bifurcation and Chaos, 2002, 12(1): 187-192.

[27] Li X, Chen G, Ko K T. Transition to chaos in complex dynamical networks[J]. Physica A, 2004, 338(3/4): 367-378.

[28] Zhang H F, Wu R X, Fu X C. The emergence of chaos in complex dynamical networks[J]. Chaos, Solitons and Fractals, 2006, 28(2): 472-479.

[29] Yang H, Zhao F, Wang B. Collective chaos induced by structures of complex networks[J]. Physica A, 2006, 364: 544-556.

[30] Watts D J, Strogatz S H. Collective dynamics of "small-world" networks[J]. Nature, 1998, 393(6684): 440-442.

[31] Yang X S. Fractals in small-world networks with time-delay[J]. Chaos, Solitons and Fractals, 2002, 13(2): 215-219.

[32] Naschie M S E. Small-world network, $\varepsilon^{(\infty)}$ topology and the mass spectrum of high energy particles physics[J]. Chaos, Solitons and Fractals, 2004, 19(3): 689-697.

[33] Bucolo M, Fazzino S, Rosa M L, et al. Small-world networks of fuzzy chaotic oscillators[J]. Chaos, Solitons and Fractals, 2003, 17(2/3): 557-565.

[34] Yuan W J, Luo X S, Jiang P Q, et al. Transition to chaos in small-world dynamical network[J]. Chaos, Solitons and Fractals, 2008, 37(3): 799-806.

第 8 章　复杂神经网络的混沌控制

8.1　混沌控制概述

　　半个世纪以来，经过无数科学工作者的大量艰苦的研究和探索，人们对混沌运动的特点、规律及其在各个学科领域的表现已经有了深刻的理解，发现混沌运动表现出了与其他形式运动不同的特点，突出表现在混沌运动对系统初始条件极其微小变化具有高度敏感性、随机性和长时间演化趋势不可预测性。正是混沌运动的这些奇异特性，使得长期在人们的头脑中形成了这样一种错误的观念：混沌是不可控制的和不可靠的。这一观念阻碍了人们对混沌特性进行利用的研究。到了 1989 年，Hubler 发表控制混沌的第一篇文章[1]，随后在 1990 年 Ott、Grebogi 和 Yorke 提出混沌控制思想[2]，即 OGY 混沌控制方法。他们的开创性工作引起广泛关注，迅速在全球范围内兴起了混沌控制与同步的研究热潮[3-16]，使混沌的研究出现一个新的热点和亮点，并为混沌的应用开辟了一条崭新的道路。

　　混沌运动具有两重性，一方面，在许多实际问题中，混沌确是一种有害的运动形式，例如，等离子体混沌会导致等离子体失控；强流粒子加速器中的束晕-混沌导致严重的放射性剂量超标[3,4]；半导体激光阵列中混沌运动会减弱输出光的相干性[8]；电路系统中的混沌行为导致高幅度噪声和不稳定行为；在机械系统中，混沌引起不规则运动造成器件疲劳断裂损坏，更不用说在大气和自然界变化中混沌与湍流带来的不可预测的各种干旱、洪水等灾难。在上述各种情况下，通过设计控制方法，达到消除混沌或抑制混沌的目的，使系统进入有序的周期运动可以产生有益的效果。另一方面，混沌并不总是有害的，如脑神经细胞的放电和心律跳动，混沌反而是健康的表现。因此，在这种情况下，如何通过控制产生混沌(或称混沌的反控制)，毫无疑问具有重要的应用价值。实际上，目前混沌控制的研究包括了控制混沌和混沌反控制两个方向，使得这一领域的研究更显丰富多彩和巨大的应用潜力。

　　控制混沌的含义非常广泛。一般而言，是指通过控制改变系统的混沌状态使之呈现周期性运动。具体而言，控制混沌有如下几个方面的含义：其一是抑制混沌，即消除系统的混沌运动而无须考虑所得到运动的具体形式；其二是引导问题，在相空间中将混沌轨道引入事先指定的不动点或周期性轨道的确定的小邻域内；其三是跟踪问题，通过施加控制使受控系统达到事先给定的周期性动力学行为，其特殊而重要的情形是镇定问题,使稠密嵌入在相空间中的混沌吸引子内的无穷多不稳定周期轨道之一稳定化。抑制问题含义最为广泛,只需消除系统的混沌状态;引导问题往往只是实施控制的准备;跟踪问题含义最为严格,受控系统以事先确定的周期和振幅运动,跟踪目标受原系统方程的约束。

混沌控制虽然借鉴了传统控制论中的许多思想和策略,但并不是简单的应用[6]。例如,利用混沌运动对系统初值的极端敏感性(蝴蝶效应),使用很小的反馈扰动就可以使系统的运动轨道产生重大的变化,这一可能性在非混沌的周期运动的条件下是绝对不可能实现的。因为在周期运动的系统中,小扰动控制只能轻微地改变系统的动力学,无法摆脱业已存在的系统行为,只有足够大的外力才能够将一个稳定的周期态驱动到另一个周期态。同时混沌吸引子中存在极其稠密的周期轨道,这使得目标态的选择极其丰富,这就是说,利用混沌性态,对若干个希望的吸引子(目标轨道)利用微扰使其稳定,这样就实现了小信号作用下的任意周期态的转换。从最优控制论的角度看,混沌控制这一优越性符合能量最小可控性原理。

利用微小扰动实现目标轨道控制的一个最成功的例子是 1984 年美国航空航天局的科学家,曾经巧妙地只利用少量剩余的肼燃料,把一艘名为"国际日地探测卫星 3 号"(ISEE-3/ICE)的宇宙飞船发射到跨越太阳系远至 1.6 亿英里①以外的轨道上,首次实现了与彗星的碰撞,这正是大胆地运用了与混沌控制相同的物理机制,即利用天体力学中地球、月亮和宇宙飞船构成的三体问题对小微扰高度敏感性的结果,而这在非混沌系统中是根本不可能实现的。

混沌控制方法从控制的原理上可分为微扰反馈控制法(闭环控制)和无反馈控制法(开环控制)。前者反馈的对象可以为系统的参数、系统变量等。对不同对象的微扰反馈,则形成不同的控制方法,它们的共同特点是将与时间有关的连续或不连续(脉冲)的小微扰作为控制信号,当微扰趋于零或变得很小时,可实现对混沌系统内特定周期轨道的稳定控制。而无反馈控制法,大都与所需的轨道无关,因而当系统达到控制目标时,输入的控制信号并不趋于零,受控后的系统可产生新的稳定动力学行为(也可以是原系统内的不稳定周期轨道),它们的共同特点是通过外界作用抑制混沌,以达到控制目标的目的。

混沌控制的目标主要有两种:一种目标是没有具体的控制目标,唯一的目的是使 Lyapunov 指数下降,由正数变为负数,从而获得消除混沌的结果。无论被控系统的终态是否为定常状态或周期运动,只要通过可能的策略、方法及途径,最终获得所需的周期轨道即可;或将系统的混沌行为消除,即在对系统的控制过程中获得人们所需的新的动力学行为,包括各种周期态及其他图纹花样等,如 PPSV(proportion pulse system variables)方法、周期微扰摄动方法、外部噪声控制方法等都属于此类

---

① 1 英里=1.609 千米。

型[16]。另一种目标是基于混沌奇怪吸引子内存在着无穷多的不稳定周期轨道,是对其中某个不稳定周期轨道进行有效的控制,根据人们的意愿选择某一具有期望行为的周期轨道作为控制目标,逐一控制所需的周期轨道,其目的就是把系统的混沌运动轨迹驱动到期望的轨道上。该控制的特点是不改变系统中原有的轨道,如OGY 控制方法、连续变量反馈控制方法、自适应控制方法等都属于这种控制目标类型。本章主要介绍复杂神经网络高维非线性动力学系统的混沌控制(包括时空混沌)。

8.2 小世界离散神经网络中时空混沌的有序化

8.2.1 引言

由大量神经元组成的生物神经系统一直是一个有趣而又重要的研究课题。这些神经元通过突触相互连接,形成神经网络。虽然大多数突触只是连接附近的神经元,但是,少数突触也可以是长距离的,并连接到神经网络中一个遥远区域的神经元。换句话说,神经网络具有小世界属性。因此,将小世界拓扑结构引入神经网络研究是一项重要的工作。另外,不恒等非线性系统耦合网络中的时空秩序(即时间相干性和空间同步)是研究得最多的一种现象[17,18]。关于有序化小世界网络中的时空混沌的想法,首先是由 Hou 及其合作者在研究非线性混沌单摆耦合阵列中随机捷径的影响时提出来的[19]。随后,他们还讨论了如何有序化连续时间神经网络中的时空混沌,即 MHH 和 HR 小世界神经网络[20,21]。他们发现,在规则网络中不存在的同步和相干性,可以通过在神经元之间添加随机捷径而得到极大的增强。但是,据我们所知,在以往文献中,还没有关于具有小世界连接的离散时间神经网络中时空混沌有序化的研究。本章工作的主要目的就是研究如何有序化离散时间神经元构成的小世界网络中的时空混沌。网络节点采用二维映射神经元(2DMN)来描述,它的动力机制和行为不同于连续时间神经元[22,23]。虽然单个的 2DMN 模型是一个简单的映射,但是它能够描述在真实的神经元中观察到的各种类型的神经活动,包括主尖峰、不规则尖峰、规则和不规则的阵发尖峰的产生,等等。小世界神经网络是通过在原来的最近邻耦合网络中随机添加捷径来构建的。我们主要研究拓扑概率 p 如何影响系统的时空演化。所选择的 2DMN 参数只能维持在原来的最近邻耦合网络的时空混沌。研究发现,随着 p 的增大,混沌尖峰爆发变得越来越明显,空间上越来越同步,时间上越来越相干,这种时空规律在一个特定的 p 值处达到最优。进一步增大 p,虽然空间上的同步会被增强,但时间上的相干性会被破坏。为了定量研究神经元网络中的时空有序化程度,我们引入标准偏差和特征相关时间来分别衡量时空模式的空间同步和时间同步,而且发现,特征相关时间会随着 p 的变化呈现出明显的最大值。

所有这些研究表明，拓扑概率可以有效地遏制 2DMN 中的混沌。此外，我们还研究了耦合强度的影响，而且发现，当耦合强度增大时，最佳的 p 值会减小。

8.2.2　离散时间神经网络模型的构建

本节研究的离散时间神经网络可以由下列耦合 2DMN 来描述[22,23]：

$$
\begin{aligned}
x_{i,n+1} &= f(x_{i,n}, y_{i,n} + \beta_{i,n}) \\
y_{i,n+1} &= y_{i,n} - \mu(x_{i,n} + 1) + \mu\sigma_{i,n}
\end{aligned}
\tag{8.1}
$$

其中，$i=1,2,\cdots,M$ 和 $n=1,2,\cdots,N$ 分别为节点序号和离散时间序列；x 是快速变化的动态变量；y 是慢速变化的动态变量，y 的缓慢时间演化是由参数 $\mu=0.001$ 的值过小引起的；$\sigma_{i,n}$ 这一项代表施加到第 i 个神经元的外部影响，定义无耦合神经元的动力学。非线性函数 $f(x,y)$ 是一个不连续函数，形式如下：

$$
f(x) = \begin{cases}
\alpha/(1-x) + y, & x \leqslant 0 \\
\alpha + y, & 0 < x < \alpha + y \\
-1, & x \geqslant \alpha + y
\end{cases}
\tag{8.2}
$$

其中，α 是映射的控制参数。在系统(8.1)中，神经元之间的耦合是由从一个神经元流到另一个神经元的电流提供的。这种耦合模型为

$$
\beta_{i,n} = \frac{C}{M}\sum_{j=1}^{M} a_{ij}(x_{j,n} - x_{i,n})
\tag{8.3}
$$

其中，C 是耦合强度；矩阵 (a_{ij}) 表示网络的拓扑结构：如果神经元 i 和 j 之间存在连接，则 $a_{ij}=a_{ji}=1$；否则，$a_{ij}=a_{ji}=0$。同时，对所有 i，有 $a_{ii}=0$。本节 2DMN 网络中的小世界连接是通过如下方法构造的[24,25]：从一个节点数为 $M=300$、近邻数 $K=6$ 的最近邻耦合神经元网络开始，然后以概率 p 在非近邻节点之间随机添加连边。对于 $p=0$，它就退化成原来的最近邻耦合网络；对于 $p=1$，它就变成了一个全局耦合网络。对于给定的 p，有很多网络实现。

单个 2DMN 的动力学取决于控制参数 α 和 $\sigma_{i,n}$，在文献[22]和[23]中得到了充分研究。这些研究结果表明，随着控制参数的变化，单个 2DMN 会经历静息状态、周期状态、混沌尖峰和阵发尖峰等行为。在本节中，为了研究网络拓扑结构对混沌有序化的影响，我们固定 $\alpha=5$，并在[0.1,1]上随机产生 $\sigma_{i,n}$，这样，网络中的每个神经元都处于混沌尖峰阵发状态，因而具有不恒等的特性。

8.2.3　数值模拟结果及分析

此后的讨论结果是通过改变拓扑概率 p 而得到的。对于每个 p，会生成 20 个网

络实现。在每一个网络实现中，600 个神经元的动力学变量初始值是重新随机选择的。我们得到以下结果。

图 8.1(a)~(d) 显示了当耦合强度 $C=0.05$ 时，各种拓扑概率 p 下，所有 2DMN 的时空模式，其中黑暗的区域对应于某个阵发内单个尖峰的激活模式。当 $p=0$ 时，即在最近邻耦合网络中，神经元呈现无任何时空秩序的零星和无序的阵发，如图 8.1(a) 所示。随着概率 p 的增大，可以观察到有规则的阵发，如图 8.1(b) 所示。当 p 增大到 $p=0.12$ 时，将会出现最大的阵发时空秩序(图 8.1(c))。然而，进一步增加随机捷径数，虽然可以增强空间的同步性，但会破坏时间上的相干性,如图 8.1(d) 所示。为了定量表征神经元网络的时空有序度，我们引入标准偏差和特征相关时间分别衡量时空模式的空间同步性和时间规律性。

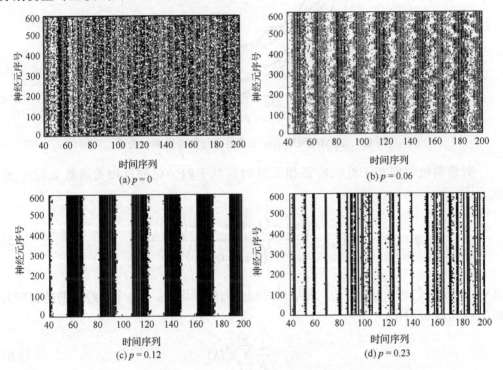

图 8.1　各种拓扑概率 p 下，小世界神经网络的活性的时空模式

耦合强度 $C=0.05$，网络规模 $M=600$

标准偏差定义为

$$\delta = [\{\delta(n)\}]$$

$$\delta(n) = \sqrt{\left[\frac{1}{M}\sum_{i=1}^{M}x_{i,n}^2 - \left(\frac{1}{M}\sum_{i=1}^{M}x_{i,n}\right)^2\right]\bigg/(M-1)} \tag{8.4}$$

其中，$\{\cdot\}$ 表示对 n 的平均；$[\cdot]$ 表示对同一 p 值的 20 个不同网络实现的平均。很明显，神经元网络越同步，同步参数 δ 越小。δ 对 p 的依赖关系如图 8.2 所示：当 p 增大时，δ 单调减小，且当 p 足够大时，δ 接近于零，这就意味耦合 2DMN 网络的空间同步性随着 p 的增大而增强。我们还研究了耦合强度 C 对有序现象的影响。结果发现，随着耦合强度 C 的增大，δ 随着 p 的增大而衰减得更快，这也表明，耦合强度 C 越大，系统达到空间同步的效率也越高。

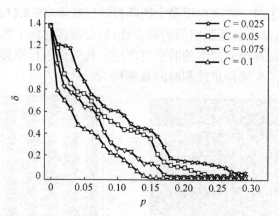

图 8.2　2DMN 网络的标准偏差 δ 与拓扑概率 p 关系

衡量系统时间相干性的特征相关时间是基于归一化的自相关函数 $c_i(d)$，定义为[26]

$$c_i(\tau_d) = \frac{\left\langle \left(x_{i,n} - \left\langle x_{i,n} \right\rangle \right) \left(x_{i,n+\tau_d} - \left\langle x_{i,n} \right\rangle \right) \right\rangle}{\left\langle \left(x_{i,n} - \left\langle x_{i,n} \right\rangle \right)^2 \right\rangle} \tag{8.5}$$

其中，τ_d 是离散时间延迟；$\langle \cdot \rangle$ 表示对时间序列的平均值。第 i 个神经元的特征相关时间由式 (8.6) 给出：

$$\tau_{i,c} = \frac{1}{N} \sum_{k=1}^{N} c_i^2(k) \tag{8.6}$$

其中，N 为离散时间序列的长度。则序参量被定义为

$$\tau = \left[\left\langle \tau_{i,c} \right\rangle \right] \tag{8.7}$$

在这里，$\langle \cdot \rangle$ 表示对所有神经元的平均值；$[\cdot]$ 的含义同上。众所周知，系统的相干性越大，其特征相关时间越长。图 8.3 描绘了特征相关时间 τ 对拓扑概率 p 的依赖关系。从图中可以清楚地看到，对于给定的耦合强度 C，在 p 的某个特定值处，每

一条 τ 的曲线都有一个峰值，显示出最有序的时间行为的发生。峰值对应的 p 值随着耦合强度 C 的增大而减小，这也表明，耦合强度 C 越大，系统获得最大时空秩序所需的拓扑概率 p 就越小，即耦合强度越大，控制混沌越容易。

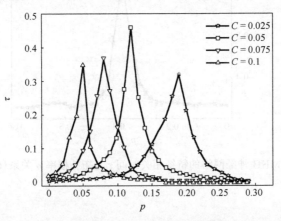

图 8.3 2DMN 网络的特征相关时间 τ 与拓扑概率 p 关系

在以往的研究中还发现，小世界连接能诱导和增强 MHH 神经网络中的时空混沌秩序[20]。为了显示 2DMN 网络和 MHH 神经网络中哪一个能更好地进行捕获，对它们的有序化性能进行了比较。为了便于比较，我们计算了 $C=0.05$ 时，与 2DMN 网络结构和参数都相同的 MHH 神经网络的标准偏差和特征相关时间与拓扑概率 p 的函数关系，结果分别如图 8.4 和图 8.5 所示，分别与图 8.2 和图 8.3 中 $C=0.05$ 所示的结果相比较，明显可以看出，2DMN 网络中发生完全同步和最佳相干的 p 值要小于 MHH 神经网络的。这就表明，在相同的条件下，小世界连接的 2DMN 网络能更有效地得到最大的时空秩序。

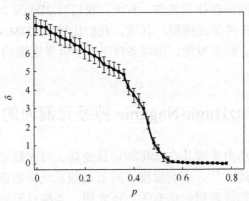

图 8.4 MHH 神经网络的标准偏差 δ 与拓扑概率 p 关系（$C=0.05$）

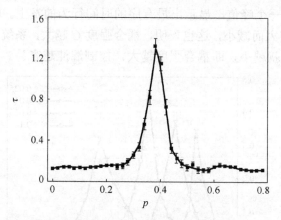

图 8.5　MHH 神经网络的特征相关时间 τ 与拓扑概率 p 关系 ($C = 0.05$)

8.2.4　小结

本节研究了如何有序化小世界连接的 2DMN 网络中的时空混沌[26]。为了评估拓扑概率 p 对神经网络时空演化的影响，我们分析了以下几个特征量：作为空间同步度量的标准偏差 δ；作为时间规律度量的特征相关时间。研究结果表明，随着 p 的增大，神经元在空间上的同步性越来越强，在时间上也越来越相干。最终，在 p 的最佳值下，系统将达到一个最有序的状态。然而，如果 p 进一步增大，则尽管空间同步会增强，但时间规律性明显地被破坏了。这些现象意味着拓扑概率可以抑制时空神经元中的混沌。此外，我们也研究了耦合强度的影响。我们发现，系统获得最大时空有序度的最佳 p 值会随着耦合强度的增大而减小，即强耦合将更容易抑制混沌。虽然也有研究发现，拓扑概率可以控制耦合 MHH 神经元网络中的时空混沌[20]，但是，我们的工作不同于以往的工作。首先，我们以 2DMN 为模型，它的动力学机制和行为不同于 MHH 神经元模型；其次，我们比较了 2DMN 网络和 MHH 神经网络之间的有序化性能，结果发现，相同条件下，小世界连接的 2DMN 网络能更好地捕获最大的时空秩序。

8.3　空间夹紧 FitzHugh-Nagumo 神经元混沌的无源自适应控制

神经元的非线性动力学因其在优化和信息处理、对大脑记忆规律的理解等方面的潜在应用而备受关注[27-29]。研究发现，对于某些系统参数值，神经元经历复杂的混沌激发，这与非周期性联想记忆有关。还表明，当神经元陷入混沌放电时，难以区分存储的模式，并且存储器的信息不能在存储状态下稳定[30,31]。因此，研究控制或抑制神经元中混沌放电的方法具有重要意义。到目前为止，已经提出了几种神经元混沌控制的方法[32-34]。但是，据我们所知，在以前的文献中没有找到控制 SCFHN 神经元混沌的研究方法。本节的主要目的是找到一种控制 SCFHN 神经元混沌的适当和适用的方法。

无源性是更广泛和一般的耗散理论的一部分[35,36]。无源性理论的主要思想是系统的无源特性可以使系统内部保持稳定。因此，为了使系统稳定，可以设计一种控制器，利用无源性理论使闭环系统处于无源状态。在过去的 20 多年中，无源性理论在设计非线性系统的渐近稳定控制器中发挥了重要作用[37-40]。这些研究工作表明，无源控制方法的主要特征在于控制器设计，在基本层面上包括可用于解决给定控制问题的系统结构特性。无源控制具有许多优点，例如，清晰的物理解释，所需的控制力较少或易于实施等。在另一个控制领域的研究方面，含参数的非线性系统的自适应稳定性引起了许多研究者的关注[41,42]。考虑到真实非线性系统中存在不确定性参数，人们可以利用自适应控制技术来消除不确定性的影响。本节采用基于无源性的自适应控制器，将无源控制技术与自适应控制方法相结合，控制 SCFHN 神经元中的混沌振荡。

8.3.1　空间夹紧 FitzHugh-Nagumo 神经元模型

SCFHN 神经元模型最初是由 FitzHugh 和 Nagumo 提出的，作为神经元放电行为的数学表示，它最初是为了给出具有长神经元间隔的尖峰类型的真实神经元[43,44]模型。本节研究的具有外电流的 SCFHN 神经元由以下耦合的 2 阶常微分方程描述：

$$\begin{cases} \dfrac{\mathrm{d}x}{\mathrm{d}t} = -x(x-\alpha)(x-1) - y + I_0 + I\cos(\gamma t) \\ \dfrac{\mathrm{d}y}{\mathrm{d}t} = \beta(\theta x - y) \end{cases} \tag{8.8}$$

其中，x 是动作电位，即膜上的电位差；y 是恢复变量，其测量细胞的兴奋性状态；参数 α、β、θ 和 γ 是正常数；I_0 是细胞内的离子电流；I 是外部电流的幅度，具有不确定性。SCFHN 神经元的动力学行为依赖于参数 I，已在相关文献中进行了充分研究[45,46]。这些研究结果表明，在系统参数 I 具有一定值的情况下，神经元经历了复杂的混沌映射。ISI 与单个 SCFHN 神经元参数 I 的分岔结构如图 8.6 所示。在图 8.6 中，右上角插图是膜电位 x 的时间序列，显示在 $I=0.055$ 处的尖峰活动。当神经元陷入混沌运动时，难以区分所存储的模式，并且存储器的信息不能在存储状态下稳定，因此，如何控制 SCFHN 神经元中的混沌是一项重要工作。

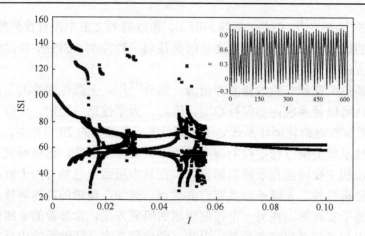

图 8.6　ISI 与 SCFHN 神经元参数 I 的分岔结构

8.3.2　非线性系统无源性和无源控制方法的基本概念

考虑非线性仿射系统：

$$\begin{cases} \dot{X} = f(X) + g(X)u \\ Y = h(x) \end{cases} \tag{8.9}$$

其中，状态变量 $X \in \mathbf{R}^n$；外部输入量 $u \in \mathbf{R}^m$；测量输出 $Y \in \mathbf{R}^m$；f、g 均为光滑的向量场；h 为光滑映射。无源概念可以作如下定义。

定义 8.1[35]　系统 (8.9) 如果存在实数常数 ξ，使得对于 $\forall t \geq 0$，以下不等式成立：

$$\int_0^t u^{\mathrm{T}} Y(\tau) \mathrm{d}\tau \geq \xi \tag{8.10}$$

或者存在 $\rho \geq 0$ 和一个实常数 ξ，使下述不等式成立：

$$\int_0^t u^{\mathrm{T}} Y(\tau) \mathrm{d}\tau + \xi \geq \int_0^t \rho Y^{\mathrm{T}}(\tau) Y(\tau) \mathrm{d}\tau \tag{8.11}$$

那么系统 (8.9) 称为无源非线性系统。

从以上的定义可以看出，无源非线性系统的物理意义非常明显，即系统只能通过外部输入能源来增加能量[35]。从另一个方面考虑，可以利用无源系统的这种物理特性，通过施加外部控制来逐步减少非线性振荡系统的能量，从而降低系统输出幅度，实现系统的稳定。因此有以下引理。

引理 8.1[47]　假设非线性系统 (8.9) 的存储函数 $F = V(X)$ 是正定的。设 φ 为任意光滑函数，则必然存在控制律 $u(t) = -\varphi(y)$，可以实现非线性系统 (8.9) 在平衡点的渐近稳定。

引理 **8.2**　无源非线性系统可以通过设计系统控制器等效于无源系统，然后稳定在所需的固定状态，这对本节主要结果的证明至关重要。

8.3.3　基于无源性的空间夹紧 FitzHugh-Nagumo 神经元混沌振荡自适应控制

为了控制 SCFHN 神经元中的混沌，我们将控制器 u 添加到系统 (8.8) 的第一个方程中，则控制系统可以表示为

$$\begin{cases} \dfrac{\mathrm{d}x}{\mathrm{d}t} = -x(x-\alpha)(x-1) - y + I_0 + I\cos(\gamma t) + u \\ \dfrac{\mathrm{d}y}{\mathrm{d}t} = \beta(\theta x - y) \end{cases} \tag{8.12}$$

现在，我们使用无源技术来设计控制器 u，使得处于混沌状态的 SCFHN 神经元等效于无源系统，然后逐渐稳定到神经元的平衡点。此外，考虑到神经元中存在不确定性参数 I，我们将通过使用可以在线识别未知参数的自适应控制方法使系统对参数不确定性不敏感。根据上述知识，可以获得下面控制的主要结果。

定理 **8.1**　如果基于无源性的自适应控制器 u 被设计为

$$\begin{cases} u = v - (\alpha+1)x^2 - k_1 x + (1 - \beta\theta)y - I_0 - \hat{I}\cos(\gamma t) \\ \dot{\hat{I}} = k_2 x \cos(\gamma t) \end{cases} \tag{8.13}$$

那么，SCFHN 神经元中的混沌行为将被控制，即神经元将在任何所需的固定状态下渐近稳定，而且控制属性可以避免不确定性参数 I 的影响。其中，v 是外部输入信号；k_1 是任意实数正常数；$\hat{I}$ 是不确定性参数 I 的估计值；$\dot{\hat{I}}$ 是自适应算法；k_2 是一个任意的正标量，可以调整自适应算法的性能。

证明　选择存储函数 $V(x,y) = x^2/2 + y^2/2 + (\hat{I}-I)^2/(2k_2)$，导出 $V(x,y)$ 的微分，得到

$$\dot{V}(x,y) = x\dot{x} + y\dot{y} + (\hat{I}-I)\dot{\hat{I}}\big/k_2 \tag{8.14}$$

将式 (8.12) 和式 (8.13) 代入式 (8.14) 得

$$\begin{aligned} \dot{V}(x,y) &= x(-x(x-\alpha)(x-1) - y + I_0 + I\cos(\gamma t) + v - (\alpha+1)x^2 \\ &\quad - k_1 x + (1-\beta\theta)y - I_0 - \hat{I}\cos(\gamma t)) + y(\beta(\theta x - y)) + (\hat{I}-I)\dot{\hat{I}}\big/k_2 \quad (8.15) \\ &= -\beta y^2 + vx - x^4 - k_1 x^2 \end{aligned}$$

由于 β 是一个正常数，所以有

$$\dot{V}(x,y) \leqslant vx - k_1 x^2 \tag{8.16}$$

假设系统的初始状态为 $V(x_0, y_0)$ 并对式 (8.16) 两边进行积分，得

$$V(x, y) - V(x_0, y_0) \leqslant \int_0^\tau v(t)x(t)\mathrm{d}t - \int_0^\tau k_1 x(t)^2 \mathrm{d}t \tag{8.17}$$

$$\int_0^\tau v(t)x(t)\mathrm{d}t + V(x_0, y_0) \geqslant V(x, y) + \int_0^\tau k_1 x(t)^2 \mathrm{d}t \tag{8.18}$$

对于 $V(x, y) > 0$，如果将 $x(t)$ 作为系统输出，即 $Y(t) = x(t)$，并且让 $\xi = V(x_0, y_0)$，那么式 (8.18) 可重写为

$$\int_0^\tau v(t)x(t)\mathrm{d}t + \xi \geqslant \int_0^\tau k_1 x(t)^2 \mathrm{d}t \tag{8.19}$$

不等式 (8.19) 满足定义 8.1。因此，受控的系统 (8.12) 等同于无源系统。根据引理 8.1，混沌的 SCFHN 神经元将稳定在任何所需的固定状态。另外，对于所提出的控制器，采用自适应算法 $\hat{I}$ 来在线区分不确定性参数 $\hat{I}$，使得参数不确定性不影响控制性能。换句话说，无论外部电流的幅度是多少，混沌系统都可以渐近稳定在平衡点，如图 8.7 所示，证毕。

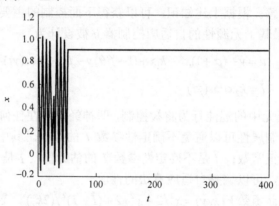

图 8.7　混沌 SCFHN 神经系统被控制到平衡点

如前所述，SCFHN 神经元的动力学取决于参数 I。因此，人们也可以通过调整参数 I 来稳定混沌神经元模型。但是，参数 I 具有不确定性，受实验情况的影响，当参数 I 未被精确知晓时，参数调整控制方法是错误的。因此，非常期望设计有效地处理涉及不确定性的混沌系统的鲁棒跟踪控制方法。所提出的自适应技术是消除不确定性影响的适当和适用的方法。

8.3.4　数值模拟结果及分析

本节对受控系统 (8.12) 进行数值模拟。系统参数设定为 $I_0 = 0.082, \alpha = 0.25, \beta = 0.02, \theta = 0.25$ 和 $\gamma = 0.1$。假设控制目标是平衡点 (x^*, y^*)。设 $\dot{X} = 0$，将 (x^*, y^*) 代入式 (8.12)，我们有 $y^* = \theta x^*$ 和 $v = x^{*3} + (k_1 + \alpha)x^* + b\theta^2 x^*$。因此，通过改变外部信号

v 的值，我们可以将混沌系统驱动到任何设定点 (x^*, y^*)。假设控制目标 $x = 0.9$，我们有 $v = 0.091$。在控制器执行之前，SCFHN 神经元正在经历混沌运动。控制器 u 在 $t=50\text{s}$ 起作用，图8.7 是控制参数 $k_1=0.5$，$k_2 = 0.5$ 时的控制结果，从中我们可以发现系统只需要很短的时间就能稳定在平衡点。另外，我们通过仿真研究了所设计的控制器对系统参数 I 的不确定性的鲁棒性。图8.8 显示了 $I - \hat{I}$ 随时间变化的曲线，其中只显示 150s 的时间响应，以便清楚地看到曲线。从图8.8 可以看出，受控系统可以在短时间内辨识系统参数 I。

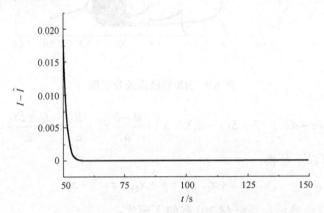

图 8.8　控制器跟踪系统不确定性参数的演化图

8.3.5　Hindmarsh-Rose 神经元混沌的无源自适应控制

为了验证无源控制器对更复杂的神经元模型控制的有效性，我们还应用无源控制方法来控制三变量 HR 神经元中的混沌行为。

1. HR 神经元模型

HR 神经元的无量纲数学模型由式 (8.20) 给出[48]：

$$\begin{cases} \hat{x} = y - ax^3 + bx^2 - z + I_0 \\ \hat{y} = c - dx^2 - y \\ \dot{z} = r[S(x - x_0) - z] \end{cases} \tag{8.20}$$

其中，x、y 和 z 分别代表膜电位、快速电流和慢电流；参数 a、b、c、d、r、S 均为正数[48]；参数 I_0 表示施加到神经元的外部电流的幅度，并确定频率以及神经元的动态区域的类型（周期性、爆发性和/或混沌性）。对 HR 神经元的动力学行为进行全面分析，得到与 HR 神经元的参数 I_0 相对应的分岔图，如图 8.9 所示，其中右上角插图是 $I_0 = 3.2$ 处系统的相图。假设系统 (8.20) 的平衡点是 $(\bar{x}, \bar{y}, \bar{z})$，形式为

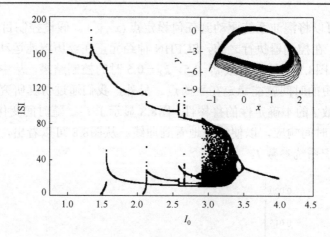

图 8.9　HR 神经系统分岔图

$$\overline{y} = c - d\overline{x}^2, \quad \overline{z} = S(\overline{x} - x_0), \quad \overline{x}^3 + \frac{d-b}{a}\overline{x}^2 + \frac{S}{a}\overline{x} - \frac{I_0 + Sx_0}{a} = 0$$

对式 (8.20) 进行以下替换：

$$x = \overline{x} + x_1, \quad y = \overline{y} + x_2, \quad z = \overline{z} + x_3 \tag{8.21}$$

因此，经过一些转换后，系统 (8.20) 有如下形式：

$$\begin{cases} \dot{x}_1 = c_1 x_1 + x_2 - x_3 + c_2 x_1^2 + a x_1^3 \\ \dot{x}_2 = -c_3 x_1 - x_2 - d x_1^2 \\ \dot{x}_3 = rS x_1 - r x_3 \end{cases} \tag{8.22}$$

其中

$$c_1 = 2b\overline{x} - 3a\overline{x}^2, \quad c_2 = b - 3a\overline{x}, \quad c_3 = 2d\overline{x} \tag{8.23}$$

　　如果系统 (8.22) 在 HR 神经元系统的原点 $(0,0,0)$ 处稳定，则式 (8.20) 将被控制到平衡点。因此，我们的目标是设计用于稳定动力系统的无源控制器 (式 (8.22)) 的零平衡点。

2. HR 神经元中混沌的无源控制

下面首先介绍一个定义。

定义 8.2[47]　　如果李导数 $(Lg\, h(0))$ 是非奇异的，而且 $X=0$ 是 $f(X)$ 的渐近稳定平衡点之一，则系统 (8.9) 的线性化系统是最小相位系统。

设 $Z = \vartheta(X)$，则系统 (8.9) 将变为以下通用形式：

$$\begin{aligned} \dot{Z} &= f_0(Z) + p(Z,Y)Y \\ \dot{Y} &= b(Z,Y) + a(Z,Y)u \end{aligned} \tag{8.24}$$

其中，$a(Z,Y)$ 对于任何 (Z,Y) 都是非奇异的。利用非线性系统的无源概念，得到如下定理。

定理 8.2　如果系统 (8.9) 的线性化系统是一个最小相位系统，那么系统 (8.24) 将等效于无源系统，并通过局部反馈控制器渐近稳定在平衡点，如式 (8.25) 所示：

$$u = a(Z,Y)^{-1} \left[-b^{\mathrm{T}}(Z,Y) - \frac{\partial W(Z)}{\partial Z} p(Z,Y) - kY + v \right] \tag{8.25}$$

其中，$W(Z)$ 是 $f_0(Z)$ 的 Lyapunov 函数，即 $W(Z) = Z_1^2/2 + Z_2^2/2$；k 是正实数值；v 是外部参考输入信号。

证明　选择函数：

$$V(Z,Y) = W(Z) + Y^2/2 \tag{8.26}$$

得到 $V(Z,Y)$ 的微分，于是有

$$\dot{V}(Z,Y) = \frac{\partial W(Z)}{\partial Z} \dot{Z} + Y\dot{Y} \tag{8.27}$$

将式 (8.24) 代入式 (8.27)，可以获得

$$\dot{V}(Z,Y) = \frac{\partial W(Z)}{\partial Z} f_0(Z) + \frac{\partial W(Z)}{\partial Z} p(Z,Y)Y + Yb(Z,Y) + Ya(Z,Y)u \tag{8.28}$$

因为系统 (8.9) 的线性化系统是一个最小相位系统，可以获得如下不等式：

$$\frac{\partial W(Z)}{\partial Z} f_0(Z) \leqslant 0 \tag{8.29}$$

因此

$$\dot{V}(Z,Y) \leqslant \frac{\partial W(Z)}{\partial Z} p(Z,Y)Y + Yb(Z,Y) + Ya(Z,Y)u \tag{8.30}$$

将式 (8.25) 代入式 (8.30)，可得

$$\dot{V}(Z,Y) \leqslant -kY^2 + vY \tag{8.31}$$

然后，对不等式 (8.31) 两边进行积分得

$$V(Z,Y) - V(Z_0,Y_0) \leqslant \int_0^\tau v(t)Y(t)\mathrm{d}t - \int_0^\tau kY(t)^2 \mathrm{d}t \tag{8.32}$$

对于 $V(Z,Y) \geqslant 0$，设 $\xi = V(Z_0,Y_0)$，则不等式 (8.32) 重写为

$$\int_0^\tau v(t)Y(t)\mathrm{d}t + \xi \geqslant \int_0^\tau kY(t)^2 \mathrm{d}t \tag{8.33}$$

根据定义 8.1，系统 (8.24) 是一种无源的系统。根据引理 8.1，系统 (8.24) 将稳定在平衡点。现在，我们基于无源理论控制 HR 神经元中的混沌。引入控制器 u，并令 $Z_1 = x_2$, $Z_2 = x_3$, $Y = x_1$，系统 (8.22) 可以改成以下形式：

$$\begin{cases} \dot{Z}_1 = -c_3 Y - Z_1 - dY^3 \\ \dot{Z}_2 = rSY - rZ_2 \\ Y = c_1 Y + Z_1 - Z_2 + c_2 Y^2 + aY^3 + u \end{cases} \tag{8.34}$$

因此

$$\begin{aligned} f_0(Z) &= [-Z_1, -rZ_2]^{\mathrm{T}} \\ p(Z,Y) &= [-c_3 - dY, rS]^{\mathrm{T}} \\ b(Z,Y) &= c_1 Y + Z_1 - Z_2 + c_2 Y^2 + aY^3 \\ a(Z,Y) &= 1 \end{aligned} \tag{8.35}$$

我们选择

$$W(Z) = Z_1^2/2 + Z_2^2/2 \tag{8.36}$$

然后有

$$\frac{\mathrm{d}W(Z)}{\mathrm{d}t} = \frac{\partial W(Z)}{\partial Z} f_0(Z) = [Z_1, Z_2][-Z_1, -rZ_2]^{\mathrm{T}} \leqslant 0 \tag{8.37}$$

因此，$W(Z)$ 是 $f_0(Z)$ 的 Lyapunov 函数，$f_0(Z)$ 是全局渐近稳定的。同时，$Lg\,h(0)$ 是非奇异的。根据定理 8.2，系统(8.22)线性化系统是一个最小相位系统。根据定理 8.2，可以得到反馈控制器：

$$u = (-aY^2 - c_2 Y + dZ_1 - c_1 - k)Y + (c_3 - 1)Z_1 + (1 - rS)Z_2 + v \tag{8.38}$$

进一步，我们通过仿真数值验证理论分析。系统和控制参数设置为 $a=1.0$，$b=3.0$，$c=1.0$，$d=5.0$，$r=0.006$，$S=4.0$，$x_0=-1.56$，$v=0$ 和 $k=0.5$。控制信号在 50s 生效，如图 8.10 所示。从图 8.10 中可以清楚地看出混沌系统可以稳定在零平衡点。

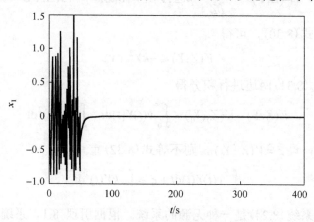

图 8.10　混沌 HR 神经系统被控制到平衡点

8.3.6　小结

本节讨论了具有未知参数的 SCFHN 神经元中混沌激发的无源自适应控制的设计和应用[49]。首先，使用无源理论，我们将混沌的 SCFHN 神经元转换为一个等效无源系统。其次证明了等效系统可以渐近地收敛于其固定存储模式中的任何一个。仿真结果表明，所提出的控制律对系统参数的不确定性非常有效和具有鲁棒性。由于神经元是神经网络的基本元素，本章研究的结果具有重要意义，它有助于理解人脑在信息处理、记忆和大脑神经元异常放电方面的学习过程。

参 考 文 献

[1] Hubler A. A daptive control of chaotic systems[J]. Helvetica Physica Acta, 1989, 62: 343.

[2] Ott E, Grebogi C, Yorke J A. Controlling chaos[J]. Physical Review Letters, 1990, 64: 1196-1199.

[3] 方锦清. 强流加速器驱动的洁净核能系统中的一个关键问题：束晕-混沌的物理机制及控制[J]. 自然杂志, 2000,22（2）: 63-69.

[4] 方锦清, 陈关荣, 洪奕光. 强流加速器中束晕-混沌的非线性控制[J]. 自然科学进展, 2001, 11: 113.

[5] Chen G R. Controlling Chaos and Bifurcation in Engineering Systems[M]. Boca Raton : CRC Press, 1999.

[6] 方锦清. 驾驭混沌与发展高新技术[M]. 北京: 中国原子能出版社, 2002.

[7] 方锦清. 非线性系统中混沌控制与同步及其应用前景（一）[J]. 物理学进展, 1996, 16: 1.

[8] 胡岗. 混沌控制[M]. 上海: 上海科技教育出版社, 2000.

[9] Pyragas K, Tamaševičius A. Experimental control of chaos by delayed self-controlling feedback[J]. Physics Letters A, 1993, 180（1/2）: 99-102.

[10] Qu Z, Hu G, Ma B. Controlling chaos via continuous feedback[J]. Physics Letters A, 1993, 178（3/4）: 265-270.

[11] Brandt M, Chen G R. Feedback control of a biodynamical model of HIV-1[J]. IEEE Transactions on Biomedical Engineering, 2001, 48: 754.

[12] 罗晓曙, 方锦清, 孔令江, 等. 一种新的基于系统变量延迟反馈的控制混沌方法[J]. 物理学报, 2000, 49(8): 1423-1427.

[13] Luo X S, Chen G, Wang B H, et al. Hybrid control of period-doubling bifurcation and chaos in discrete nonlinear dynamical systems[J]. Chaos, Solitons and Fractals, 2003, 18（4）: 775-783.

[14] Luo X S, Wang B H. Controlling hyper chaos with feedback of dynamical variables[J]. International Journal of Modern Physics B, 2003, 17（22/23/24）: 4272-4277.

[15] Wei D Q, Luo X S, Wang B H, et al. Robust adaptive dynamic surface control of chaos in permanent magnet synchronous motor[J]. Physics Letters A, 2007, 363 (1/2): 71-77.

[16] 罗晓曙. 混沌控制、同步的理论与方法及其应用[M]. 桂林: 广西师范大学出版社, 2007.

[17] Kwon O, Moon H T. Coherence resonance in small-world networks of excitable cells[J]. Physics Letters A, 2002, 298 (5/6): 319-324.

[18] Wang Q Y, Lu Q S, Chen G R. Subthreshold stimulus-aided temporal order and synchronization in a square lattice noisy neuronal network[J]. Europhysics Letters, 2007, 77 (1): 10004.

[19] Qi F, Hou Z H, Xin H W. Ordering chaos by random shortcuts[J]. Physical Review Letters, 2003, 91 (6): 064102.

[20] Gong Y, Xu B, Xu Q, et al. Ordering spatiotemporal chaos in complex thermosensitive neuron networks[J]. Physical Review E, 2006, 73 (4): 046137.

[21] Wang M, Hou Z, Xin H. Ordering spatiotemporal chaos in small-world neuron networks[J]. ChemPhysChem, 2006, 7 (3): 579-582.

[22] Rulkov N F. Modeling of spiking-bursting neural behavior using two-dimensional map[J]. Physical Review E, 2002, 65 (4): 041922.

[23] Shilnikov A L, Rulkov N F. Origin of chaos in a two-dimensional map modeling spiking-bursting neural activity[J]. International Journal of Bifurcation and Chaos, 2003, 13 (11): 3325-3340.

[24] Newman M E J, Watts D J. Scaling and percolation in the small-world network model[J]. Physical Review E, 1999, 60 (6): 7332-7342.

[25] Sánchez A D, López J M, Rodríguez M A. Nonequilibrium phase transitions in directed small-world networks[J]. Physical Review Letters, 2002, 88 (4): 048701.

[26] Wei D Q, Luo X S. Ordering spatiotemporal chaos in discrete neural networks with small-world connections[J]. Europhysics Letters, 2007, 78 (6): 68004.

[27] Xu X, Hu H Y, Wang H L. Stability switches, Hopf bifurcation and chaos of a neuron model with delay-dependent parameters[J]. Physics Letters A, 2006, 354 (1/2): 126-136.

[28] Kon'no Y, Saito T, Torikai H. Rich dynamics of pulse-coupled spiking neurons with a triangular base signal[J]. Neural Networks, 2005, 18: 523-531.

[29] Liu Q, Liao X F, Guo S T, et al. Stability of bifurcating periodic solutions for a single delayed inertial neuron model under periodic excitation[J]. Nonlinear Analysis Real World Applications, 2009, 10 (4): 2384-2395.

[30] Zhao L, Juan C G C, Damiance A P G, et al. Chaotic dynamics for multi-value content addressable memory[J]. Neurocomputing, 2006, 69 (13/14/15): 1628-1636.

[31] He G, Chen L, Aihara K. Associative memory with a controlled chaotic neural network[J]. Neurocomputing, 2008, 71 (13/15): 2794-2805.

[32] Sabbagh H. Control of chaotic solutions of the Hindmarsh-Rose equations[J]. Chaos, Solitons and Fractals, 2000, 11(8): 1213-1218.

[33] Cortes J M, Torres J J, Marro J. Control of neural chaos by synaptic noise[J]. Biosystems, 2007, 87(2/3): 186-190.

[34] Wang J, Zhang T, Che Y. Chaos control and synchronization of two neurons exposed to ELF external electric field[J]. Chaos, Solitons and Fractals, 2007, 34(3): 839-850.

[35] Willems J C. Dissipative dynamical systems, Part I: General theory[J]. Archive for Rational Mechanics and Analysis, 1972, 45(5): 321-351.

[36] Byrners C I. Passivity, feedback equivalence, and the global stabilization of minimum phase nonlinear systems[J]. IEEE Transactions on Automatic Control, 1991, 36: 1228-1240.

[37] Lin W. Global robust stabilization of minimum-phase nonlinear systems with uncertainty[J]. Automatica, 1997, 33(3): 453-462.

[38] Espinosa-Pérez G, Maya-Ortiz P, Velasco-Villa M, et al. Passivity-based control of switched reluctance motors with nonlinear magnetic circuits[J]. IEEE Transactions on Control Systems Technology, 2004, 12(3): 439-448.

[39] Leyva R, Cid-Pastor A, Alonso C, et al. Passivity-based integral control of a boost converter for large-signal stability[J]. IEE Proceedings Control Theory and Applications, 2006, 153(2): 139-146.

[40] Wei D Q, Luo X S. Passive adaptive control of chaos in synchronous reluctance motor[J]. Chinese Physics B, 2008, 17(1): 92-97.

[41] Li Z, Chen G, Shi S, et al. Robust adaptive tracking control for a class of uncertain chaotic systems[J]. Physics Letters A, 2003, 310(1): 40-43.

[42] Zheng X, Wu Y. Adaptive output feedback stabilization for nonholonomic systems with strong nonlinear drifts[J]. Nonlinear Analysis Theory, Methods and Applications, 2009, 70(2): 904-920.

[43] FitzHugh R. Impulses and physiological states in theoretical models of nerve membrane[J]. Biophysical Journal, 1961, 1(6): 445-466.

[44] Nagumo J S, Arimoto S, Yoshizawa S. An active pulse transmission line simulating a nerve axon[J]. Proceedings of the IRE, 1962, 50(10): 2061-2070.

[45] Chou M H, Lin Y T. Exotic dynamic behavior of the forced FitzHugh-Nagumo equations[J]. Computers and Mathematics with Applications, 1996, 32(10): 109-124.

[46] Gao Y. Chaos and bifurcation in the space-clamped FitzHugh-Nagumo system[J]. Chaos, Solitons and Fractals, 2004, 21(4): 943-956.

[47] Yu W. Passive equivalence of chaos in Lorenz system[J]. IEEE Transactions on Circuits and Systems I, 1999, 46(7): 876-878.

[48] Hindmarsh J L, Rose R M. A model of neuronal bursting using three coupled first order differential equations[J]. Proceedings of the Royal Society B: Biological Sciences, 1984, 221(1222): 87-102.

[49] Wei D Q, Luo X S. Controlling chaos in space-clamped FitzHugh-Nagumo neuron by adaptive passive method[J]. Nonlinear Analysis: Real World Applications, 2010, 11(3): 1752-1759.

彩　　　图

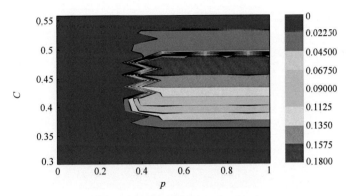

图 2.7　平均放电率 $\overline{\eta}_{\mathrm{act}}$ 的等高线

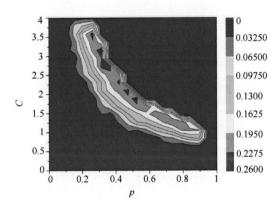

图 2.46　拓扑概率 p 和耦合强度 C 的平均放电率 $\overline{\eta}$ 的等高线图